U0170520

国家出版基金项目
NATIONAL PUBLICATION FOUNDATION

"十三五"国家重点出版物出版规划项目
偏振成像探测技术学术丛书

散射光场中偏振信息解译及成像

邵晓鹏　刘　飞　韩平丽　著

科学出版社
北 京

内 容 简 介

散射光场信息的获取和解译，尤其是散射光场中偏振信息的获取、传递和解译是近年来国内外研究的热点之一，其所携带的独立于强度、相位和频谱的独立特性，使其在诸多领域都具有极高的应用价值。本书首次系统地从散射光场中偏振特性的产生、传输和利用全链路地进行全面分析和描述，同时也分析了散射光场中偏振信息提取和利用时应考虑的主要影响因素。

本书主要面向光学、电子信息和物理等相关领域的科研人员，本书所涉及的主题对研究生学习非常重要，可作为本领域科学研究的参考资料。

图书在版编目（CIP）数据

散射光场中偏振信息解译及成像 / 邵晓鹏，刘飞，韩平丽著. —北京：科学出版社，2022.11

（偏振成像探测技术学术丛书）

"十三五"国家重点出版物出版规划项目 国家出版基金项目

ISBN 978-7-03-073920-9

Ⅰ. ①散… Ⅱ. ①邵… ②刘… ③韩… Ⅲ. ①偏振光–成像处理 Ⅳ. ①TN911.73

中国版本图书馆 CIP 数据核字（2022）第 226701 号

责任编辑：孙伯元 / 责任校对：崔向琳
责任印制：师艳茹 / 封面设计：陈　敬

科 学 出 版 社 出版

北京东黄城根北街 16 号
邮政编码：100717
http://www.sciencep.com

中国科学院印刷厂印刷

科学出版社发行　各地新华书店经销

*

2022 年 11 月第 一 版　开本：720 × 1000　B5
2022 年 11 月第一次印刷　印张：16 3/4
字数：321 000

定价：138.00 元

（如有印装质量问题，我社负责调换）

"偏振成像探测技术学术丛书"序

信息化时代大部分的信息来自图像,而目前的图像信息大都基于强度图像,不可避免地存在因观测对象与背景强度对比度低而"认不清",受大气衰减、散射等影响而"看不远",因人为或自然进化引起两个物体相似度高而"辨不出"等难题。挖掘新的信息维度,提高光学图像信噪比,成为探测技术的一项迫切任务,偏振成像技术就此诞生。

我们知道,电磁场是一个横波、一个矢量场。人们通过相机来探测光波电场的强度,实现影像成像;通过光谱仪来探测光波电场的波长(频率),开展物体材质分析;通过多普勒测速仪来探测光的位相,进行速度探测;通过偏振来表征光波电场振动方向的物理量,许多人造目标与背景的反射、散射、辐射光场具有与背景不同的偏振特性,如果能够捕捉到图像的偏振信息,则有助于提高目标的识别能力。偏振成像就是获取目标二维空间光强分布,以及偏振特性分布的新型光电成像技术。

偏振是独立于强度的又一维度的光学信息。这意味着偏振成像在传统强度成像基础上增加了偏振信息维度,信息维度的增加使其具有传统强度成像无法比拟的独特优势。

(1) 鉴于人造目标与自然背景偏振特性差异明显的特性,偏振成像具有从复杂背景中凸显目标的优势。

(2) 鉴于偏振信息具有在散射介质中特性保持能力比强度散射更强的特点,偏振成像具有在恶劣环境中穿透烟雾、增加作用距离的优势。

(3) 鉴于偏振是独立于强度和光谱的光学信息维度的特性,偏振成像具有在隐藏、伪装、隐身中辨别真伪的优势。

因此,偏振成像探测作为一项新兴的前沿技术,有望破解特定情况下光学成像"认不清""看不远""辨不出"的难题,提高对目标的探测识别能力,促进人们更好地认识世界。

世界主要国家都高度重视偏振成像技术的发展,纷纷把发展偏振成像技术作为探测技术的重要发展方向。

近年来,国家 973 计划、863 计划、国家自然科学基金重大项目等,对我国偏振成像研究与应用给予了强有力的支持。我国相关领域取得了长足的进步,涌现出一批具有世界水平的理论研究成果,突破了一系列关键技术,培育了大批富有创新意识和创新能力的人才，开展了越来越多的应用探索。

　　"偏振成像探测技术学术丛书"是科学出版社在长期跟踪我国科技发展前沿，广泛征求专家意见的基础上，经过长期考察、反复论证后组织出版的。一方面，本丛书汇集了本学科研究人员关于偏振特性产生、传输、获取、处理、解译、应用等方面的系列研究成果，是众多学科交叉互促的结晶；另一方面，本丛书还是一个开放的出版平台，将为我国偏振成像探测的发展提供交流和出版服务。

　　我相信这套丛书的出版，必将对推动我国偏振成像研究的深入开展起到引领性、示范性的作用，在人才培养、关键技术突破、应用示范等方面发挥显著的推进作用。

　　　　　　　　　　　　　　　　　　　　　　王家骐

　　　　　　　　　　　　　　　　　二○一九年十一月廿八日

前　言

　　光电成像技术增强并拓宽了人类获取外界信息的能力和范围，经过长足发展，在生命科学、医学检测、天文观测、资源探测等领域得到广泛应用。但随着信息化时代的发展，计算能力得到大幅提升的同时，古老的光电成像技术又一次获得了新的生命，尤其在以光的偏振特性为代表的多维物理信息的获取和利用上展现出了得天独厚的优势。随着光电探测需求的不断提升，云雾、烟尘、浑浊水体等散射介质的存在导致光场信息的分布发生改变，使探测者难以直接获取目标场景信息。如何处理多参量同时作用下的偏振光传输、偏振光与散射粒子的相互作用、散射光场偏振特性的获取和解译等一系列有关偏振特性传输、获取、解译和成像的问题都是信息时代下光电成像中迫切需要解决的基本问题。值得注意的是，几乎每本光学书籍都有关于光偏振特性的论述，但是很少能够系统地从偏振传输、作用理论、光场偏振信息获取和利用的角度来进行全面的描述。如果有研究者试图对这个领域有更深入的了解，就会发现几乎总是需要查阅文献引用的原始论文。因此，针对目前偏振光学技术的研究现状，作者在总结了多年所从事偏振成像方面工作的基础上，在本书中对散射光场中偏振特性的形成、变化、获取和利用等进行了全面分析和描述。

　　散射光场中目标场景信息的复原是近年来国内外光学领域的研究热点，而深入挖掘偏振特性用于成像也受到了美国、法国、荷兰、以色列和澳大利亚等国多家高校和研究机构的关注。我国也有很多课题组对散射光场偏振信息的利用及应用开展研究。本书系统全面地分析了散射光场中偏振光的传输过程，总结了分析方法并进行实验验证。同时，通过偏振光的特点着重对散射光场信息差异性的利用和目标信息的反演两方面进行详尽分析，书中通过典型应用举例，阐述了散射光场中分析偏振问题的基本方法及应考虑和注意的主要因素。

　　本书共分为七章。第1章绪论着重对光场偏振特性的概念和内涵进行描述，并详细分析光场偏振成像的研究意义。第2章主要介绍散射光场的偏振特性，对偏振光的数学和物理表示方式给予明确说明，包含了琼斯矩阵、斯托克斯矢量在内的典型偏振特性表示方法，随后从光与物质相互作用的角度介绍散射光场偏振特性的形成，并对散射中的特殊情况——散斑光场中偏振信息分布及特性进行介绍。第3章从光波粒子的散射原理角度对大气偏振模式的形成和表征进行描述，并通过偏振导航技术验证了大气中偏振模型的实用性。第4章则根据水体对光的吸收和散射作用建立水下偏振成像模型，分别从主、被动以及深度学习几个层面对水下成像技术进行分析。第 5 章介绍基于缪勒矩阵全偏振特性的水下偏振成像技术，将传统缪勒矩阵对小尺度物体特性的表征引入到水体这一散射介质中，建立与目标特性无关的基于缪勒矩阵的清晰化成像模型。第 6 章介绍透明目标的偏振三维成像技术，从透明物体反射光的光信息组成及偏振特性出发，分析透明目标三维成像中存在的特征提取和分离问题，介绍旋转测量法、双波段测量、主动照明法、多视角观测法和阴影恢复法等消除入射角和方位角不确定性的基本原理和技术。第 7 章介绍基于漫反射成分的偏振三维成像技术、朗伯体目标偏振特性分布及成像模型、非朗伯体成像方法、基于神经网络和强度校正的三维成像技术，以及典型偏振三维成像技术的应用。

本书内容以作者课题组完成的工作为主，参考了课题组近年来的最新研究成果，部分研究成果已经发表在了国内外的学术期刊上，在此向多年以来从事偏振成像技术、散射成像技术及其应用的相关人员表示感谢。本书的完成参考了课题组已毕业研究生的博士学位论文，以及国内多个研究小组的最新研究成果进展，在此表示进一步的感谢。此外，对于参与本书资料搜集的李轩、孙雪莹、卫毅、杨力铭、杨奎、蔡玉栋博士，以及范颖颖、张仕超、孙少杰、闫明宇、冯怡、牛耕田、王天宇等硕士研究生表示感谢。

本书的研究工作得到了国家自然科学基金项目(62075175，62005203，61975254)的资助，在此表示感谢。

在本书的编写过程中，得到姜会林院士、朱京平教授等的支持和鼓励，特在此表示感谢。

由于作者水平有限，书中难免存在不足之处，欢迎读者批评指正。

目　　录

第1章 绪 论

偏振是光波不同于强度、相位、光谱的另一维属性。一切物体都具有由其表面特性决定的偏振调制特性，也称偏振特性。偏振成像(polarization imaging)技术是指由多幅偏振子图像重建出一幅可以表现出特定信息的图像[1]。该技术可以突破现有成像器件的限制，将由散射介质的影响造成的模糊部分去除掉，以达到增加成像距离，优化成像质量的效果，利用偏振带来的额外信息还可以达到识别真假目标以及遮蔽目标的目的。偏振成像技术在水下成像、透大气雾霾成像、三维成像等领域都有至关重要的作用，推动着成像系统的发展和完善。自提出至今，偏振成像已形成了许多理论，并发展出诸多行之有效的算法。

1.1 光场的偏振特性

光在传播过程中，往往会受到传播介质中存在的种类不同、大小不同、形态各异的粒子散射影响。这些影响使光的传播方向改变，探测器接收到的目标信息也随之减少，因此通过散射介质后的图像对比度、信噪比降低，分辨率变差。在大气中，这些散射介质包括大气分子、气溶胶粒子、云滴、冰晶、尘土、碳氢化合物、硝酸、炭黑等；在水中，有病毒、胶体、细菌、浮游生物、有机碎屑、砂石黏土、矿物质、金属氧化物等。从水中到空气中，散射粒子无处不在，使人眼和各种探测器难以获取清晰的视觉效果和成像结果。研究光在介质中的传播特性，探明光波在介质表面的折反射特性，深入分析介质中光的散射过程，建立散射光场体系，可为进一步构建完善的水下成像、透大气雾霾成像、三维成像体系提供帮助。

首先探究粒子影响，根据散射粒子大小，散射情况一般遵从瑞利散射或米氏散射理论。瑞利散射理论认为光波在连续介质中传播时，介质中包含的粒子形状为球形且分布是随机的，当粒子远小于光波波长时，发生瑞利散射，瑞利散射光强度与入射光波长的四次方成反比。米氏散射理论中同样把粒子视为规则的球体，但要求粒子尺寸与入射光波长相当，米氏散射的散射强度高于瑞利散射，其散射光强度与光波波长有关，但变化整体较为平缓，较大尺寸的粒子散射光较强，且多为前向散射。在将米氏散射理论应用于不同大小的粒子时，粒子尺寸较小时，最终的计算结果与瑞利散射相同；当粒子尺寸较大时，获得的计算结果与几何光学相同，因此米氏散射理论其实是在某个特定尺度范围内成立的。

散射过程可分为两部分：单次散射和多次散射。进行单次散射的定义前首先需要了解粒子的独立散射：假定散射粒子之间具有足够大的间距，每个粒子的散射不受其他粒子的影响。通常认为，粒子间距大于等于三倍粒子直径时即能够满足独立散射的假设。一般情况下，大气中的气体分子和气溶胶粒子之间的距离以及清澈水体中的水分子和有机分子之间距离都满足该条件。单次散射指的是可以忽略二次及更高次散射的粒子散射过程，能够实现简单的数学处理。首先通过米氏散射理论计算单次散射，然后通过传输方程或其他方法求解多次散射。

此时基本的散射光场理论体系便已建立，随着应用场景不同，针对不同粒子，不同散射过程的散射光场逐渐建立，最终能够构建为完善的散射体系。但无论哪种散射场景，随着粒子数量的增加或者传输距离的增大，光在传输过程中的散射次数都将急剧增加，成像质量随之降低，最终会导致噪声淹没信号，完全无法获取目标信息。以上研究都是基于光强这一个维度而展开的，为提升成像效果，恢复被淹没的信息，需从其他维度物理量获取隐藏信息。

偏振能够有效去除杂散光，获取光强以外的目标信息。如图 1.1 所示，在光波散射过程中，随着散射距离的增加，粒子散射次数增多，在一般散射区开始目标便已不易辨别，在随机游走区更是形成散斑，强度图像中物体已完全被淹没于散射光中，无法判断场景中是否存在目标。而在偏振图像中，目标位置、轮廓乃至细节仍可辨认，甚至到达强散射区域还能辨认图像中存在目标。在海洋资源探测、生物医学研究、军事应用等应用中，无法寻找场景中的目标对整个探测任务的影响是极大的。因此在散射光场中，尤其是远距离或混沌介质中，目标的探测应引入偏振域，从散射介质和目标本身的偏振特性开始研究，探究两者之间的关联与不同，从而有效将二者分离，实现透散射介质的清晰成像。对于随机游走区，散射光场的非均匀分布特征加剧，难以分割出均匀的散射介质，且在偏振域中目标与背景也无法辨别提取，因此，超远距离成像或超高混沌介质成像具有一定困难，这极大地限制了偏振在很多场景下的应用。如在水下救援中，水体的散射作用导致视觉效果差、可视距离短，搜救工作无法有效开展；在水下养殖中，由于养殖水域通常富含有机物等悬浮颗粒，散射程度强，无法对水产品进行准确的生长状态监控；在浓雾重霾天出行时，无法有效探测前方障碍物，难以及时规避行人、动物和对面来车；在火灾现场，无法透过烟尘判断是否存在幸存者；此外，在遥感测绘、水下考古、水下工程检修等领域，同样面临散射降低成像距离带来的挑战。但是，已有研究表明，光学的统计特性可与偏振特性结合，利用偏振散射场的分块处理思想可以构建非均匀背景偏振特性的估算模型，解决散射介质分布不均的情况，对于目标则可使用泊松分布构建估算模型，以准确估算目标信息光偏振特性，从而解决随机游走区的成像难题，实现散射介质全链路清晰化成像。

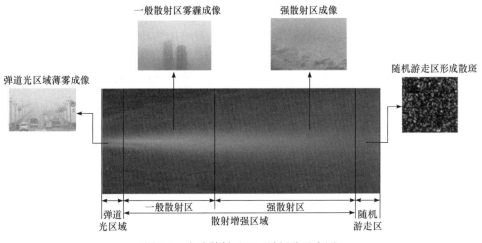

一般散射区雾霾成像　　　　　强散射区成像

弹道光区域薄雾成像　　　　　　　　　　　　　　　随机游走区形成散斑

弹道　　　一般散射区　　　　强散射区　　　随机
光区域　　　　　　散射增强区域　　　　　　游走区

图 1.1　光波散射过程区域划分示意图

目前，偏振成像的研究方向主要集中在以下几处：①研究更高分辨率、更高精度、更高信噪比且工作稳定的偏振仪器；②在更广泛的测试条件下研究不同目标的偏振特性，对其进行分析，了解偏振特性随不同影响因素的变化规律；③研究保证同一目标偏振探测的光谱、空间、时间等要素具有高度的同一性[2-3]。但是目标偏振特性和二向散射分布的复杂性，使得目标散射光偏振特性的研究工作量非常大，在实验研究的同时，还需要在理论模拟上有所突破。在探索克服这些问题的基础上，为了更好地得到物体的成像信息，偏振成像技术，多光谱、多角度偏振成像技术，以及偏振定标系统的投入使用，将为光学偏振成像系统提供几何信息、辐射信息和偏振定标，确保取得高精度、定量化的多角度、多光谱偏振遥感数据。

1.2　光场偏振成像的研究意义

偏振成像技术是光学领域的一项新技术，它是在实时获取目标偏振信息的基础上利用所得到的信息进行目标重构增强的过程，能够提供更多维度的目标信息，是一项具有巨大应用价值的前沿技术，特别适合于隐身、伪装、虚假目标的探测识别，在雾霾、烟尘等恶劣环境下能提高光电探测装备的目标探测识别能力。

目标的偏振特性决定了偏振成像探测具有强度成像无法比拟的优势[4]：①基于人造目标与自然背景偏振特性差异明显的特性，偏振成像在从复杂背景中显现人造目标方面有独特优势；②基于偏振独立于强度和光谱的光学信息维度的特性，偏振成像具有在隐藏、伪装、隐身、暗弱目标发现方面的优势；③基于偏振信息具有在散射介质中特性保持能力比强度散射更强的特性，偏振成像具有可增加雾霾、烟尘中的作用距离的优势。

偏振是光的固有特性，偏振探测把光传感器可得到的信息量从传统的三维空间(光强、相位和光谱)扩展为七维空间(光强、光谱、相位、偏振度、偏振方位角、偏振椭圆度和偏振旋向)[5]，如图 1.2 所示，有助于提高目标对比度，减小杂散光干扰，提供目标表面的三维信息、表面粗糙度信息以及材质信息，能够把目标从非常复杂的背景中分离出来。因此，偏振探测的应用领域非常广阔，在云与大气气溶胶的探测、地质勘探、土壤分析、环境监测、资源调查、农作物估产、海洋开发利用、灾害估计、农林牧业发展、军事侦察应用、天体探测、生物医药等领域都有重要的应用价值。下面将从几个方面具体介绍研究散射光场中偏振信息的意义。

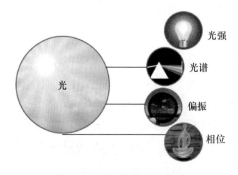

图 1.2　光场多维空间信息

1.2.1　透大气雾霾成像

作为大气的重要组成部分，云与气溶胶在空中的分布、种类、高度与粒子尺寸分布等会对大气环境、气候辐射和光在大气中的传输等有重要影响。在经过大气传输后，由于气溶胶粒子的散射和地表的反射作用，光会改变自身的偏振态。若要对大气光学传输特性进行反演，对散射光场的偏振特性进行研究就必不可少[6-7]。

偏振探测能对云与气溶胶的内部物理状态，如卷云存在与否、冰晶粒子的优势方向、气溶胶粒子的尺寸与分布等进行有效分析。这些应用不仅是很好的气象工具，也极有可能发展成为一种有效的大气污染监控方法。同时，偏振信息能区分冰云和水云，有助于研究高空运载火箭的飞行影响及气象因素。因此，偏振测量云物理和大气的辐射传输对大气科学的发展有重要的意义。

大气是户外光电成像系统的主要传输媒介，而在雾霾等恶劣天气下，大气中的散射粒子与光波互相作用，发生散射，使成像系统的清晰度、像质等指标大幅下降(图 1.3)，目标被混沌介质所覆盖，对比度和能见度降低，这会导致光电成像系统无法正常工作，严重降低图像的可读性以及信息提取的准确性。

由于场景中目标在传输过程中遇混沌介质发生散射，所携带的能量未能被系统探测，目标场景的大量信息被淹没在背景散射中。在雾霾天气条件下，可以利用散射光场中获取的偏振信息来去除雾霾对图像质量的影响，且可利用散射光对空间场景进行相对距离估计。围绕光的偏振信息，可以通过偏振成像系统获取场景图像，并结合光的偏振特性及图像的频谱分析，设计多尺度偏振成像透雾霾算法，复原清晰场景；基于偏振成像获取偏振方位角的实时性，可以设计场景深度信息获取模型，估计场景中物体的相对距离信息[8]。因此，综合考虑光波的传输特性，建立新的物理成像模型(图1.4)，提取经混沌介质散射后光波所携带的信息，可有效抑制混沌介质造成的信息丢失，获得清晰图像。

图 1.3　雾霾等恶劣天气对成像的影响

图 1.4　基于物理模型去雾效果

1.2.2　水下成像

水下光学成像在海洋资源探测、水下考古、军事侦察以及海洋搜救等诸多方面都有着重要而实际的应用价值。水下成像的研究大多都是利用光强度成像，还有的采用距离选通技术，绝大多数成像系统都是通过检测图像在空域的影射强度来达到获取目标信息的目的，较少考虑散射介质对目标成像所起的干扰作用。而恰恰是这些由于散射介质而产生的散射光对目标的成像产生了比较大的损害。水下环境复杂多变，难以预测，一方面，光波在水体中传输时，由于水体混沌介质的吸收和散射，目标光不能理想成像，造成水下成像模糊；另一方面，环境背景光经水中混沌介质散射形成的杂散光会与目标光叠加，造成图像对比度降低。

在水下成像应用中，根据悬浮粒子后向散射光的解偏振度小于物体后向散射光的解偏振度原理，采用线偏振光或圆偏振光作照明光源，在探测器前放置线偏振片或圆偏振片(图1.5)，并利用水中粒子散射光和物体散射光解偏振度的差异，来减小悬浮微粒后向光散射光影响，可以提高水下物体的图像对比度[9]。

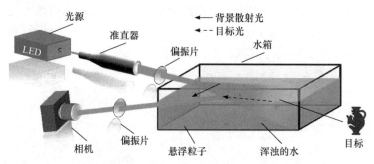

图 1.5　水下偏振成像系统

水下偏振光学成像技术经过长期的不断发展，利用目标光与背景光偏振特性的差异，在提升水下图像对比度、视距增强方面具有独特的优势[10-11]。而实现水下偏振光学成像的基础为光波及光波偏振特性在水下传播过程中的变化规律。因此，研究水体的光学特性和水下散射光场中的偏振特性，为利用光波偏振特性实现水下成像、提高成像质量提供了理论依据。对偏振信息进行解译，从而实现提高水下成像效果的方法具有成本低、算法简单、处理速度快、不需要先验信息等优点，同时在水下成像中该成像方式还可以利用光波的多维物理量获取场景的深度信息。偏振水下成像技术以其独特的优势以及高效的成像质量在众多成像算法中脱颖而出，不难看出，对水下散射光场中偏振信息的研究具有十分重要的现实意义。

1.2.3　三维成像

三维成像技术能够提供二维图像无法获取的深度信息，在信息化时代扮演着重要的角色。如在医疗领域，三维成像技术可以提供患者患处直观立体的信息，为医生听诊问诊提供方便，提高诊治效率；在电商行业，三维成像技术能够提供物品的三维数据，结合全息技术可以让消费者在互联网上不经实地查看就可以获得直观的体验，清晰地了解商品；在军事领域，利用三维成像可以建立作战地区的三维立体场景模型，为指挥员提供更加全面、直观的战场信息。随着计算机计算能力的快速发展以及手机、互联网的普及，三维成像技术也在众多领域改变着人们的生产生活方式。

传统的光电成像既是信息获取的过程，又是信息丢失的过程。受限于成像系统，成像过程中丢失了诸如相位、偏振、光谱等信息，同时也无法对目标的三维样貌进行准确的探测与成像。然而安防监控、目标识别等领域对成像距离和精度提出了更高的要求。因此，在传统成像方式的基础上，结合光场的多物理量，如偏振信息的解译，通过构建目标反射光与物体表面之间的关系模型，实现三维成像已经成为该领域主要的发展方向。

　　偏振三维成像技术利用物体反射光的偏振信息对物体表面进行重建(图 1.6)。光入射到物体表面发生反射时，光与物体表面之间的相互作用促使反射光的偏振态发生变化。使用偏振器件探测出偏振态的变化，并反演求解出偏振信息与物体表面形状之间的关系，即可利用偏振信息解析出物体表面的形状并进行三维重建[12-13]。

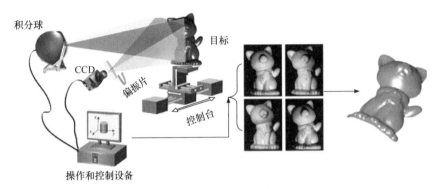

图 1.6　偏振三维成像技术

　　该方法可以在简单光学成像系统的条件下实现细节丰富度的三维成像，同时，偏振信息的三维重构方法不依赖物体的纹理特征，同时又能很好地抑制耀光。高精度、非接触三维数据实时测量是工业 3.0 时代智能制造等信息获取的重要手段。传统的光电成像技术深度信息缺失，难以满足先进制造、测绘、三维人脸识别等领域的应用需求，偏振三维成像技术作为一种成像设备简单、性价比高且重建细节丰富的解决手段，得到越来越高的关注度。研究光场中的偏振信息，完善偏振三维成像技术作为一种新型的光学三维成像技术，是当前三维成像领域研究的热点和前沿。

1.3　小　　　结

　　本章首先介绍了偏振特性和偏振成像技术的基本概念，随后简要分析了散射光场的偏振特性。从瑞利散射和米氏散射理论出发，探究不同散射粒子和散射过程对于散射的影响，在此基础之上建立基本散射光场体系。而对于散射光场体系的研究通常仅局限于光强这一维度，随着传输距离的增大，噪声淹没信号，完全无法获取目标信息。偏振作为光场中不被关注的维度，能够有效去除杂散光，获取光强以外的目标信息。因而在散射光场中引入偏振域，通过研究散射介质和目标本身的偏振特性，可以将二者有效分离，实现透散射介质的清晰成像。鉴于偏振特性在散射光场研究中的重要性，本章最后就散射光场偏振成像的研究意义进行介绍，分别从透大气雾霾成像、水下成像和三维成像三个领域具体介绍了散射光场偏振成像的应用场景和研究意义。

参 考 文 献

[1] 姜会林, 付强, 段锦, 等. 红外偏振成像探测技术及应用研究[J]. 红外技术, 2014, 36(5): 345-349.

[2] 赵劲松. 偏振成像技术的进展[J]. 红外技术, 2013, 35(12): 743-750.

[3] 李淑军, 姜会林, 朱京平, 等. 偏振成像探测技术发展现状及关键技术[J]. 中国光学, 2013, 6(6): 803-809.

[4] 聂劲松, 汪震. 红外偏振成像探测技术综述[J]. 红外技术, 2006, (2): 63-67.

[5] Walraven R. Polarization imagery[J]. Optical Engineering, 1981, 20: 14-18.

[6] Mishchenko M I, Rossow W B, Macke A, et al. Sensitivity of cirrus cloud albedo, bidirectional reflectance and optical thickness retrieval accuracy to ice particle shape[J]. Journal of Geophysical Research: Atmospheres, 1996, 101(12): 16973-16985.

[7] Rolland P, Liou K N, King M D, et al. Remote sensing of optical and microphysical properties of cirrus clouds using moderate-resolution imaging spectroradiometer channels: Methodology and sensitivity to physical assumptions[J]. Journal of Geophysical Research: Atmospheres, 2000, 105(9): 11721-11738.

[8] Tyo J S, Rowe M P, Pugh E N, et al. Target detection in optically scattering media by polarization-difference imaging[J]. Applied Optics, 1996, 35(11): 1855-1870.

[9] 王海晏, 杨廷梧, 安毓英. 激光水下偏振特性用于目标图像探测[J]. 光子学报, 2003, 32(1): 9-13.

[10] 罗杨洁, 赵云升, 吴太夏, 等. 水体镜面反射的多角度偏振特性研究及应用[J]. 地球科学, 2007, 37(3): 411-416.

[11] 杜嘉, 赵云升, 吕云峰, 等. 利用多角度偏振信息计算海水密度研究初探[J]. 红外与毫米波学报, 2007, 26(4): 307-311.

[12] 王晓敏, 刘宾, 赵鹏翔. 基于双目去歧义的偏振三维重建技术研究[J]. 光学与光电技术, 2021, 19(5): 24-29.

[13] 杨锦发, 晏磊, 赵红颖, 等. 融合粗糙深度信息的低纹理物体偏振三维重建[J]. 红外与毫米波学报, 2019, 38(6): 819-827.

第 2 章　散射光场的偏振特性

光波透过散射介质后产生散射现象，光散射是物质与光波相互作用的多种形式之一。在特定的条件下，散射光之间的局部干涉会形成散斑光场。本章研究散射光的偏振态，讨论多种散射介质的偏振特性，揭示散斑场中含有的偏振光信息，以及偏振特性与散斑光场的关系，这些散射偏振特性的研究对于光学、医学、光电子技术的应用极为重要。

2.1　什么是偏振

偏振表征了光波的矢量性，一般人们把偏振理解为电磁矢量的振动方向与传播方向的非对称特性。随着光的传播，光波电磁矢量的大小和方向都将呈现规律性的变化。以一个沿 z 轴正方向传播、电矢量处于 xoy 平面的光波为例，其电磁场矢量如图 2.1 所示，图中分别展示了电矢量 $\vec{E}$ 和磁矢量 $\vec{B}$[1]。

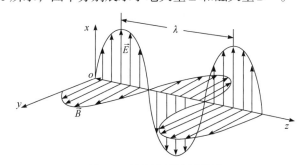

图 2.1　平面电磁波示意图

2.1.1　偏振光的物理意义

在空间中，由电荷的存在而建立起的激发状态，称为电磁场。它由两个矢量 $\vec{E}$ 和 $\vec{B}$ 表示，分别叫做电矢量和磁感应强度。

要描述场对物质客体的作用，需引进第二组矢量，这就是电流密度 $\vec{j}$、电位移 $\vec{D}$ 和磁矢量 $\vec{H}$。

这五个矢量的空间和时间微商是由麦克斯韦方程联系起来的：

$$\text{curl}\,\vec{H} - \frac{1}{c}\dot{\vec{D}} = \frac{4\pi}{c}\vec{j} \tag{2.1}$$

$$\mathrm{curl}\,\vec{E} - \frac{1}{c}\dot{\vec{B}} = 0 \tag{2.2}$$

式中，点"·"表示对时间取微商；curl 表示旋度。

麦克斯韦方程组以联立微分方程关联了各场矢量。通过消元就可得到每个矢量所必须单独满足的微分方程。

把物质方程 $\vec{B} = \mu\vec{H}$ 中的 $\vec{B}$ 代入式(2.2)，然后两边除以 μ 并运用算符 curl，得

$$\mathrm{curl}(\frac{1}{\mu}\,\mathrm{curl}\,\vec{E}) + \frac{1}{c}\,\mathrm{curl}\,\dot{\vec{H}} = 0 \tag{2.3}$$

然后取式(2.1)对时间的微商，用物质方程 $\vec{D} = \varepsilon\vec{E}$ 代换 $\vec{D}$，并消去所得方程和式(2.3)的 $\mathrm{curl}\,\dot{\vec{H}}$，得

$$\mathrm{curl}(\frac{1}{\mu}\,\mathrm{curl}\,\vec{E}) + \frac{\varepsilon}{c^2}\,\mathrm{curl}\,\ddot{\vec{E}} = 0 \tag{2.4}$$

如果利用恒等式 $\mathrm{curl}\,uv = u \cdot \mathrm{curl}\,v + (\mathrm{grad}\,u)v$ 和 $\mathrm{curl}\,\mathrm{curl} = \mathrm{grad}\,\mathrm{div} - \nabla^2$（grad 表示梯度，div 表示散度，$\nabla$ 为哈密顿算子），则式(2.4)变成

$$\nabla^2\vec{E} - \frac{\varepsilon\mu}{c^2}\ddot{\vec{E}} + (\mathrm{grad}\,\ln\mu)\times\mathrm{curl}\,\vec{E} - \mathrm{grad}\,\mathrm{div}\vec{E} = 0 \tag{2.5}$$

此外，从 $\mathrm{div}\,\vec{D} = 4\pi\rho$ 出发，再利用物质方程 $\vec{D} = \varepsilon\vec{E}$ 代换 $\vec{D}$ 并应用恒等式 $\mathrm{div}\,uv = u \cdot \mathrm{div}\,v + v \cdot \mathrm{grad}\,u$，即得到

$$\varepsilon \cdot \mathrm{div}\quad \vec{E} + \vec{E} \cdot \mathrm{grad}\,\varepsilon = 0 \tag{2.6}$$

因此，式(2.5)可写成如下形式：

$$\nabla^2\vec{E} - \frac{\varepsilon\mu}{c^2}\ddot{\vec{E}} + (\mathrm{grad}\,\ln\mu)\times\mathrm{curl}\,\vec{E} + \mathrm{grad}(\vec{E} \cdot \mathrm{grad}\,\ln\varepsilon) = 0 \tag{2.7}$$

用同样的方法可得到单独的 H 方程：

$$\nabla^2\vec{H} - \frac{\varepsilon\mu}{c^2}\ddot{\vec{H}} + (\mathrm{grad}\,\ln\varepsilon)\times\mathrm{curl}\,\vec{H} + \mathrm{grad}(\vec{H} \cdot \mathrm{grad}\,\ln\mu) = 0 \tag{2.8}$$

特别来说，如果介质是均匀的，则 $\mathrm{grad}\,\ln\varepsilon = \mathrm{grad}\,\ln\mu = 0$，式(2.7)和式(2.8)化为

$$\nabla^2\vec{E} - \frac{\varepsilon\mu}{c^2}\ddot{\vec{E}} = 0, \quad \nabla^2\vec{H} - \frac{\varepsilon\mu}{c^2}\ddot{\vec{H}} = 0 \tag{2.9}$$

式(2.9)是标准的波动方程，它们意味着有电磁波存在。

最简单的电磁场是一个平面波的电磁场，场矢量的各个笛卡儿分量以及 $\vec{E}$ 和 $\vec{H}$ 都只是变数 $u = \vec{r}\vec{s} - \vec{v}t$ 的函数：

$$\vec{E} = \vec{E}(\vec{r}\vec{s} - \vec{v}t), \quad \vec{H} = \vec{H}(\vec{r}\vec{s} - \vec{v}t) \tag{2.10}$$

式中，$\vec{r}$ 为空间某一点 P 的位置矢量；$\vec{s}$ 代表传播方向上的单位矢量；$\vec{v}$ 为传播速度；t 为时间。对式(2.10)求取微商后代入麦克斯韦方程中，并联立物质方程便可得

$$\begin{cases} \vec{s} \times \vec{H}' + \dfrac{\varepsilon\vec{v}}{c}\vec{E}' = 0 \\[2mm] \vec{s} \times \vec{E}' - \dfrac{\mu\vec{v}}{c}\vec{H}' = 0 \end{cases} \tag{2.11}$$

如果令附加的积分常数等于零(即略去一个在空间上不变的场)，并且令 $v/c = 1/\sqrt{\varepsilon\mu}$，则式(2.11)积分可得

$$\begin{cases} \vec{E} = -\sqrt{\dfrac{\mu}{\varepsilon}}\vec{s} \times \vec{H} \\[3mm] \vec{H} = \sqrt{\dfrac{\varepsilon}{\mu}}\vec{s} \times \vec{E} \end{cases} \tag{2.12}$$

以 $\vec{s}$ 点乘上式两边，得到

$$\vec{E} \cdot \vec{s} = \vec{H} \cdot \vec{s} = 0 \tag{2.13}$$

这一关系表明了场的"横向性"，即电场矢量和磁场矢量都处在与传播方向相垂直的平面上。由式(2.12)和式(2.13)可看出，$\vec{E}$、$\vec{H}$ 和 $\vec{s}$ 形成以右手三矢量系统。以上便是一般的电磁平面波的表示方程。

当平面波是时间谐波时，即当 $\vec{E}$ 和 $\vec{H}$ 各个笛卡儿分量为下列形式时，情况特别重要：

$$a\cos(\tau + \delta) = \mathrm{Re}\left\{ a e^{-\mathrm{i}(\tau + \delta)} \right\}, \quad a > 0 \tag{2.14}$$

式中，τ 代表位相因子的变数部分，即

$$\tau = \omega\left(t - \frac{\vec{r} \cdot \vec{s}}{v} \right) = \omega t - \vec{k} \cdot \vec{r} \tag{2.15}$$

设选择 z 轴在 $\vec{s}$ 方向，因为按照式(2.13)，场是横向的，所以这时 $\vec{E}$ 和 $\vec{H}$ 只有 x 分量和 y 分量不等于零。现在看在空间中某一代表点上电矢量端点所描绘的曲线的性质。这个曲线是下列坐标点 (E_x, E_y) 的轨迹：

$$\begin{cases} E_x = a_1 \cos(\tau + \delta_1) \\ E_y = a_2 \cos(\tau + \delta_2) \end{cases} \tag{2.16}$$

为了从式(2.16)中消去 τ，把它们改写成下列形式：

$$\begin{cases} \dfrac{E_x}{a_1} = \cos\tau\cos\delta_1 - \sin\tau\sin\delta_1 \\[2mm] \dfrac{E_y}{a_2} = \cos\tau\cos\delta_2 - \sin\tau\sin\delta_2 \end{cases} \tag{2.17}$$

因此有

$$\begin{cases} \dfrac{E_x}{a_1}\sin\delta_2 - \dfrac{E_v}{a_2}\sin\delta_1 = \cos\tau\sin(\delta_2 - \delta_1) \\[2mm] \dfrac{E_x}{a_1}\cos\delta_2 - \dfrac{E_y}{a_2}\cos\delta_1 = \sin\tau\sin(\delta_2 - \delta_1) \end{cases} \tag{2.18}$$

将两式平方相加，得

$$\left(\frac{E_x}{a_1}\right)^2 + \left(\frac{E_y}{a_2}\right)^2 - 2\frac{E_x}{a_1}\frac{E_y}{a_2}\cos\delta = \sin^2\delta \tag{2.19}$$

式中，

$$\delta = \delta_2 - \delta_1 \tag{2.20}$$

式(2.19)是圆锥方程式。它是一个椭圆，因为其缔合行列式不是负的：

$$\begin{vmatrix} \dfrac{1}{a_1^2} & -\dfrac{\cos\delta}{a_1 a_2} \\[3mm] -\dfrac{\cos\delta}{a_1 a_2} & \dfrac{1}{a_2^2} \end{vmatrix} = \frac{1}{a_1^2 a_2^2}\left(1 - \cos^2\delta\right) = \frac{\sin^2\delta}{a_1^2 a_2^2} \geqslant 0 \tag{2.21}$$

该椭圆内接于一个长方形，长方形各边与坐标轴平行，边长为 $2a_1$ 和 $2a_2$ (图 2.2)。椭圆和各边相切于点 $(\pm a_1, \pm a_2\cos\delta)$ 和 $(\pm a_1\cos\delta, \pm a_2)$。

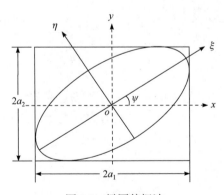

图 2.2　椭圆偏振波

因此，式(2.17)所代表的波称为椭圆偏振波。由此引入了光波偏振的特性，以及一般偏振光波的表示方法，下面开始从数学公式推导对偏振光波的一般表示进行解释，并探讨其特殊情况时所表现出的偏振特性。

2.1.2　偏振光的数学表示

由式(2.13)和式(2.16)很容易看出，同磁矢量相联系的波也是椭圆偏振的：

$$\begin{cases} H_x = -\sqrt{\dfrac{\varepsilon}{\mu}}E_y = -\sqrt{\dfrac{\varepsilon}{\mu}}a_2\cos(\tau+\delta_2) \\ H_y = \sqrt{\dfrac{\varepsilon}{\mu}}E_x = \sqrt{\dfrac{\varepsilon}{\mu}}a_1\cos(\tau+\delta_1) \end{cases} \tag{2.22}$$

所以磁矢量端点描绘的也是一个椭圆，该椭圆内接于一长方形，其各边分别与 x、y 方向平行，边长为 $2\sqrt{\varepsilon/\mu a_2}$、$2\sqrt{\varepsilon/\mu a_1}$。

一般地，椭圆的两个轴并不在 ox 和 oy 方向。设 $o\xi$、$o\eta$ 为一组沿椭圆长、短轴方向的新坐标轴，并设 $\psi(0\leqslant\psi\leqslant\pi)$ 为 ox 和椭圆长轴方向 $o\xi$ 的夹角(图 2.2)。于是 E_ξ 和 E_η 分量同 E_x 和 E_y 分量的关系如下[2]：

$$\begin{cases} E_\xi = E_x\cos\psi + E_v\sin\psi \\ E_\eta = -E_x\sin\psi + E_y\cos\psi \end{cases} \tag{2.23}$$

如果 $2a$ 和 $2b(a\geqslant b)$ 是椭圆的轴长，则设 $o\xi$，$o\eta$ 坐标中的椭圆方程是

$$\begin{cases} E_\xi = a\cos(\tau+\delta_0) \\ E_\eta = \pm b\sin(\tau+\delta_0) \end{cases} \tag{2.24}$$

式中，正、负两种符号是区别电矢量端点描绘该椭圆时所采取的两种可能方向。

为了定出 a 和 b，把式(2.23)、式(2.24)比较并应用式(2.17)：

$$\begin{cases} a(\cos\tau\cos\delta_0 - \sin\tau\sin\delta_0) = a_1(\cos\tau\cos\delta_1 - \sin\tau\sin\delta_1)\cos\psi \\ \qquad\qquad\qquad\qquad\qquad + a_2(\cos\tau\cos\delta_2 - \sin\tau\sin\delta_2)\sin\psi \\ \pm b(\sin\tau\cos\delta_0 + \cos\tau\sin\delta_0) = -a_1(\cos\tau\cos\delta_1 - \sin\tau\sin\delta)_1\sin\psi \\ \qquad\qquad\qquad\qquad\qquad + a_2(\cos\tau\cos\delta_2 - \sin\tau\sin\delta_2)\cos\psi \end{cases} \tag{2.25}$$

然后，令各方程中 $\cos\tau$ 和 $\sin\tau$ 的系数分别相等：

$$a\cos\delta_0 = a_1\cos\delta_1\cos\psi + a_2\cos\delta_2\sin\psi \tag{2.26}$$

$$a\sin\delta_0 = a_1\sin\delta_1\cos\psi + a_2\sin\delta_2\sin\psi \tag{2.27}$$

$$\pm b\cos\delta_0 = a_1\sin\delta_1\sin\psi - a_2\sin\delta_2\cos\psi \tag{2.28}$$

$$\pm b\sin\delta_0 = -a_1\cos\delta_1\sin\psi + a_2\cos\delta_2\cos\psi \tag{2.29}$$

将式(2.26)和式(2.27)平方相加并应用式(2.20)，得

$$a^2 = a_1^2 \cos^2 \psi + a_2^2 \sin^2 \psi + 2a_1 a_2 \cos\psi \sin\psi \cos\delta \tag{2.30}$$

同样由式(2.28)和式(2.29)，有

$$b^2 = a_1^2 \sin^2 \psi + a_2^2 \cos^2 \psi - 2a_1 a_2 \cos\psi \sin\psi \cos\delta \tag{2.31}$$

因此

$$a^2 + b^2 = a_1^2 + a_2^2 \tag{2.32}$$

接着，式(2.28)乘式(2.26)，式(2.29)乘式(2.27)，而后相加，得

$$\mp ab = a_1 a_2 \sin\delta \tag{2.33}$$

再用式(2.26)除以式(2.28)，式(2.27)除以式(2.29)，得

$$\pm \frac{b}{a} = \frac{a_1 \sin\delta_1 \sin\psi - a_2 \sin\delta_2 \cos\psi}{a_1 \cos\delta_1 \cos\psi + a_2 \cos\delta_2 \sin\psi} = \frac{-a_1 \cos\delta_1 \sin\psi + a_2 \cos\delta_2 \cos\psi}{a_1 \sin\delta_1 \cos\psi + a_2 \sin\delta_2 \sin\psi} \tag{2.34}$$

从这些关系可得到 ψ 的方程：

$$\left(a_1^2 - a_2^2\right)\sin 2\psi = 2a_1 a_2 \cos\delta \cos 2\psi \tag{2.35}$$

方便的做法是引进一个辅助角 $\alpha(0 \leqslant \alpha \leqslant \pi/2)$，使得

$$\frac{a_2}{a_1} = \tan\alpha \tag{2.36}$$

于是前一方程变成

$$\tan 2\psi = \frac{2a_1 a_2}{a_1^2 - a_2^2}\cos\delta = \frac{2\tan\alpha}{1 - \tan^2\alpha}\cos\delta \tag{2.37}$$

即

$$\tan 2\psi = \tan 2\alpha \cos\delta \tag{2.38}$$

此外，由式(2.32)和式(2.33)又可得到

$$\mp \frac{2ab}{a^2 + b^2} = \frac{2a_1 a_2}{a_1^2 + a_2^2}\sin\delta = \sin 2\alpha \sin\delta \tag{2.39}$$

设 $\chi(-\pi/4 \leqslant \chi \leqslant \pi/4)$ 为另一辅助角，使得

$$\mp \frac{b}{a} = \tan\chi \tag{2.40}$$

式中，$\tan\chi$ 的数值代表椭圆轴长之比，而 χ 的符号则区别描述椭圆所采取的两种方向，式(2.39)可写成下列形式：

$$\sin 2\chi = \sin 2\alpha \sin\delta \tag{2.41}$$

如果给定任意一组坐标轴中的 a_1、a_2 和位相差 δ，而且如果令 $\alpha(0 \leqslant \alpha \leqslant \pi/2)$ 代表一个角，使得

$$\tan \alpha = \frac{a_2}{a_1} \tag{2.42}$$

则椭圆的主半轴 a 和 b，以及长轴与 ox 的夹角 $\psi(0 \leqslant \psi \leqslant \pi)$ 由下列公式确定：

$$a^2 + b^2 = a_1^2 + a_2^2 \tag{2.43}$$

$$\tan 2\psi = \tan 2\alpha \cos \delta \tag{2.44}$$

$$\sin 2\psi = \sin 2\alpha \sin \delta \tag{2.45}$$

$\chi(-\pi/4 \leqslant \chi \leqslant \pi/4)$ 是一个辅助角，它确定振动椭圆的形状和转向：

$$\tan \chi = \mp b/a \tag{2.46}$$

反过来，如果知道椭圆的轴长 a、b 和取向(即给定 a、b、ψ)，则从这些公式能够求出振幅 a_1、a_2 和位相差 δ。

根据电矢量端点描绘椭圆的转向来区分两种偏振情况。若 E 的旋转与传播方向构成右手螺旋，则称右旋偏振，而构成左手螺旋的称为左旋偏振，但这种叫法与传统名词正好相反，因为它是以观察者迎面去"看"时 E 的表观行为为判据的，本书将遵循习惯用法。这样，当观察者迎着来光去看，电矢量端点是按顺时针方向画椭圆时，该偏振是右旋的。如果分析一下式(2.16)在相隔 1/4 周期的两个时刻的值，则可看出在右旋情况下 $\sin \delta > 0$，利用式(2.41)，即有 $0 < \chi \leqslant \pi/4$。对于左旋偏振，情况相反，即当观察者迎着来光看去时，电矢量将按逆时针画椭圆。在这一情况下，$\sin \delta < 0$，因而 $-\pi/4 \leqslant \chi < 0$。

有两个特别情况非常重要，这就是偏振椭圆退化成一条直线或一个圆。

按照式(2.16)，当

$$\delta = \delta_2 - \delta_1 = m\pi, \quad m = 0, \pm 1, \pm 2, \cdots \tag{2.47}$$

时，椭圆退化成一条直线。这时

$$\frac{E_y}{E_x} = (-1)^m \frac{a_2}{a_1} \tag{2.48}$$

此时椭圆方程变成直线方程，当 m 取零或偶数时，上式取正号；当 m 取奇数时，上式取负号。此时，$\vec{E}$ 是线偏振的，可以把某一坐标轴(如 x)选在这条直线上。于是，只剩下一个分量 E_x。而且，由于电矢量和磁矢量正交并同处在与 z 方向垂直的平面上，所以 H_x 分量等于零，因而 $\vec{H}$ 是沿 y 方向线偏振的。即光矢量的振动方向不随传播过程而改变，只有大小随着相位变化时，光矢量端点沿着一条直线变化，称为线偏振光。并且各点的光矢量均在同一平面内，因此又称为平面偏

振光。

另一个特别情况是圆偏振波，这时椭圆退化成一个圆。产生圆偏振的一个必要条件是外切长方形变成正方形：

$$a_1 = a_2 = a \tag{2.49}$$

当 $\vec{E}$ 的分量达到极值时，另一分量必须为零，这就要求

$$\delta = \delta_2 - \delta_1 = m\pi / 2, \quad m = \pm 1, \pm 3, \pm 5, \cdots \tag{2.50}$$

这时，式(2.19)化为圆方程

$$E_x^2 + E_y^2 = a^2 \tag{2.51}$$

这个圆方程表示光矢量端点的轨迹为圆，即光矢量不断旋转，其大小不变，但方向随时间有规律地变化，该光称为圆偏振光。图 2.3 表征了右旋圆偏振光的电场振动变化。

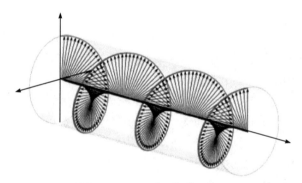

图 2.3　右旋圆偏振光电矢量 $\vec{E}$ 振动随 t 的变化规律

当偏振是右旋时，$\sin \delta > 0$，因而

$$\delta = \frac{\pi}{2} + 2m\pi, \quad m = 0, \pm 1, \pm 2, \cdots \tag{2.52}$$

$$\begin{cases} E_x = a\cos(\tau + \delta_1) \\ E_y = a\cos(\tau + \delta_1 + \pi / 2) = -a\sin(\tau + \delta_1) \end{cases} \tag{2.53}$$

对于左旋偏振，$\sin \delta < 0$，因而

$$\delta = -\frac{\pi}{2} + 2m\pi, \quad m = 0, \pm 1, \pm 2, \cdots \tag{2.54}$$

$$\begin{cases} E_x = a\cos(\tau + \delta_1) \\ E_y = a\cos(\tau + \delta_1 - \pi / 2) = a\sin(\tau + \delta_1) \end{cases} \tag{2.55}$$

图 2.4 是不同 δ 取值情况下所对应的椭圆偏振光的特殊情况。

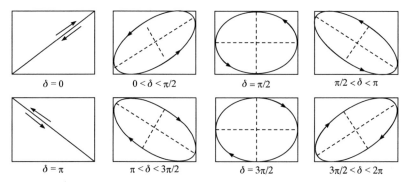

$$\delta = 0 \qquad 0 < \delta < \pi/2 \qquad \delta = \pi/2 \qquad \pi/2 < \delta < \pi$$

$$\delta = \pi \qquad \pi < \delta < 3\pi/2 \qquad \delta = 3\pi/2 \qquad 3\pi/2 < \delta < 2\pi$$

图 2.4　不同 δ 取值对应的椭圆偏振

如果把实表示换成复表示，则

$$\frac{E_y}{E_x} = \frac{a_2}{a_1} e^{i(\delta_1 - \delta_2)} = \frac{a_2}{a_1} e^{-i\delta} \tag{2.56}$$

从这个比的值可立即定出偏振的性质。各种情况的结果如下。

(1) 线偏振电波（$\delta = m\pi,\ m = 0, \pm 1, \pm 2, \cdots$）：

$$\frac{E_y}{E_x} = (-1)^m \frac{a_2}{a_1} \tag{2.57}$$

(2) 右旋圆偏振电波（$a_1 = a_2, \delta = \pi/2$）：

$$\frac{E_y}{E_x} = e^{-i\pi/2} = -i \tag{2.58}$$

(3) 左旋圆偏振电波（$a_1 = a_2, \delta = -\pi/2$）：

$$\frac{E_y}{E_x} = e^{i\pi/2} = i \tag{2.59}$$

更为一般的情况下，可以证明右旋椭圆偏振的 E_y / E_x 虚部为负，而左旋椭圆偏振的 E_y / E_x 虚部为正。

光束中偏振部分的光强度在总光强度中所占的比例称为偏振度(degree of polarization，DOP)。一般而言，偏振度在 0 与 1 之间变化。当 DOP=1 时，为完全偏振光；当 DOP=0 时，为完全非偏振光，如自然光；当 0<DOP<1 时，为部分偏振光。

椭圆偏振光、圆偏振光以及线偏振光均为完全偏振光，DOP=1。太阳光的电矢量振动的大小和方向是完全独立的，因此是完全非偏振光，DOP=0。在自然界中，普遍的现象是完全偏振光和自然光同时存在，并且大部分情况是椭圆、圆、线偏振光多种形态同时存在的，因此，一般情况下观测到的光束，其总电矢量的振动是在某一方向相比于其他方向上存在优势，这种由完全非偏振光和完全偏振光混合叠加而得的光称为部分偏振光。对于部分偏振光而言，在垂直于光传播方向的平面上，含有各种振动方向的光矢量，但光振动在某一方向更显著。

2.2　散射光的偏振特性

本节讨论入射光的偏振态对散射光偏振态的影响，入射波长与后向散射光偏振特性的关系，着重列举有限元分析法求解散射光的偏振度与散射角，以及两者之间的关系。

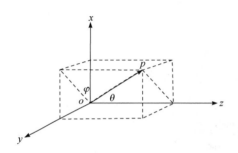

图 2.5　极坐标中任意向量的分解示意图

2.2.1　入射光对散射光偏振态的影响

假设入射光为单位振幅的平面偏振单色波，散射体为半径 a 的球形颗粒，介电系数为 $\varepsilon^{(\mathrm{II})}$，电导率为 σ，周围介质为非导电的均匀介质，介电系数为 $\varepsilon^{(\mathrm{I})}$。

如图 2.5 所示，在球极坐标内，在距离散射球中心为 r 的 p 点的散射电场可表示为[3]

$$E_r = \frac{1}{k^{(1)2}} \frac{\cos\varphi}{r^2} \sum_{l=1}^{\infty} l(l+1) {}^{\mathrm{e}} B_l(k^{(1)}r) P_l^{(1)}(\cos\theta) \tag{2.60}$$

$$E_\theta = -\frac{1}{k^{(1)}} \frac{\cos\varphi}{r} \sum_{l=1}^{\infty} \left[{}^{\mathrm{e}} B_l \xi_l^{(1)\prime}(k^{(1)}r) P_l^{(1)\prime}(\cos\theta)\sin\theta - \mathrm{i}^m B_l \xi_l^{(1)}(k^{(1)}r) P_l^{(1)\prime}(\cos\theta) \frac{1}{\sin\theta} \right] \tag{2.61}$$

$$E_\varphi = -\frac{1}{k^{(1)}} \frac{\sin\varphi}{r} \sum_{l=1}^{\infty} \left[{}^{\mathrm{e}} B_l \xi_l^{(1)\prime}(k^{(1)}r) P_l^{(1)}(\cos\theta) \frac{1}{\sin\theta} - \mathrm{i}^m B_l \xi_l^{(1)}(k^{(1)}r) P_l^{(1)\prime}(\cos\theta)\sin\theta \right] \tag{2.62}$$

当 $r \gg \lambda$，即在远场时，因为 $E_r \propto \frac{1}{r^2}$，与 E_θ、E_φ 相比可以忽略不计，此时，$\xi_l^{(1)}(kr)$ 和 $\xi_l^{(1)\prime}(kr)$ 有下面的渐进形式：

$$\xi_l^{(1)}(kr) \approx (-\mathrm{i})^{i+1} \mathrm{e}^{\mathrm{i}kr} \tag{2.63}$$

$$\xi_l^{(1)\prime}(kr) \approx (-\mathrm{i})^l \mathrm{e}^{\mathrm{i}kr} \tag{2.64}$$

这样，E_θ 和 E_φ 分别可写为

$$E_\theta = -\mathrm{i}\frac{\lambda^{(1)}\cos\varphi}{2\pi r}\sum_{l=1}^{\infty}(-\mathrm{i})^l\left[{}^{\mathrm{e}}B_l P_l^{(1)'}(\cos\theta)\sin\theta - {}^m B_l P_l^{(1)'}(\cos\theta)\frac{1}{\sin\theta}\right] \quad (2.65)$$

$$E_\varphi = -\mathrm{i}\frac{\lambda^{(1)}\sin\varphi}{2\pi r}\sum_{l=1}^{\infty}(-\mathrm{i})^l\left[{}^{\mathrm{e}}B_l P_l^{(1)'}(\cos\theta)\frac{1}{\sin\theta} - {}^m B_l P_l^{(1)'}(\cos\theta)\sin\theta\right] \quad (2.66)$$

如果称 θ 为散射角，包含入射光与观察方向(散射方向) $\bar{r}$ 的平面为观察平面 (散射平面)，则 E_φ 是垂直散射面的电场分量，E_θ 是平行散射面的电场分量。由于 E_θ/E_φ 是复数，即两个电场分量存在相位差，因此产生的散射光一般是椭圆偏振光。只有当 $a \ll \lambda$ (瑞利散射)时，E_θ/E_φ 是实数，散射光才是线偏振光。下面考虑两种特殊情况下：$\varphi=0$ 和 $\varphi=\pi/2$，即散射面与入射光偏振方向平行与垂直的两种情况。

(1) 当 $\varphi=0$ 时，$E_\varphi=0$，这时散射光为光矢量与散射面平行的线偏振光，其强度为

$$I_\parallel = |E_\theta|^2 = \frac{\lambda^{(1)2}}{4\pi^2 r^2}|\sum_{l=1}^{\infty}(-\mathrm{i})^l\left[{}^{\mathrm{e}}B_l P_l^{(1)'}(\cos\theta)\sin\theta - {}^m B_l P_l^{(1)}(\cos\theta)\frac{1}{\sin\theta}\right]|^2 \quad (2.67)$$

(2) 当 $\varphi=\pi/2$ 时，$E_\theta=0$，这时散射光为光矢量与散射面垂直的线偏振光，其强度为

$$I_\perp = |E_\varphi|^2 = \frac{\lambda^{(1)2}}{4\pi^2 r^2}|\sum_{l=1}^{\infty}(-\mathrm{i})^l\left[{}^{\mathrm{e}}B_l P_l^{(1)}(\cos\theta)\frac{1}{\sin\theta} - {}^m B_l P_l^{(1)'}(\cos\theta)\sin\theta\right]|^2 \quad (2.68)$$

用相互垂直的偏振光分别照射散射颗粒，对于垂直于 yz 平面(散射面)振动的入射光，在 yz 平面内(相当于 $\varphi=\pi/2$)仅有 $I_\perp$；对于平行于 yz 平面(散射面)振动的入射光，在 yz 平面内(相当于 $\varphi=0$)只有 $I_\parallel$。偏振光强度差分散射技术就是利用不同偏振态的散射光强在同一个散射角处的光强差来分析直径在 $40\,\mathrm{nm} \sim 1\,\mu\mathrm{m}$ 之间的微粒。当入射光为单位振幅的自然光时，散射光一般是部分偏振光，且有

$$\frac{1}{2}I_\parallel = |E_\theta|^2 \quad (2.69)$$

$$\frac{1}{2}I_\perp = |E_\varphi|^2 \quad (2.70)$$

$$I = \frac{1}{2}(I_\parallel + I_\perp) \quad (2.71)$$

自然光入射时，散射光强与角 φ 无关，是绕 z 轴旋转对称分布的；散射光的偏振态也仅与角 θ 有关，而与角 φ 无关。

通过以上分析可知，入射光的偏振状态与散射光的偏振状态之间关系如下。

(1) 入射光以自然光入射时产生的散射光为部分偏振光。

(2) 入射光以平面偏振光入射时产生的散射光一般为椭圆偏振光。

(3) 入射光是平面偏振光，且散射面垂直于入射光的偏振方向时，在所有的散射角处，散射光均为垂直于散射面的线偏振光。

(4) 入射光以平面偏振光入射同时又满足瑞利散射(颗粒直径远小于入射光波长)条件时，产生的散射光为线偏振光，且满足：①入射光平行于散射面(入射光与观察方向所在的平面)偏振时，产生的散射光亦平行于散射面偏振(图 2.6(a))，但强度大小不均匀；②入射光垂直于散射面偏振时，产生的散射光亦垂直于散射面偏振(图 2.6(b))，且强度均匀。

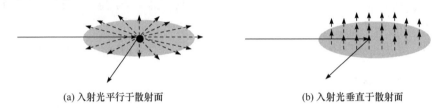

(a) 入射光平行于散射面　　　　　　　　　　(b) 入射光垂直于散射面

图 2.6　偏振入射光产生的散射光的偏振态示意图

2.2.2　光波长对后向散射光偏振态的影响

完全偏振光经过散射介质后，散射光的偏振态会随介质的不同而发生变化。散射光会成为部分偏振光，甚至完全退偏成非偏振光。偏振度是描述散射光偏振态的重要参量。由斯托克斯矢量定义的散射光的总偏振度为

$$\text{DOP} = \sqrt{S_1^2 + S_2^2 + S_3^2} / S_0 \tag{2.72}$$

而散射光中的圆偏振光和线偏振光的偏振度分别为

$$\text{DOP}_C = |S_3 / S_0| \tag{2.73}$$

$$\text{DOP}_L = \sqrt{S_1^2 + S_2^2} / S_0 \tag{2.74}$$

由偏振度的定义可知 DOP、DOP_C 和 DOP_L 都是 0～1 之间的数，当数值为 1 时，散射光为完全偏振光；当数值为 0 时，散射光为非偏振光，即入射的偏振光经过散射介质后完全退偏；$\text{DOP} \geqslant \text{DOP}_C$ 和 $\text{DOP} \geqslant \text{DOP}_L$；当 $\text{DOP}_C \geqslant \text{DOP}_L$ 时，散射光中的圆偏振光成分居多，反之，线偏振光成分居多。

在这里，研究散射介质是脂肪乳剂的情况，基于斯托克斯矢量测量以线偏振光和圆偏振光入射时后向散射光的偏振度，在 532nm、650nm 和 780nm 三个波长的光与散射粒子粒径为 325nm 的脂肪乳剂溶液作用后，其后向散射光的偏振度呈现不同特性。当波长为 532nm 时，对于入射线偏振光情形，当溶液散射系数 μ_s ≤ 0.50mm^{-1} 时，后向散射光的总偏振度和线偏振光偏振度随 μ_s 的增加呈 e 指数衰

减，而圆偏振光偏振度呈 e 指数增加；当 $\mu_s > 0.50\text{mm}^{-1}$ 时，后向散射光的总偏振度和线偏振光偏振度随 μ_s 的增加呈缓慢减小趋势，而圆偏振光偏振度却缓慢增加，最后逐渐趋于与总偏振度相近的稳定值。当 $\mu_s \geqslant 0.50\text{mm}^{-1}$ 时，后向散射光的圆偏振光偏振度始终大于线偏振光偏振度，表明此时后向散射光中圆偏振光成分反而更多；对于入射圆偏振光情形，后向散射光的总偏振度和圆偏振光偏振度的变化规律相同，在 $\mu_s \approx 0.10\text{mm}^{-1}$ 这一点都存在极小值。线偏振光偏振度仍按指数规律衰减，当 $\mu_s \geqslant 0.36\text{mm}^{-1}$ 时，圆偏振光偏振度始终大于线偏振光偏振度，表明此时后向散射光中圆偏振光成分居多。当波长为 650nm 时，对于入射线偏振光情形，后向散射光的总偏振度和线偏振光偏振度随 μ_s 的增加仍呈 e 指数衰减，而圆偏振光偏振度在 $\mu_s = 0.15\text{mm}^{-1}$ 时存在极大值，散射光中的线偏振光与圆偏振光成分相差不多；对于入射圆偏振光情形，后向散射光的总偏振度和圆偏振光偏振度变化规律依然相同，在 0.06mm^{-1} 这一点存在极小值。线偏振光偏振度不再呈现 e 指数衰减趋势，而是在 0.03mm^{-1} 出现了极大值，并且当 $\mu_s \geqslant 0.10\text{mm}^{-1}$ 时，圆偏振光偏振度大于线偏振光偏振度，表明此时后向散射光中的圆偏振光居多。当波长为 780nm 时，对于入射线偏振光，后向散射光的总偏振度和线偏振光偏振度随 μ_s 的增加呈 e 指数衰减，且曲线十分接近。而圆偏振光偏振度在 0.04mm^{-1} 这一点有极大值。线偏振光偏振度始终大于圆偏振光偏振度，表明散射光中的线偏振光占主导地位；对于入射圆偏振光，后向散射光的总偏振度和圆偏振光偏振度都服从 e 指数规律衰减，线偏振光偏振度在 0.16mm^{-1} 这一点有极大值，且始终小于圆偏振光偏振度，表明散射光中的圆偏振光占主导地位。

对于三个不同波长的总偏振度，都是线偏振光入射时的总偏振度大于圆偏振光入射时的总偏振度。并且，不论以何种偏振光入射，532nm 的总偏振度都要高于另外两个波长各自的总偏振度。

基于以上结论可以得到，在散射系数较小时，后向散射光中圆偏振光的偏振度会发生由小到大的变化，或者存在极小或极大值，并且圆偏振光成分在后向散射光中会居多。即一束圆偏振光入射到散射介质后，在介质中会形成三种类型的光：介质表面的旋向跃变光、靠近表面的保偏光和介质内部的退偏光。旋向跃变是指圆偏振光的旋向由原来的右旋变成了左旋，表现为后向散射光中的右旋圆偏振光强 I_R 与左旋圆偏振光强 I_L 发生变化，致使圆偏振光的偏振度曲线出现极值。线偏振光入射到散射介质后只有两种光，即表层的保偏光和内部的退偏光。线偏振光在介质中会改变偏振态，除了线偏振光之外，还有圆偏振光和部分偏振光，其中圆偏振光由介质表面散射出去时也会发生旋向的改变，致使后向散射光中的圆偏振光偏振度曲线由小到大变化或出现极值。线偏振光退偏仅表现为振动方向的随机性，但是，圆偏振光退偏却表现为方向和旋向两方面的随机性，而旋向比方向的保持性要强。因此，圆偏振光成分在后向散射光中会居多。圆偏振光的偏振度曲线出现极值时对应的散射系数较小，说明旋向的改变只在低浓度的散射介质中发生[4]。

当散射粒径小于波长时，发生前向散射和后向散射的概率相同，后向散射会使圆偏振光的旋向发生改变，导致圆偏振光偏振态发生变化。但是，线偏振光的振动方向不受后向散射的影响。因此，线偏振光的偏振态不易改变，也就是说线偏振光比圆偏振光保偏性好，即线偏振光入射时的总偏振度要大于圆偏振光入射时的总偏振度。

2.3　散射介质的偏振特性

本节讨论常见散射介质(如液体、气溶胶颗粒、粗糙薄膜、金属表面以及生物组织)的散射偏振特性。

2.3.1　液体介质散射的偏振特性

本节通过分析液体介质浓度与散射步长的关系，在偏振蒙特卡罗模型中引入浓度系数，探究介质浓度和传输距离之间的关系，最后分析液体介质浓度对光散射传输过程中偏振度的影响[5]。

1. 偏振蒙特卡罗模型中散射介质浓度的表征

在介质运动平衡状态下，由于光子散射碰撞运动具有随机性，一个光子在任意连续两次散射碰撞之间所运动的距离是不同的。一定条件下，一个光子在任意连续两次散射碰撞之间可能通过的各段运动距离的平均值，称为平均散射步长 λ [6]。

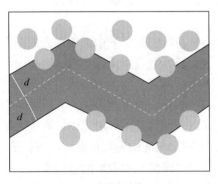

图 2.7　光子散射碰撞示意图

假设光子以平均相对速率在单一介质中运动，介质中粒子静止且均匀分布，跟踪该光子计算在一段时间 Δt 内与其相碰撞的粒子数。如图 2.7 所示，以该光子的运动轨迹为轴，以光子有效碰撞直径 d 为半径，作曲折圆柱体，则凡质心在该圆柱体内的粒子都将与该光子相碰。Δt 内介质中粒子与该光子的平均散射碰撞的次数等于圆柱体体积中的粒子数。为便于处理计算，将曲折圆柱体理想化为直线圆柱体。

设圆柱体的截面积为 σ_{area}，即光子的碰撞截面 $\sigma_{\text{area}} = \pi d^2$。在 Δt 内，光子所运动的距离为 $v \Delta t$，相应圆柱体体积为 $\sigma_{\text{area}} v \Delta t$，设介质单位体积粒子数为 n，则中心在此圆柱体内的粒子总数，亦即在 Δt 时间内与光子散射碰撞的粒子数为 $n \sigma_{\text{area}} v \Delta t$。

故平均碰撞频率为

$$Z = \frac{n \sigma_{\text{area}} v \Delta t}{\Delta t} = n \sigma_{\text{area}} v \tag{2.75}$$

光子的平均散射步长为

$$\lambda = \frac{v}{Z} = \frac{1}{n \sigma_{\text{area}}} = \frac{1}{\pi d^2 n} \tag{2.76}$$

不难看出，平均散射步长 λ 与单位体积粒子数 n 是成反比的。用 Δs 表征光子在连续两次散射碰撞之间的运动距离，即散射步长；用一无量纲系数 C 来表征单位体积粒子数 n 的大小，系数 C 即为散射介质浓度系数，则有

$$\begin{cases} \lambda \propto \dfrac{1}{n} \\[2mm] \Delta s \propto \dfrac{1}{C} \end{cases} \tag{2.77}$$

由以上分析知，光子散射步长 Δs 与系数 C 是成反比的，根据 Jessica 总结的偏振蒙特卡罗子午面模型，光子连续两次散射碰撞之间的运动距离，即散射步长 Δs 为

$$\Delta s = -\frac{\ln \xi}{\mu_{\text{t}}} \tag{2.78}$$

式中，ξ 是随机生成的 $(0,1]$ 之间的数，其中衰减系数 $\mu_{\text{t}} = \mu_{\text{a}} + \mu_{\text{s}}$（$\mu_{\text{a}}$ 为吸收系数，μ_{s} 为散射系数），Δs 是一个 0 正无穷的随机数。

散射系数 μ_{s} 中已隐含介质单位体积内的粒子数，采用改变光子散射步长 Δs 来表征介质浓度的大小，两者成反比，则

$$\Delta s = -\frac{\ln \xi}{\mu_{\text{t}} C} \tag{2.79}$$

在统计趋势上，系数 C 越大，散射步长 Δs 越小，介质浓度越大。系数 C 是一无量纲系数，并没有实际物理单位，只是表征介质浓度的大小，介质浓度系数 C 的数值与介质浓度的实际大小呈正相关关系，即介质浓度系数 C 的增减可以等效为实际介质浓度的增减。由此可以在偏振蒙特卡罗模型中引入浓度系数，用来

分析散射介质浓度对散射传输过程的影响[7]。

2. 介质浓度对散射光偏振度的影响

当入射光分别为自然光 $a((1,0,0,0))$、横向线偏振光 $b((1,1,0,0))$、45°线偏振光 $c((1,0,1,0))$、圆偏振光 $d((1,0,0,1))$、横向部分线偏振光 $e((1,0.5,0,0))$ 时，计算接收面所有光子偏振度的平均值，如图 2.8 所示。

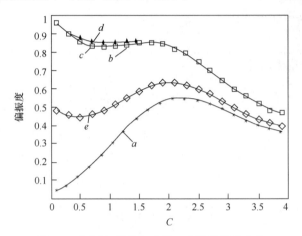

图 2.8　偏振度随浓度系数 C 变化的均值曲线

对无偏自然光 a，当介质浓度(传输距离)较小时，由于粒子的散射作用，光束进入介质层中后，会形成部分偏振光，当浓度(传输距离)在一定范围内增大时，总体粒子的散射作用增强，产生的偏振光部分随之增强，即偏振度增大。当浓度(传输距离)增大到一定程度时，散射次数大量增加，各方向振动强度趋于均匀，会出现退偏，故此时随着浓度(传输距离)增加，偏振度会降低。对于自然光 a，浓度(传输距离)系数 C 小于 2 时，散射传输过程起偏效应占主导地位，在 C 大于 2 时，退偏效应占主导地位。

由于粒子散射作用，完全偏振光 b、c、d 会变成部分偏振光，即出现退偏现象。随着浓度(传输距离)系数 C 的增加，退偏程度并非单调变化。当 C 小于 0.9 或大于 1.7 时，偏振度单调递减，当大于 0.9 且小于 1.7 时，偏振度单调递增。即随着浓度(传输距离)系数 C 增加，先退偏，再起偏，而后再次退偏。

对于部分偏振光 e，趋势与完全偏振光类似。在浓度(传输距离)系数 C 小于 0.5 或大于 2 时，偏振度单调递减，在 0.5 至 2 间单调递增。

综上，偏振度随浓度(传输距离)系数的变化并不是单调的，不同入射光趋势也不一样，总体呈现"倒 N"型。在浓度(传输距离)系数大于一定阈值之后，对于任何偏振态入射光，随着系数 C 增大，偏振度持续减小。这也是实际大气偏振测量中，云层区域出现退偏现象的原因。可以发现对于完全偏振光 b、c、d 入射，偏振度变化趋势基本一样，尤其是入射横向线偏振光 b 和 45°线偏振光 c 基本重合，因为二者本质上是一致的，描述的都是线偏振的程度。但是圆偏振光 d 在浓度(传输距离)系数 C 为 0.3～1.7 间略微较大，说明圆偏振光在此间范围内退偏能力弱于线偏振光，即相对线偏振光来说，圆偏振光有更好地保持偏振状态的能力[8]。

2.3.2　气溶胶散射的偏振特性

在传输过程中经气溶胶粒子散射和地表反射后，光的偏振态可能会发生改变。气溶胶的散射偏振特性对大气光学特性的反演具有重要的影响。因此，在研究散射光光学特性时，必须考虑光的偏振，否则在利用标量辐射传输方程计算晴天的散射辐射强度时会有误差，影响反照率和相位函数，从而间接影响气体混合比和粒子形状。例如，雾霾属于气溶胶粒子的一类，主要来源包括燃煤、土壤尘、汽车尾气、工业排放以及秸秆焚烧等。根据光学特性，雾霾中的吸收性成分主要有炭黑、吸收性有机碳、沙尘等，而散射性的成分主要有硫酸铵等。从光学角度来说，霾对光的散射能力的贡献要大于大气气体，雾霾成分不同，偏振状态也不同，因此可以利用大气雾霾颗粒偏振特性参数(斯托克斯矢量和偏振度)的变化对雾霾颗粒中的组成成分进行分析。光在大气中传输时，光与雾霾中粒子相互作用发生散射以后，散射光会携带决定雾霾粒子物理特性(如粒子半径、浓度、成分等)的偏振信息，在雾霾检测中测量散射后的偏振状态，可以反演雾霾粒子的相关物理特性，并且对于分析粒子形态(如球形粒子、链状球形粒子、非球形粒子)有重要的研究意义[9]。

波动理论求解粒子的散射偏振问题一般要针对电磁场的一对正交分量，入射的平面波 $E_i = E_0 e^{ikz}$ 入射到一个粒子且入射光的斯托克斯矢量为 $\vec{S}_{in}$，入射光会在全空间所有方向上散射，且散射光的斯托克斯矢量会发生改变，即为 $\vec{S}_{out}$，在离散射体足够远的地方，任意方向的散射光如图 2.9 所示，$\vec{n}_s$、$\vec{n}_i$ 分别为散射光方向和入射光方向的单位矢量，散射光方向和入射光方向的夹角为散射角 θ。但各个方向上的散射光的振幅不同，其电矢量的任一分量可以表达为

$$E_s = \frac{f(\vec{n}_s, \vec{n}_i)}{kr} E_i e^{ikr} \tag{2.80}$$

式中，E_i 为入射光的振幅；分母为波数 k 和距离 r 的乘积；函数 f 为无量纲的电矢量强度空间相对分布函数。

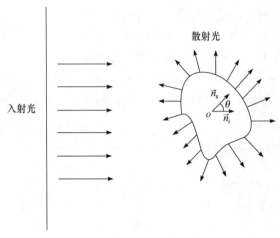

图 2.9　粒子的光散射

　　入射光方向和散射光方向构成的平面是散射平面，入射光的电矢量可以分解为垂直和平行于散射平面的分量(或者也可以分解为方位角 $\vec{e}_{\varphi}$ 和极角方向 $\vec{e}_{\theta}$ 上的分量)，同样，散射光的电矢量也分解为垂直和平行于散射平面的分量。平面波入射的几何关系如图 2.10 所示，考虑一个折射率为 m 的介质粒子对入射光的散射，时谐电磁场与时间相关的函数是 $\exp(iwt)$，入射光的传播方向沿 z 轴的正方向。$\vec{e}_x$、$\vec{e}_y$、$\vec{e}_z$ 单位矢量分别沿下 x、y、z 轴的正方向，$\vec{e}_r$、$\vec{e}_{\theta}$、$\vec{e}_{\varphi}$ 定义球坐标系 (r,θ,φ) 的基本矢量。k 为介质中的传播常数，$k = 2\pi/\lambda$ 为入射的平面波的波长。$\vec{e}_r$ 的散射方向和 $\vec{e}_z$ 入射方向定义了散射平面。

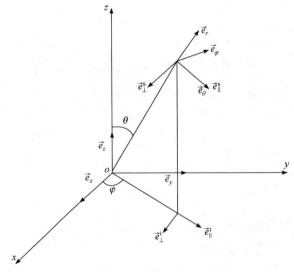

图 2.10　粒子的光散射问题的几何关系

散射光的分量通过散射矩阵与入射光的分量联系为如下公式：

$$\begin{bmatrix} E_\perp^s \\ E_\parallel^s \end{bmatrix} = \frac{e^{i(kr-z)}}{-ikr} \begin{bmatrix} S_1 & S_4 \\ S_3 & S_2 \end{bmatrix} \begin{bmatrix} E_\perp^i \\ E_\parallel^i \end{bmatrix} \tag{2.81}$$

式中，$\begin{bmatrix} S_1 & S_4 \\ S_3 & S_2 \end{bmatrix}$ 为振幅散射矩阵，该矩阵是由粒子的形状、尺寸参数、复杂折射率以及散射几何决定。同时对于一般形状的粒子，振幅散射矩阵有四个独立的矩阵元。那么对于粒子散射光偏振特性的研究，可以将散射光的斯托克斯矢量与入射光的斯托克斯矢量通过散射矩阵联系起来，即为粒子的缪勒矩阵，是由 16 个元素组成[10]：

$$S_s = \begin{bmatrix} I_s \\ Q_s \\ U_s \\ V_s \end{bmatrix} = \frac{1}{(kr)^2} \begin{bmatrix} S_{11} & S_{12} & S_{13} & S_{14} \\ S_{21} & S_{22} & S_{23} & S_{24} \\ S_{31} & S_{32} & S_{33} & S_{34} \\ S_{41} & S_{42} & S_{43} & S_{44} \end{bmatrix} \begin{bmatrix} I_i \\ Q_i \\ U_i \\ V_i \end{bmatrix} \tag{2.82}$$

式(2.82)中矩阵元与振幅散射矩阵元之间的关系为

$$S_{11} = \frac{S_1^*S_1 + S_2^*S_2 + S_3^*S_3 + S_4^*S_4}{2}, \quad S_{12} = \frac{S_2^*S_2 - S_1^*S_1 + S_4^*S_4 - S_3^*S_3}{2}$$

$$S_{13} = \text{Re}\left\{S_3^*S_2 + S_4^*S_1\right\}, \quad S_{14} = \text{Im}\left\{S_3^*S_2 - S_4^*S_1\right\}$$

$$S_{21} = \frac{S_2^*S_2 - S_1^*S_1 + S_3^*S_3 - S_4^*S_4}{2}, \quad S_{22} = \frac{S_2^*S_2 + S_1^*S_1 - S_3^*S_3 - S_4^*S_4}{2}$$

$$S_{23} = \text{Re}\left\{S_3^*S_2 - S_4^*S_1\right\}, \quad S_{24} = \text{Im}\left\{S_3^*S_2 + S_4^*S_1\right\}$$

$$S_{31} = \text{Re}\left\{S_4^*S_2 + S_3^*S_1\right\}, \quad S_{32} = \text{Re}\left\{S_4^*S_2 - S_3^*S_1\right\}$$

$$S_{33} = \text{Re}\left\{S_2^*S_1 + S_4^*S_3\right\}, \quad S_{34} = \text{Re}\left\{S_1^*S_2 + S_3^*S_4\right\}$$

$$S_{41} = \text{Im}\left\{S_2^*S_4 + S_3^*S_1\right\}, \quad S_{42} = \text{Im}\left\{S_2^*S_4 - S_3^*S_1\right\}$$

$$S_{43} = \text{Im}\left\{S_2^*S_1 - S_4^*S_3\right\}, \quad S_{44} = \text{Re}\left\{S_2^*S_1 - S_4^*S_3\right\}$$

对于典型的非球形粒子，由于圆柱粒子、椭球粒子、切比雪夫粒子均有镜面对称性，可以得出非球形粒子的散射矩阵，其入射光的斯托克斯矢量与散射光的斯托克斯矢量可由式(2.83)所示，从中可以看出缪勒散射矩阵含有八个非零元素，其中六个是独立的矩阵元。

$$S_s = \begin{bmatrix} I_s \\ Q_s \\ U_s \\ V_s \end{bmatrix} = \frac{1}{(kr)^2} \begin{bmatrix} S_{11} & S_{12} & 0 & 0 \\ S_{21} & S_{22} & 0 & 0 \\ 0 & 0 & S_{33} & S_{34} \\ 0 & 0 & -S_{43} & S_{44} \end{bmatrix} \begin{bmatrix} I_i \\ Q_i \\ U_i \\ V_i \end{bmatrix} \tag{2.83}$$

由镜面对称性和球对称性可以得出球形粒子的散射矩阵，其入射光的斯托克斯矢量与散射光的斯托克斯矢量可由式(2.84)所示，从中可以看出缪勒散射矩阵含有八个非零元素，其中四个是独立的矩阵元：

$$S_s = \begin{bmatrix} I_s \\ Q_s \\ U_s \\ V_s \end{bmatrix} = \frac{1}{(kr)^2} \begin{bmatrix} S_{11} & S_{12} & 0 & 0 \\ S_{21} & S_{22} & 0 & 0 \\ 0 & 0 & S_{33} & S_{34} \\ 0 & 0 & -S_{34} & S_{33} \end{bmatrix} \begin{bmatrix} I_i \\ Q_i \\ U_i \\ V_i \end{bmatrix} \tag{2.84}$$

对于实际的雾霾粒子群，散射光的斯托克斯矢量等于各个独立粒子的散射光斯托克斯矢量之和，即粒子群的散射矩阵元也等于各个独立粒子的散射矩阵元之和。因此分析单粒子的散射偏振是分析粒子群的散射偏振特性的基础。

气溶胶散射偏振特性研究实质是对散射辐射强度和偏振度的研究，而偏振度根据斯托克斯矢量中的四个元素计算得出，因此散射辐射强度的求解极为关键，而影响散射辐射强度的参数主要是气溶胶粒子谱分布的特征参数和地表反射率。实际的气溶胶粒子是不同粒径大小的混合体，可以分为粗粒子和细粒子。气溶胶模式种类多样，能有效反映实际大气中气溶胶体积大小分布的是双峰对数正态分布，可以表示为

$$\frac{dV}{d\ln r} = \frac{C_{\text{fine}}}{\sqrt{2\pi}S_{\text{fine}}} \exp\left[-\frac{(\ln R - \ln R_{\text{fine}})^2}{2S_{\text{fine}}^2}\right] + \frac{C_{\text{coarse}}}{\sqrt{2\pi}S_{\text{coarse}}} \exp\left[-\frac{(\ln R - \ln R_{\text{coarse}})^2}{2S_{\text{coarse}}^2}\right]$$

$$\tag{2.85}$$

式中，C 表示体积浓度；两个特征参数 R 和 S 分别为模态半径和标准差；R_{fine} 和 R_{coarse} 分别表示细粒子和粗粒子的模态半径。通常 490nm 蓝光波段的大气散射较强，地表反射较弱，仅有可见光波段的 1/2～1/4，可通过对蓝光波段地表反射率的模拟实现对气溶胶光学厚度的反演。同时，该波段的分子散射和吸收都低于其他波段，气溶胶垂直廓线的影响对该波段气溶胶光学厚度反演的影响较小。表 2.1 给出了粗粒子和细粒子的气溶胶粒子谱分布的特征参数，其中，m_r 和 m_i 分别为复折射率实部和虚部；ω 为单次散射反照率；g 为非对称因子。

表 2.1 各组分气溶胶粒子谱分布的特征参数

参数	粗粒子模态	细粒子模态
C	0.192	0.269
R	2.580	0.257
S	0.568	0.535
m_r	1.478	1.478
m_i	0.0099	0.0099
ω	0.927	0.927
g	0.729	0.729

2.4 散斑的偏振特性

在 20 世纪 60 年代初，连续波激光器第一次进入商业市场时，使用这类仪器的研究人员注意到一种奇怪的现象。当激光从纸或实验室的墙壁等表面反射时，观测者在观察散射点时就会看到对比度高而尺寸细微的颗粒图样。此外，对该点反射的强度的测量表明，即使该点的光照相对均匀，但由其反射光所测得的光强却在空间显现同样细微尺寸的涨落。这种颗粒结构后来被称为"散斑"。伴随着散射成像的研究，基于散斑的偏振特性得到越来越多关注。在这里介绍一些有关散斑偏振特性的基本概念，作为深入研究散斑的基础。

2.4.1 部分偏振散斑

线偏振光入射到不同类型的表面后反射光的偏振特性有很大不同。例如，当光入射到一个粗糙介质（如纸张）表面时，通常会发生多重散射，反射光的状态为非偏振态。如果通过一个检偏器观察正交偏振方向光的强度，那么观察到的两个散斑图像彼此之间几乎没有相似之处；而线偏振光入射到粗糙的金属表面时，反射光具有偏振态，在两个正交偏振方向观察到的散斑图像是高度相关的[11]。

在介绍散斑偏振特性之前，先介绍散斑图样之间的相关性。散斑图案之间的相关性可以以许多不同的方式出现。例如，假设用相干光照射一个随机反射表面，在离该表面一定距离处记录一个散斑图案。现在假设随机表面被少量平移，用相同的相干光再次照射，并且记录第二个散斑图案。以这种方式记录的两个斑纹图样通常是部分相关的。相关程度取决于几个因素，包括表面平移的距离、精确的几何形状和散斑的大小。N 个散斑的和表示为

$$I_s = \sum_{n=1}^{N} I_n = \sum_{n=1}^{N} \left| A_n \right|^2 \qquad (2.86)$$

第 n 个和第 m 个散斑图样强度之间的归一化的相关由下式表示：

$$\rho_{n,m} = \frac{\overline{I_n I_m} - \overline{I}_n \overline{I}_m}{\left[\overline{\left(I_n - \overline{I}_n\right)^2 \left(I_m - \overline{I}_m\right)^2}\right]^{1/2}} \tag{2.87}$$

只有当它们场相关时，这种强度相关才能出现。场的相关用下式表示：

$$\mu_{n,m} = \frac{\overline{A_n A_m^*}}{\left(\overline{|A_n|^2} \,\overline{|A_m|^2}\right)^{1/2}} \tag{2.88}$$

对完全散射散斑场遵从圆形复值高斯统计，这意味着强度相关与场相关通过下式联系：

$$\overline{I_n I_m} = \overline{I}_n \overline{I}_m \left(1 + |\mu_{n,m}|^2\right) \tag{2.89}$$

由此得

$$\rho_{n,m} = |\mu_{n,m}|^2 \tag{2.90}$$

$$\mu_{n,m} = \sqrt{\rho_{n,m}}\, \mathrm{e}^{\mathrm{j}\psi_{n,m}} \tag{2.91}$$

式中，$\psi_{n,m}$ 是一个相位因子，对应于第 n 个振幅图样 A_n 和第 m 个振幅图样 A_m 的相关。

以下的讨论假设入射到粗糙表面上的光的振幅在 x 方向上是线偏振，因此可以用下式描述：

$$\vec{A}_\mathrm{i} = \sqrt{I_\mathrm{i}}\,\hat{x} \tag{2.92}$$

式中，I_i 是入射强度；$\hat{x}$ 是 x 方向的单位矢量。反射光的复振幅可以写成

$$\vec{A}_r = A_x \hat{x} + A_y \hat{y} \tag{2.93}$$

观察到的总强度由光的 x 和 y 分量的强度之和给出：

$$I = I_x + I_y = |A_x|^2 + |A_y|^2 \tag{2.94}$$

当反射光波的表面十分粗糙(从一个光波波长的尺度来看)时，I_x 和 I_y 都是完全散射散斑图样。由散斑的相关性可知，总强度的统计将取决于强度 I_x 和 I_y 之间的相关性。I_x 和 I_y 之间的相关性又依赖于场 A_x 和 A_y 之间的相关性。

$$\rho_{n,m} = |\mu_{n,m}|^2 \tag{2.95}$$

两个正交场分量的偏振特性由 2×2 相干矩阵描述：

$$\mathcal{L} = \begin{bmatrix} \overline{I}_x & \sqrt{\overline{I}_x\overline{I}_y}\,\mu_{x,y} \\ \sqrt{\overline{I}_x\overline{I}_y}\,\mu_{x,y}^* & \overline{I}_y \end{bmatrix} \tag{2.96}$$

如同在前边考虑的 N 个相关散斑图案的情况，存在一个使相干矩阵对角化的幺正矩阵。在这种情况下，变换矩阵可以被解释为两个偏振分量的坐标旋转和相对延迟的组合的琼斯矩阵表示。转换后，相干矩阵变为

$$\mathcal{L}' = \begin{bmatrix} \lambda_1 & 0 \\ 0 & \lambda_2 \end{bmatrix} \tag{2.97}$$

式中，λ_1 和 λ_2 是原来相干矩阵的特征值(非负的实值)。两个特征值由下式明确给出：

$$\lambda_{1,2} = \frac{1}{2}\mathrm{tr}\mathcal{L}\left[1 \pm \sqrt{1 - 4\frac{\det\mathcal{L}}{(\mathrm{tr}\mathcal{L})^2}}\right] \tag{2.98}$$

其中，tr 表示求迹运算；det 表示行列式。

因此，具有相关 x 和 y 偏振分量的波相当于两个具有不相关偏振分量的波，这两个分量具有不同的强度值，但两个分量的强度之和相同，即

$$I_x + I_y = \lambda_1 + \lambda_2 = \overline{I} \tag{2.99}$$

一般的部分偏振波可以看成是两个分量的和，一个是线偏振的，另一个是完全非偏振的(一个完全非偏振波具有平均强度相等的两个不相关强度分量)。这种分解是通过以如下形式重写对角化相干矩阵来完成的：

$$\mathcal{L}' = \begin{bmatrix} \lambda_1 & 0 \\ 0 & \lambda_2 \end{bmatrix} + \begin{bmatrix} \lambda_1 - \lambda_2 & 0 \\ 0 & 0 \end{bmatrix} \tag{2.100}$$

第一个矩阵代表完全非偏振的波，而第二个矩阵代表完全偏振的波(全部功率都在偏振的 x 分量中)。偏振度可以合理地定义为完全偏振波分量的强度与波的总强度之比。

$$\mathrm{DOP} = \left|\frac{\lambda_1 - \lambda_2}{\lambda_1 + \lambda_2}\right| \tag{2.101}$$

请注意,偏振度总是在 1(对于一个完全偏振的波)和 0(对于一个完全非偏振的波)之间。借助式(2.101)，可以用原来的相干矩阵来表示偏振度：

$$\mathrm{DOP} = \left[1 - 4\frac{\det\mathcal{L}}{(\mathrm{tr}\mathcal{L})^2}\right]^{1/2} \tag{2.102}$$

可以用偏振度来表示特征值：

$$\begin{cases} \lambda_1 = \dfrac{1}{2}\overline{I}(1+\mathrm{DOP}) \\[2mm] \lambda_2 = \dfrac{1}{2}\overline{I}(1-\mathrm{DOP}) \end{cases} \tag{2.103}$$

其中，部分偏振波强度的概率密度函数由下式给出：

$$p_I(I) = \frac{1}{\mathrm{DOP}\cdot\overline{I}}\left[\exp\left(-\frac{2}{1+\mathrm{DOP}}\frac{I}{\overline{I}}\right) - \exp\left(-\frac{2}{1-\mathrm{DOP}}\frac{I}{\overline{I}}\right)\right] \tag{2.104}$$

图 2.11 是这个概率密度函数与偏振度 DOP 及强度 $I/\overline{I}$ 的函数关系。注意概率密度函数从负指数分布($\mathrm{DOP}=1$)变为 $x\cdot\exp(-x)$ 形式的函数($\mathrm{DOP}=0$)。图 2.12 为部分偏振散斑的对比度 C 和偏振度 DOP 的函数关系。可以直接证明，部分偏振散斑的对比度可由下式给出：

$$C' = \sqrt{\frac{1+\mathrm{DOP}^2}{2}} \tag{2.105}$$

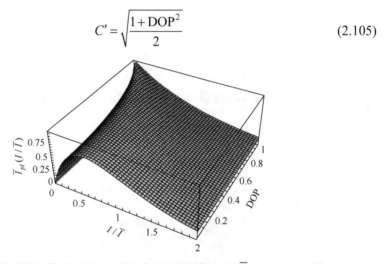

图 2.11　部分偏振散斑图样的强度概率密度函数作为 $I/\overline{I}$ 和 DOP 的函数

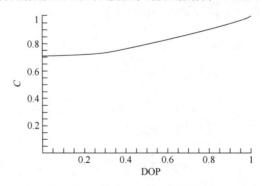

图 2.12　部分偏振散斑的对比度 C 和偏振度 DOP 的函数关系

2.4.2　利用散斑对比度追踪偏振旋转

在对散斑的研究过程中，Abhijit 等提出了一种新的技术，基于两个不相关的散斑图案的叠加，利用两个叠加的散斑图案偏振度的先验知识，实时跟踪通过散射层的偏振矢量的旋转。与 Freund 等开发的技术相反，他们使用具有固定偏振方向的独立参考散斑图案，并且该散斑图案由完全独立的散射体产生。

假设偏振矢量相对于 x 轴成 ϕ 角的单色线性偏振样品场(sample field，SF)通过散射层的传播，在观察平面上产生样品随机场(sample random field，SRF) $\vec{E}_{S}(r,t)$。由于散射层不会改变输入场的偏振，$\vec{E}_{S}(r,t)$ 具有与输入 SF 相同的偏振。在横向观察平面上，位于 r 处的样品随机场，$\vec{E}_{S}(r,t)$ 可以写成

$$\vec{E}_{S}(r,t) = \vec{E}_{S}(r,t)\cos\phi\hat{x} + E_{S}(r,t)\sin\phi\hat{y} \qquad (2.106)$$

式中，$\hat{x}$ 和 $\hat{y}$ 是正交单位向量；$E_{S}(r,t)$ 是样品随机场的振幅。样品随机场的强度分布 $I(r)$ 的对比度 C' 可以根据平均强度的标准差(standard deviation，SD)σ_{I} 和平均强度 $\langle I \rangle$ 来确定,计算如下：

$$C' = \frac{\sigma_{I}}{\langle I \rangle} = \frac{\sqrt{\langle I^2 \rangle - \langle I \rangle^2}}{\langle I \rangle} \qquad (2.107)$$

任何空间均匀偏振散斑图案的对比度均等于1,可以通过式(2.106)和式(2.107)来得到。在当前情况下，随着 ϕ 的变化，由于散斑图案仍然保持空间均匀偏振，散斑对比度变得独立于 ϕ，并且总是等于 1。因此从散斑对比度的研究来看，不可能确定 SF 的偏振矢量的方向。为了解决这个问题，利用了 N 个随机场的叠加，叠加的随机场的平均强度可以写成

$$\langle I(r) \rangle = \sum_{i=1}^{N} \langle I_i(r) \rangle + \sum_{j=2}^{N}\sum_{i=1}^{j-1} [\Gamma_{ij}(r,r) + \Gamma_{ji}(r,r)]\cos(\phi_i - \phi_j) \qquad (2.108)$$

式中，I_i 和 ϕ_i 表示 i_{th} 随机场的偏振矢量的强度和方向；$\Gamma_{ij}(r,r) = \langle E_i^*(r)E_j(r) \rangle$，$E_i(r)$ 和 $E_j(r,r)$ 是 i_{th} 和 j_{th} 随机场的互相干函数。目前的工作利用了两个随机场的叠加，并且将 $\vec{E}_{S}(r,t)$ 与另一个空间均匀偏振的随机场 $\vec{E}_{R}(r,t)$ 叠加，该随机场被称为具有已知线性偏振的参考随机场(reference random field，RRF)。假设 RRF 矢量与 x 轴成一个角度，$\vec{E}_{R}(r,t)$ 表示为

$$\vec{E}_{R}(r,t) = E_{R}(r,t)\cos\theta\hat{x} + E_{R}(r,t)\sin\theta\hat{y} \qquad (2.109)$$

因为这两个随机场是由两种不同的散射介质实验产生的，等式中的 Γ_{ij} 和 Γ_{ji} 在式(2.108)中假设为零，并在此假设下，进行以下计算：

$$\langle I(r) \rangle = \langle I_\mathrm{S}(r) \rangle + \langle I_\mathrm{R}(r) \rangle \tag{2.110}$$

$$\langle I^2(r) \rangle = \langle I_\mathrm{S}^2(r) \rangle + \langle I_\mathrm{R}^2(r) \rangle + 2\langle I_\mathrm{S}(r) \rangle \langle I_\mathrm{R}(r) \rangle + 2\langle I_\mathrm{S}(r) \rangle \langle I_\mathrm{R}(r) \rangle \cos^2(\theta - \phi) \tag{2.111}$$

叠加的强度分布的对比度使用式(2.110)和式(2.111)计算如下：

$$C' = \frac{\sigma_I}{\langle I \rangle} = \frac{\sqrt{\langle I^2 \rangle - \langle I \rangle^2}}{\langle I \rangle} = \frac{\sqrt{\langle I_\mathrm{S}^2(r) \rangle + \langle I_\mathrm{R}^2(r) \rangle + 2\langle I_\mathrm{S}(r) \rangle \langle I_\mathrm{R}(r) \rangle \cos^2(\theta - \phi)}}{\langle I_\mathrm{S}(r) \rangle + \langle I_\mathrm{R}(r) \rangle} \tag{2.112}$$

如果 SRF 和 RRF 的空间平均强度相同，即 $\langle I_\mathrm{S}(r) \rangle = \langle I_\mathrm{R}(r) \rangle$，则式(2.112)修改为

$$C' = \sqrt{\frac{1 + \cos^2(\theta - \phi)}{2}} \tag{2.113}$$

从式(2.113)可以观察到，随着两个叠加随机场的偏振矢量的相互取向，叠加的强度分布的对比度以正弦方式从 0.707 变化到 1.0。使用 RRF 偏振矢量方向的先验知识，可以根据叠加强度分布的确定对比度来估计 SF 偏振矢量的未知方向 ϕ。

2.4.3　基于随机偏振向量和的偏振散斑

由于随机行走法在统计光学中具有重要意义，本小节提出了随机行走法的一种扩展，考虑了随机电场的偏振特性。在对随机偏振向量作一 C' 定假设的基础上，导出了偏振散斑的斯托克斯参数的一阶矩和二阶矩的结果。随机行走的矢量扩展为偏振散斑的形成提供了直观的解释。

首先给出感兴趣的随机偏振向量和的显式表达式。偏振散斑又称随机电场，是一种矢量信号，可以理解为代表单色或近单色矢量电场扰动的随机偏振矢量(随机偏振态)和随机复振幅(随机振幅和随机相位)共同贡献的矢量信号。对于偏振散斑的每个分量，由偏振向量在复平面上的标量分量加上许多小的独立贡献的复加法构成随机行走，其和的合成向量具有其总的复振幅。图 2.13 举例说明了一个基于 E_x 和 E_y 向量随机行走的偏振向量和。

假设随机行走的复合电场可表示为

$$\bar{E} = \tilde{E}_x \hat{x} + \tilde{E}_y \hat{y} = a_x \mathrm{e}^{\mathrm{i}\varphi_x} \hat{x} + a_y \mathrm{e}^{\mathrm{i}\varphi_y} \hat{y} = \frac{1}{\sqrt{N}} \sum_{n=1}^{N} E_n = \frac{1}{\sqrt{N}} \sum_{n=1}^{N} (a_{xn} \mathrm{e}^{\mathrm{i}\varphi_{xn}} \hat{x} + a_{yn} \mathrm{e}^{\mathrm{i}\varphi_{yn}} \hat{y}) \tag{2.114}$$

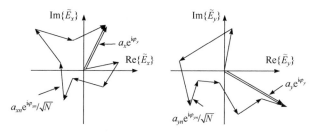

图 2.13 随机偏振向量和示意图

式中，$\bar{E}$ 表示合成偏振向量(复电场矢量)；$\tilde{E}_x$ 和 $\tilde{E}_y$ 分别为沿着 $\hat{x}$ 和 $\hat{y}$ 两个方向的笛卡儿分量；a_x 和 a_y 分别表示振幅；φ_x 和 φ_y 表示合成偏振分量的相位；N 表示随机游走中偏振向量分量的个数；E_n 表示合成偏振向量(复矢量)中偏振向量的第 n 个分量；a_{kn} 和 φ_{kn} 是 E_n 中 $k = x$ 或 y 时的振幅和相位。为了保持有限的能量，即 $\langle |\bar{E}|^2 \rangle$，引入了比例因子 $1/\sqrt{N}$。

鉴于斯托克斯参数在偏振光学中的重要性，本书给出了基于随机偏振向量和的推导。根据它们的定义，斯托克斯参数可以由下式给出：

$$S_0 = \tilde{E}_x \tilde{E}_x^* + \tilde{E}_y \tilde{E}_y^* = \frac{1}{N} \sum_{n=1}^{N} \sum_{m=1}^{N} [a_{xn} a_{xm} \mathrm{e}^{\mathrm{i}(\varphi_{xn} - \varphi_{xm})} + a_{yn} a_{ym} \mathrm{e}^{\mathrm{i}(\varphi_{yn} - \varphi_{ym})}] \qquad (2.115)$$

$$S_1 = \tilde{E}_x \tilde{E}_x^* - \tilde{E}_y \tilde{E}_y^* = \frac{1}{N} \sum_{n=1}^{N} \sum_{m=1}^{N} [a_{xn} a_{xm} \mathrm{e}^{\mathrm{i}(\varphi_{xn} - \varphi_{xm})} - a_{yn} a_{ym} \mathrm{e}^{\mathrm{i}(\varphi_{yn} - \varphi_{ym})}] \qquad (2.116)$$

$$S_2 = \tilde{E}_x^* \tilde{E}_y + \tilde{E}_y^* \tilde{E}_x = \frac{1}{N} \sum_{n=1}^{N} \sum_{m=1}^{N} [a_{yn} a_{xm} \mathrm{e}^{\mathrm{i}(\varphi_{yn} - \varphi_{xm})} + a_{xn} a_{ym} \mathrm{e}^{\mathrm{i}(\varphi_{xn} - \varphi_{ym})}] \qquad (2.117)$$

$$S_3 = \mathrm{i}(\tilde{E}_x^* \tilde{E}_y - \tilde{E}_y^* \tilde{E}_x) = \frac{\mathrm{i}}{N} \sum_{n=1}^{N} \sum_{m=1}^{N} [a_{yn} a_{xm} \mathrm{e}^{\mathrm{i}(\varphi_{yn} - \varphi_{xm})} - a_{xn} a_{ym} \mathrm{e}^{\mathrm{i}(\varphi_{xn} - \varphi_{ym})}] \qquad (2.118)$$

式中，*表示复共轭。目前，允许振幅 a_{xn} 和 a_{yn} 以及相位 φ_{xn} 和 φ_{yn} 的任意统计，但是假设第 n 个基本偏振向量的振幅和相位在统计上彼此独立，并且与所有其他基本偏振向量的振幅和相位无关，可以将平均斯托克斯参数表示为

$$\langle S_0 \rangle = \frac{1}{N} \sum_{n=1}^{N} \sum_{m=1}^{N} [\langle a_{xn} a_{xm} \mathrm{e}^{\mathrm{i}(\varphi_{xn} - \varphi_{xm})} \rangle + \langle a_{yn} a_{ym} \mathrm{e}^{\mathrm{i}(\varphi_{yn} - \varphi_{ym})} \rangle]$$

$$= \langle a_x^2 \rangle + \langle a_y^2 \rangle + (N-1) \langle a_x \rangle^2 M_x^\varphi(-1) M_x^\varphi(1) + (N-1) \langle a_y \rangle^2 M_y^\varphi(-1) M_y^\varphi(1)$$

$$(2.119)$$

$$\langle S_1 \rangle = \frac{1}{N}\sum_{n=1}^{N}\sum_{m=1}^{N}[\langle a_{xn}a_{xm}e^{i(\varphi_{xn}-\varphi_{xm})}\rangle - \langle a_{yn}a_{ym}e^{i(\varphi_{yn}-\varphi_{ym})}\rangle]$$

$$= \langle a_x^2 \rangle - \langle a_y^2 \rangle + (N-1)\langle a_x \rangle^2 M_x^{\varphi}(-1)M_x^{\varphi}(1) - (N-1)\langle a_y \rangle^2 M_y^{\varphi}(-1)M_y^{\varphi}(1)$$

$$(2.120)$$

$$\langle S_2 \rangle = \frac{1}{N}\sum_{n=1}^{N}\sum_{m=1}^{N}[\langle a_{xn}a_{ym}e^{i(\varphi_{xn}-\varphi_{ym})}\rangle + \langle a_{yn}a_{xm}e^{i(\varphi_{yn}-\varphi_{xm})}\rangle]$$

$$= N\langle a_x \rangle\langle a_y \rangle[M_x^{\varphi}(1)M_y^{\varphi}(-1) + M_x^{\varphi}(-1)M_y^{\varphi}(1)]$$

$$(2.121)$$

$$\langle S_3 \rangle = \frac{i}{N}\sum_{n=1}^{N}\sum_{m=1}^{N}[\langle a_{yn}a_{xm}e^{i(\varphi_{yn}-\varphi_{xm})}\rangle - \langle a_{xn}a_{ym}e^{i(\varphi_{xn}-\varphi_{ym})}\rangle]$$

$$= -iN\langle a_x \rangle\langle a_y \rangle[M_x^{\varphi}(1)M_y^{\varphi}(-1) - M_x^{\varphi}(-1)M_y^{\varphi}(1)]$$

$$(2.122)$$

由公式推导出，在已知平均值 $\langle a_{kn} \rangle$ 和二阶矩 $\langle a_{kn}^2 \rangle$ 的情况下，假定所有的 a_{kn} 同分布，同时还假设所有 φ_{kn} 同分布，因此它们具有共同的特征函数 $M_k^{\varphi}(\omega)$，定义为 $M_k^{\varphi}(\omega) = \langle \exp(j\omega\varphi_k)\rangle$。然后计算斯托克斯参数的二阶矩：

$$\langle S_0^2 \rangle = \frac{1}{N^2}\sum_{n=1}^{N}\sum_{m=1}^{N}\sum_{p=1}^{N}\sum_{q=1}^{N}\langle [a_{xn}a_{xm}e^{i(\varphi_{xn}-\varphi_{xm})} + a_{yn}a_{ym}e^{i(\varphi_{yn}-\varphi_{ym})}]$$

$$\times [a_{xp}a_{xq}e^{i(\varphi_{xp}-\varphi_{xq})} + a_{yp}a_{yq}e^{i(\varphi_{yp}-\varphi_{yq})}]\rangle$$

$$(2.123)$$

$$\langle S_1^2 \rangle = \frac{1}{N^2}\sum_{n=1}^{N}\sum_{m=1}^{N}\sum_{p=1}^{N}\sum_{q=1}^{N}\langle [a_{xn}a_{xm}e^{i(\varphi_{xn}-\varphi_{xm})} - a_{yn}a_{ym}e^{i(\varphi_{yn}-\varphi_{ym})}]$$

$$\times [a_{xp}a_{xq}e^{i(\varphi_{xp}-\varphi_{xq})} - a_{yp}a_{yq}e^{i(\varphi_{yp}-\varphi_{yq})}]\rangle$$

$$(2.124)$$

$$\langle S_2^2 \rangle = \frac{1}{N^2}\sum_{n=1}^{N}\sum_{m=1}^{N}\sum_{p=1}^{N}\sum_{q=1}^{N}\langle [a_{yn}a_{xm}e^{i(\varphi_{yn}-\varphi_{xm})} + a_{xn}a_{ym}e^{i(\varphi_{xn}-\varphi_{ym})}]$$

$$\times [a_{yp}a_{xq}e^{i(\varphi_{yp}-\varphi_{xq})} + a_{xp}a_{yq}e^{i(\varphi_{xp}-\varphi_{yq})}]\rangle$$

$$(2.125)$$

$$\langle S_3^2 \rangle = \frac{1}{N^2}\sum_{n=1}^{N}\sum_{m=1}^{N}\sum_{p=1}^{N}\sum_{q=1}^{N}\langle [a_{yn}a_{xm}e^{i(\varphi_{yn}-\varphi_{xm})} - a_{xn}a_{ym}e^{i(\varphi_{xn}-\varphi_{ym})}]$$

$$\times [a_{yp}a_{xq}e^{i(\varphi_{yp}-\varphi_{xq})} - a_{xp}a_{yq}e^{i(\varphi_{xp}-\varphi_{yq})}]\rangle$$

$$(2.126)$$

再次假设分量偏振向量的振幅和相位在统计上是独立的。对于这些对应于每个斯托克斯参数的总和，有 15 种不同的情况必须考虑，如下所示：

$$\begin{cases} n=m=p=q, & \text{分量个数为} N \\ n=m,p=q,n\neq p, & \text{分量个数为} N(N-1)(N-2) \\ n=m,p\neq q\neq n, & \text{分量个数为} N(N-1)(N-2) \\ n=p,m=q,n\neq m, & \text{分量个数为} N(N-1) \\ n=p,m\neq q\neq n, & \text{分量个数为} N(N-1)(N-2) \\ n=q,m=p,n\neq m, & \text{分量个数为} N(N-1) \\ n=q,m\neq p\neq m, & \text{分量个数为} N(N-1)(N-2) \\ n=m=p,n\neq q, & \text{分量个数为} N(N-1) \\ n=m=q,n\neq p, & \text{分量个数为} N(N-1) \\ n=p=q,n\neq m, & \text{分量个数为} N(N-1) \\ p=q=m,n\neq m, & \text{分量个数为} N(N-1) \\ n\neq m\neq p\neq q, & \text{分量个数为} N(N-1)(N-2)(N-3) \\ p\neq q,n\neq m\neq p, & \text{分量个数为} N(N-1)(N-2) \\ m=q,n\neq m\neq p, & \text{分量个数为} N(N-1)(N-2) \\ m=p,n\neq m\neq q, & \text{分量个数为} N(N-1)(N-2) \end{cases}$$

在对所有 15 个项求和后，得到每个斯托克斯参数所需的二阶矩：

$$\begin{aligned} \langle S_0^2 \rangle = \frac{1}{N} \{ & \langle a_x^4 \rangle + \langle a_y^4 \rangle + 2(N-1)(\langle a_x^2 \rangle^2 + \langle a_y^2 \rangle^2) + 2N \langle a_x^2 \rangle \langle a_y^2 \rangle \\ & + (N^3 - 6N^2 + 11N - 6)[\langle a_x \rangle^4 (M_x^\varphi(1))^4 + \langle a_y \rangle^4 (M_y^\varphi(1))^4] \\ & + (M_x^\varphi(1))^2 [4(N-1)\langle a_x \rangle \langle a_x^3 \rangle + 2(N^2 - 3N + 2)\langle a_y \rangle^2 \langle a_y^2 \rangle \\ & \cdot (M_x^\varphi(2) + 2) + 2N(N-1)\langle a_y \rangle^2 \langle a_x^2 \rangle] + (N-1)[\langle a_x^2 \rangle^2 (M_x^\varphi(2))^2 \\ & + \langle a_y^2 \rangle^2 (M_y^\varphi(2))^2] + 2N(N-1)^2 \langle a_x \rangle^2 \langle a_y \rangle^2 (M_x^\varphi(1))^2 (M_y^\varphi(1))^2 \} \end{aligned}$$

$$\tag{2.127}$$

$$\begin{aligned} \langle S_1^2 \rangle = \frac{1}{N} \{ & \langle a_x^4 \rangle + \langle a_y^4 \rangle + 2(N-1)(\langle a_x^2 \rangle^2 + \langle a_y^2 \rangle^2) - 2N \langle a_x^2 \rangle \langle a_y^2 \rangle \\ & + (N^3 - 6N^2 + 11N - 6)[\langle a_x \rangle^4 (M_x^\varphi(1))^4 + \langle a_y \rangle^4 (M_y^\varphi(1))^4] \\ & + (M_x^\varphi(1))^2 [4(N-1)\langle a_x \rangle \langle a_x^3 \rangle + 2(N^2 - 3N + 2)\langle a_x \rangle^2 \langle a_x^2 \rangle \\ & \cdot (M_x^\varphi(2) + 2) - 2N(N-1)\langle a_y \rangle^2 \langle a_x^2 \rangle] + (N-1)[\langle a_x^2 \rangle^2 (M_x^\varphi(2))^2 \\ & + \langle a_y^2 \rangle^2 M_y^\varphi(2))^2] - 2N(N-1)^2 \langle a_x \rangle^2 \langle a_y \rangle^2 (M_x^\varphi(1))^2 (M_y^\varphi(1))^2 \} \end{aligned}$$

$$\tag{2.128}$$

$$\langle S_2^2 \rangle = 2(N-1)\langle a_x \rangle^2 (M_x^\varphi(1))^2 [2(N-1)\langle a_y \rangle^2 (M_y^\varphi(1))^2$$
$$+ \langle a_y^2 \rangle (1 + M_y^\varphi(2))] + \langle a_x^2 \rangle [2(N-1)\langle a_y \rangle^2 (1 + M_y^\varphi(2)) \qquad (2.129)$$
$$\cdot (M_y^\varphi(1))^2 + 2\langle a_y^2 \rangle (1 + M_x^\varphi(2)M_y^\varphi(2))]$$

$$\langle S_3^2 \rangle = -2(N-1)\langle a_x \rangle^2 \langle a_y^2 \rangle (M_x^\varphi(1))^2 (M_y^\varphi(2)-1)$$
$$- \langle a_x^2 \rangle [2(N-1)\langle a_y \rangle^2 (M_x^\varphi(2)-1)M_y^\varphi(1))^2 \qquad (2.130)$$
$$+ 2\langle a_y^2 \rangle (M_x^\varphi(2)M_y^\varphi(2)-1)]$$

当这些结果被导出时，因为 φ_k 的概率密度函数是实值，可以利用厄米对称 $M_k^\varphi(-\omega) = [M_k^\varphi(\omega)]^*$。以上公式的表达式过于复杂，因此倾向于做一些简化的假设。假设所有基本偏振向量的长度都是 1，即 $a_{kn} = 1$，对于所有 n 和 $k = x$ 或 y 都成立，则有

$$\langle a_x^4 \rangle = \langle a_y^4 \rangle = \langle a_x^3 \rangle = \langle a_y^3 \rangle = \langle a_x^2 \rangle = \langle a_y^2 \rangle = \langle a_x \rangle = \langle a_y \rangle = 1 \qquad (2.131)$$

此外，假设相位 φ_k 为零均值高斯随机变量，标准差为 σ_k^φ：

$$P_\varphi(\varphi_k) = \exp\{-\varphi_k^2 / [2(\sigma_k^\varphi)^2]\} / (\sqrt{2\pi}\sigma_k^\varphi) \qquad (2.132)$$

在这种情况下，特征函数由下式给出：

$$M_k^\varphi(\omega) = \exp[-\omega^2 (\sigma_k^\varphi)^2 / 2] \qquad (2.133)$$

为了描述偏振散斑的统计特性，其中两个量是非常重要的：空间偏振度和斯托克斯对比度。空间偏振度的公式为

$$\mathrm{DOP_S} = \sqrt{1 - 4\det J / (\mathrm{tr}J)^2} \qquad (2.134)$$

式中，

$$J = \frac{1}{2}\begin{bmatrix} \langle S_0 \rangle + \langle S_1 \rangle & \langle S_2 \rangle + \mathrm{i}\langle S_3 \rangle \\ \langle S_2 \rangle - \mathrm{i}\langle S_3 \rangle & \langle S_0 \rangle - \langle S_1 \rangle \end{bmatrix} \qquad (2.135)$$

值得注意的是，传统激光散斑的对比度被定义为强度的标准偏差除以平均强度，即

$$C' = \sigma_1 / \overline{I} \qquad (2.136)$$

由于讨论的随机电场是完全相干的，斯托克斯对比度可以由下式引入：

$$C_S = \sqrt{\frac{(\langle S_1^2 \rangle + \langle S_2^2 \rangle + \langle S_3^2 \rangle) - \langle S_0 \rangle^2}{\langle S_0 \rangle^2}} \qquad (2.137)$$

这是与 S_0 的球面半径平均值相比，斯托克斯矢量在庞加莱球面上的波动有多强的量度。

对方程进行很大程度的简化之后，定义空间偏振度为

$$\text{DOP}_S = \{(N-1)^2 e^{-2(\sigma_x^{\varphi})^2} + (N-1)^2 e^{-2(\sigma_y^{\varphi})^2} + 2(N^2 + 2N - 1) \\ \times e^{-[(\sigma_x^{\varphi})^2 + (\sigma_y^{\varphi})^2]}\}^{1/2} \times \{2 + (N-1)[e^{-(\sigma_x^{\varphi})^2} + e^{-(\sigma_y^{\varphi})^2}]\}^{-1} \tag{2.138}$$

偏振散斑的斯托克斯对比度的结果表达式为

$$C_S' = \{8(1 - 1/N) e^{-2(\sigma_x^{\varphi})^2}[N - 1 + \cosh((\sigma_x^{\varphi})^2)] \times \sinh^2((\sigma_x^{\varphi})^2 / 2) \\ + 8(1 - 1/N) e^{-2(\sigma_y^{\varphi})^2}[N - 1 + \cosh((\sigma_y^{\varphi})^2)]\sinh^2((\sigma_y^{\varphi})^2 / 2)\}^{1/2} \\ \times \{2 + (N-1) \times [e^{-(\sigma_x^{\varphi})^2} + e^{-(\sigma_y^{\varphi})^2}]\}^{-1} \tag{2.139}$$

对于 $\tilde{E}_y = 0$ 或 $\tilde{E}_x = 0$，相应的标准偏差等于零，上面的表达式简化为

$$C_S' = \{8(N-1)[N - 1 + \cosh(\sigma_{\varphi}^2)]\sinh^2(\sigma_{\varphi}^2 / 2)\}^{1/2} \times [N(N - 1 + e^{\sigma_{\varphi}^2})^2]^{-1/2} \tag{2.140}$$

2.4.4　照明散斑计算强度与偏振信息

阿达马矩阵是由维度为 2 的方块矩阵生成[12]：

$$H_2 = \begin{bmatrix} 1 & 1 \\ 1 & -1 \end{bmatrix} \tag{2.141}$$

对任意一个以 2 为底 k 次幂的阿达马矩阵都可以由以下公式递推获得：

$$H_{2^k} = \begin{bmatrix} H_{2^{k-1}} & H_{2^{k-1}} \\ H_{2^{k-1}} & -H_{2^{k-1}} \end{bmatrix} \tag{2.142}$$

由阿达马矩阵的每一列和每一行相乘获得照明矩阵，照明矩阵经光调制系统后得到照明散斑 $p(x, y)$。例如使用数字微镜器件来产生照明散斑，其只能产生 0 与 1 模式的照明散斑，为此将每个照明矩阵生成互补的照明矩阵对 $H^{\pm} = (E \pm H)/2$，其中 E 表示所有元素都为 1 的矩阵；H^+ 保留了 H 中为 1 的元素，H 中为 –1 的元素都变为 0；对于 H^-，H 中为 1 的元素都变为 0；H 中为 –1 的元素都变成 1。三个矩阵满足 $H = H^+ - H^-$。使用 H^+ 和 H^- 照明矩阵下获取的探测强度值进行相减来获得 H 的系数。

假设在第 j 个照明矩阵 H_j^+ 作用下，物体反射光经过垂直偏振片后被探测器探测获取，其测量值 D_j^+ 可以表示为

$$D_j^+ = \sum_{x,y} P_j^+(x,y) O(x,y) \tag{2.143}$$

式中，$O(x,y)$ 表示物体信息；$P_j^+(x,y)$ 表示照明矩阵 H_j^+ 生成的照明散斑，类似地可以获得与之相对应的 H_j^- 照明矩阵下的测量值 D_j^-，计算出探测强度值差 D_j。

根据探测强度值和照明矩阵计算出物体信息：

$$O'(x,y) = \frac{1}{M} \sum_{j=1}^M H_j(x,y) D_j \tag{2.144}$$

利用不同偏振照明散斑下的探测强度和，即可获取物体的总的散射光强 m_{00} 参数图像：

$$m_{00}(x,y) = \frac{1}{M} \sum_{j=1}^M H_j(x,y)\left(D_j^{\parallel} + D_j^{\perp}\right) \tag{2.145}$$

式中，$D_j^{\parallel}$ 和 $D_j^{\perp}$ 分别代表在水平偏振和垂直偏振照明矩阵作用下的测量值。

同理，物体的线退偏振 m_{11} 参数图像可以表示为

$$m_{11}(x,y) = \frac{1}{M} \sum_{j=1}^M H_j(x,y)\left(D_j^{\perp} - D_j^{\parallel}\right) \tag{2.146}$$

当计算出了相应的缪勒矩阵参数图像，进一步可以获取物体的线偏振度图像：

$$\mathrm{DOP_L}(x,y) = \frac{m_{11}(x,y)}{m_{00}(x,y) + \varepsilon} \tag{2.147}$$

式中，ε 为常数(为了避免除零)。

2.4.5　计算散斑场的偏振特性

相干光束照射到光学不均匀介质产生多次散射，出现的随机光场主要特征之一是其局部偏振结构的存在。通过在检测平面中选择的较大区域上平均斯托克斯参数 (I,Q,U,V) 来分析这种结构，通常会用到由多次散射引起的光的退偏。尤其，如果使用线性偏振的相干光束照射散射介质，则可以通过引入的偏振度来表征所得的散射光场：

$$\mathrm{DOP} = \frac{Q}{I} = \frac{\langle I_{\parallel} \rangle - \langle I_{\perp} \rangle}{\langle I_{\parallel} \rangle + \langle I_{\perp} \rangle} \tag{2.148}$$

式中，$\langle I_{\parallel} \rangle$ 和 $\langle I_{\perp} \rangle$ 表示相互正交偏振方向散射光场的线性偏振分量的平均强度。

相反，根据局部极化状态的统计，对散射光场的微观描述是基于极化方位角、椭圆度和电场的局部值的概率密度函数。还可以采用参数集对散射光场进行微观

描述，例如斯托克斯矢量的归一化"瞬时"(非平均)分量：

$$
\begin{cases}
\tilde{Q} = \dfrac{1}{I}\left(E_{\parallel}E_{\parallel}^{*} - E_{\perp}E_{\perp}^{*}\right) \\[2mm]
\tilde{U} = \dfrac{1}{I}\left(E_{\parallel}E_{\perp}^{*} - E_{\perp}E_{\parallel}^{*}\right) \\[2mm]
\tilde{V} = \dfrac{1}{I}\left(E_{\parallel}E_{\perp}^{*} - E_{\perp}E_{\parallel}^{*}\right)
\end{cases}
\tag{2.149}
$$

当不考虑散射场的纵向分量存在时，应该注意这种方法的现象学本质。因此，类似的描述可以归类为"准标量"；尽管有一些限制，它也可以适当地观察某些情况(例如当散射介质的输出界面与观察平面间的距离比较大时)。

"准标量"方法将观察平面中的散射光场解释为两个线性极化统计独立的"标量"散斑场的叠加。任意选定观察点的散射光总强度可以表示为两个不相关的随机分量之和，即平行偏振分量 $I_{\parallel}$ 和垂直偏振分量 $I_{\perp}$ 的强度。在强散射介质被线性偏振光照射的情况下，散斑图案的特征是平行和垂直偏振分量的贡献大致相等，它们都可以被视为对比度等于 1 的完全展开的散斑图。对于这种情况，所产生的总散斑场的对比度近似等于 0.707。由对比度的定义可得

$$
C' = \frac{\sqrt{\left\langle I^{2}\right\rangle - \left\langle I\right\rangle^{2}}}{\left\langle I\right\rangle}
\tag{2.150}
$$

式中，$I = I_{\parallel} + I_{\perp}$，两个偏振分量是统计独立的。

在动态散射介质(如聚苯乙烯球的水悬浮液)的相关实验中，已经得到相干光通过多个散射系统传输产生的散斑光场的基本特性。在实验中，激光光源的波长为 514nm，光束穿透 10mm 的玻璃比色杯，杯中装有不同固相浓度的散射介质。由单模光纤收集散射光，并由光子计数的光电倍增管检测，再使用数字自相关器处理探测的散斑强度波动。零延时的总散射场归一化自相关函数为 $V^{2}+1$，大约等于 1.5。如果在比色杯和光纤探针的输入尖端之间使用了偏振片，则归一化强度自相关函数大约等于 2。

由相干光在多次散射介质中传输引起的散射场局部偏振结构的广义特性，可以用散射场部分分量有效光路的统计分布来表示[13]。引入有效光路的概率密度函数 $\rho(s)$，将散射场的各种不同统计时刻表示为 $\rho(s)$ 的积分变换。特别地，在任意选择观察点处的散射场总强度平均值为

$$
\left\langle I\right\rangle = K\int_{0}^{\infty}\rho(s)\mathrm{d}s
\tag{2.151}
$$

式中，K 是归一化常数；$\rho(s)$ 取决于散射物体的光学参数和几何形状，还有相干

光源和检测器的特性与相互位置。散射场的极化度可以表示为

$$p_{\mathrm{d}} = \int_0^\infty \exp\left(-\frac{s}{\xi_{\mathrm{s}}}\right)\rho(s)\mathrm{d}s \tag{2.152}$$

式中，ξ_{s} 是退偏的特征尺度，取决于光学性质和散射粒子的浓度。每种类型的偏振态(线性或圆形)都由 ξ 的确定值表征(分别为 ξ_{L} 或 ξ_{C})。随着光学不均匀介质平均尺寸的增加，当散射变得"更各向异性"时，ξ/l^* (l^* 是散射介质的平均传输长度)也增加。

在无序系统中由多重散射引起的以通用形式"准标量"光学场来描述的最传统且最方便的方法是使用"偏振矩阵"形式。例如，对于任意选择的观察点，可以使用类似于偏振矩阵的形式写出以下的矩阵方程，该方程式描述了"输入"和"输出"光场的 x 和 y 分量之间的关系：

$$\begin{bmatrix} E_x^{\mathrm{out}} \\ E_y^{\mathrm{out}} \end{bmatrix} = \begin{bmatrix} a_{11} & a_{12} \\ a_{21} & a_{22} \end{bmatrix}\begin{bmatrix} E_x^{\mathrm{in}} \\ E_y^{\mathrm{in}} \end{bmatrix} \tag{2.153}$$

在这种情况下，由线性偏振探测光束 E_x 产生的散射光场的偏振度可以表示为

$$\mathrm{DOP} = \frac{\left\langle |a_{11}|^2 \right\rangle - \left\langle |a_{21}|^2 \right\rangle}{\left\langle |a_{11}|^2 \right\rangle + \left\langle |a_{21}|^2 \right\rangle} \tag{2.154}$$

显然，所有 $\left\langle |a_{ij}|^2 \right\rangle$ 项也可以表示为概率密度函数 $\rho(s)$ 的积分变换。Freund 等开发出了更通用的方法。为了描述散射场，使用了相关矩阵：

$$\mathrm{CM} = \begin{bmatrix} 1 & 0 & 0 & \Gamma \\ 0 & \rho & \delta & 0 \\ 0 & \delta^* & \rho & 0 \\ \Gamma^* & 0 & 0 & 1 \end{bmatrix} \tag{2.155}$$

式中，$\mathrm{CM}_{ij} = \left\langle E_i E_j^* \right\rangle$，并且使用简写符号 $xx = 1, xy = 2, yx = 3, yy = 4$。$E_{xy} = E_{\mathrm{in,out}}$ 表示散射场的 y 分量被输入场的 x 分量激发。在该矩阵中，$\rho = \left\langle |E_{xy}|^2 \right\rangle$ 是散射光的退偏表示；Γ 和 δ 描述散射场的部分相关。相关矩阵 CM 的分量也可以用 $\left\langle |a_{ij}|^2 \right\rangle$ 项表示。

可以看出，在用线偏振探测光束照射多重散射介质，并在任意选定的观察点检测散射场的给定分量情况下，探测强度与输入场的方位角 φ 的关系描述为广义

马吕斯定律:

$$I(\varphi) = a + b\cos^2(\varphi - \Omega) \tag{2.156}$$

式中, a 和 b 是正随机值; Ω 是随机初始相位。如果输出散射场是由具有固定偏振方向的线性偏振输入场产生的, 则将获得与其他值 a、b 和 Ω 相似的表达式, 可以通过使用给定的方位角来分析散射场的线性偏振分量的强度。

2.4.6　宽谱散斑场的偏振特性

当白光发光二极管(light emitting diode, LED)或自然光等宽谱光源照射散射介质时, 仍然会产生散斑光场。只不过在这种情况下, 来自不同波长的散斑光场叠加在了一起, 使得宽谱散斑被平均化。最新的研究表明, 通过对宽谱散斑光场偏振特性的分析, 可以深入地研究散斑光场中目标信息和背景噪声的分布特性, 深度挖掘偏振域内信息的相似性和差异性, 结合其共模抑制特性, 有效去除散射成像中由光源谱宽所引入的散斑对比度低、背景噪声严重等问题。本小节根据以上研究对宽谱散斑光场的偏振特性及透过散射介质成像的应用场景进行简要介绍。

在随机非相干成像系统中, 由宽谱光源照射目标, 并透过散射介质形成散斑图像。根据散射介质具有光学记忆效应的物理特性, 当目标尺寸在光学记忆效应范围内, 成像系统点扩散函数(point spread function, PSF)具有空间位移不变性, 目标信息经过散射介质后形成近乎相同的散斑光场, 则目标的自相关与散斑光场的自相关具有一致性。但当光源的中心波长一定时, 随着谱宽的增大, 随机散射光学成像系统 PSF 的相关系数近似呈指数规律衰减, 并逐渐趋于零, 此时散斑光场的自相关信息与目标的自相关信息存在一定差异性[14]。由此可以得到宽谱散斑光场的自相关表示式为

$$I \star I = (O \star O) * (S \star S) \tag{2.157}$$

式中, "$\star$" 表示自相关操作; I 为散斑场的强度图像; O 为目标信息; S 为宽谱光源照明成像系统的 PSF。由于随机散射光学成像系统是一个线性系统, 其 PSF 可等效为 N 个窄带子光源分别照明该系统的 PSF 的线性叠加, 如下式:

$$S(\lambda, \Delta\lambda) = \sum_{i=1}^{N} \alpha_i S(\lambda_i, \Delta\lambda_i) \tag{2.158}$$

式中, λ、λ_i 分别为宽谱光源与窄谱子光源的中心波长; $\Delta\lambda$、$\Delta\lambda_i$ 则分别表示宽谱光源和窄谱子光源的谱宽; α_i 为相应的叠加系数。则宽谱光源照明该成像系统 PSF 的自相关等于所有 $S(\lambda_i, \Delta\lambda_i)$ 自相关的线性叠加与 $S(\lambda_i, \Delta\lambda_i)$、$S(\lambda_j, \Delta\lambda_j)(i \neq j)$ 的互相关线性叠加之和, 即

$$S(\lambda,\Delta\lambda) \star S(\lambda,\Delta\lambda) = \sum_{i=1}^{N} \alpha_i{}^2 S(\lambda_i,\Delta\lambda_i) \star S(\lambda_i,\Delta\lambda_i)$$
$$+ \sum_{i=1}^{N}\sum_{j=1}^{N} \alpha_i\alpha_j S(\lambda_i,\Delta\lambda_i) \star S(\lambda_j,\Delta\lambda_j) \tag{2.159}$$

式中，$S(\lambda_i,\Delta\lambda_i)\star S(\lambda_i,\Delta\lambda_i)$ 的线性叠加之和是一个类 δ 的脉冲响应函数。因此，式(2.157)可以细化为如下形式：

$$I \star I = (O \star O) * (S \star S)$$
$$= (O \star O) * \left[\delta + \sum_{i=1}^{N}\sum_{j=1}^{N} \alpha_i\alpha_j S(\lambda_i,\Delta\lambda_i) \star S(\lambda_j,\Delta\lambda_j) \right]$$
$$= (O \star O) + C_1 + (O \star O) * CC_{\text{sum}}(\lambda_{ij},\Delta\lambda_{ij}) \tag{2.160}$$
$$\approx (O \star O) + B$$

式中，互相关线性叠加之和 $\sum_{i=1}^{N}\sum_{j=1}^{N}\alpha_i\alpha_j S(\lambda_i,\Delta\lambda_i)\star S(\lambda_j,\Delta\lambda_j)$ 简记为 CC_{sum} $(\lambda_{ij},\Delta\lambda_{ij})$；背景项 $B = C_1 + C_2(\lambda_{ij},\Delta\lambda_{ij})$。$C_1$ 为计算散斑自相关时产生的常数背景项[15]，由于类 δ 的脉冲响应函数呈现高斯分布规律，通常对散斑图样进行高斯滤波预处理操作，即可滤除常数背景项 C_1。$C_2(\lambda_{ij},\Delta\lambda_{ij})$ 是由光源谱宽所引入的背景噪声项，目前通过在探测器前放置一个带宽约为 1nm 的窄带滤波器来提升所获得的散斑图像质量，如图 2.14(a)所示，经滤波后的散斑颗粒清晰、分布均匀且对比度高。图 2.14(b)为宽谱照明下探测器前无窄带滤波器的散斑原图，散斑图像整体亮度较图 2.14(a)更高，但是散斑颗粒与背景的对比度低且边缘颗粒模糊。将两幅散斑图样的相同区域分别进行局部放大，得到图 2.14(c)与 2.14(d)，对比两处圆圈标记内的散斑可知，探测器前加入窄带滤波器时，散斑颗粒度得到一定的提升，隐藏在散斑图样中的目标信息被凸显，背景噪声得到大幅抑制，此方式即可滤除由光源谱宽引起的 $C_2(\lambda_{ij},\Delta\lambda_{ij})$ 项的影响。相比图 2.14(c)的散斑图样，图 2.14(d)的背景噪声较强，散斑对比度显著降低，而目标信息完全淹没在 $C_2(\lambda_{ij},\Delta\lambda_{ij})$ 项的背景干扰中，难以有效提取。

窄带滤波器的谱宽范围有局限性，对于实际应用中的白光以及自然光等谱宽更宽的照明光源，窄带滤波器发挥的作用有限，即对任一宽谱光源的普适性差。因此，想要有效移除由光源谱宽引起的背景噪声 $C_2(\lambda_{ij},\Delta\lambda_{ij})$ 项，需要分析宽谱散斑光场的偏振特性，构建新的物理成像模型。

利用偏振调制的宽谱光源照射至随机散射介质后，成像系统相机探测到的强

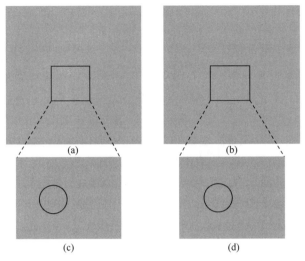

图 2.14　宽谱照明下探测器前有无窄带滤波器的散斑对比图

度图像与探测器前偏振片的旋转方位角 ϕ_{pol} 之间的关系为

$$I\left(\phi_{\text{pol}}\right) = \frac{I_{\max} + I_{\min}}{2} + \frac{I_{\max} - I_{\min}}{2}\cos\left[2\left(\phi_{\text{pol}} - \varphi\right)\right] \tag{2.161}$$

式中，$I_{\max}$ 和 $I_{\min}$ 分别为探测器接收到光强度最大与最小的图像；φ 是光波场的初始相位。由式(2.161)可知，探测器接收到的图像强度随偏振方位角的改变呈现余弦函数变化规律。图 2.15 为不同偏振方位角散斑图像的均值强度分布，其中 a、b、c、d 分别为偏振方位角 0°、45°、90° 与 135° 的宽谱散斑图像。

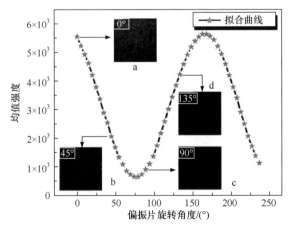

图 2.15　不同偏振方位角宽谱散斑图像的均值强度分布曲线

　　根据不同偏振方位角散斑图样以及均值强度曲线可知，散斑光场强度随偏振方位角有显著的明暗变化，并且服从余弦函数分布规律。为了深入分析散斑光场的偏振特性，计算透过散射介质后散斑光场的偏振度[16]，其归一化强度分布如图 2.16 所示。散斑光场中无论表征目标信息的散斑颗粒还是表征背景噪声信息的散斑图像都具有明显的偏振特性，对于受背景噪声影响较小的散斑颗粒区域(如图中圆圈所标记)其偏振度大致位于 0.3～0.9 之间。散斑光场中含有光源谱宽引起的严重背景噪声项，导致目标信息被噪声所淹没，故图 2.16 所示偏振度低于 0.2 的像素点为目标信息与背景噪声共同影响结果。以散斑偏振度图像的第 300 列(图中直线处)像素的归一化强度分布曲线为例，偏振度的强度值在 0.08～0.13 之间波动，变化趋势相对平稳且规律。由以上分析可知，图 2.16 表明基于偏振调制的宽谱照明光源透过散射介质形成的散斑光场中，目标信息的偏振特性与大量背景噪声的偏振特性相比有显著的差异性。因此，考虑充分利用散斑场中两者偏振特性的差异性提取出隐藏的目标信息，可以从物理模型上解决宽谱散射成像中 $C_2\left(\lambda_{ij},\Delta\lambda_{ij}\right)$ 项的干扰问题。

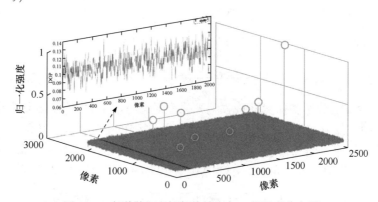

图 2.16　宽谱散斑光场的偏振度归一化强度分布图

　　由于探测器所接收到的散斑光场在偏振域内呈现明显的偏振特性，深入分析散斑光场中目标信息光和背景散射光的偏振差异性，如图 2.17 所示。通过旋转置于探测器之前的偏振片间隔 5° 采集序列散斑图像，选取散斑中表征目标信息的两个散斑颗粒区域[图 2.17(b)中的 1 和 2 指示的矩形]和背景信息的平滑区域[图 2.17(b)中 B 指示的矩形]，进行像素强度的统计，区域强度分布曲线如图 2.17(a)所示。目标信息的变化随着偏振片的旋转方向总体呈现明显的余弦变化趋势，表明其具有明显的偏振特性；而背景散射信息的变化则相对比较稳定，呈现弱偏振特性。鉴于此差异性，结合式(2.162)所示的偏振共模抑制特性方法有效滤除背景 $C_2\left(\lambda_{ij},\Delta\lambda_{ij}\right)$ 项，提取目标信息光：

$$\begin{bmatrix} \mathrm{PSI} \\ \mathrm{PDI} \end{bmatrix} = \begin{bmatrix} 1 & 1 \\ 1 & -1 \end{bmatrix} \begin{bmatrix} I_{\parallel} \\ I_{\perp} \end{bmatrix} \tag{2.162}$$

式中，PDI 和 PSI 分别表示偏振差分成像信号和偏振求和成像信号，对于理想的线偏振分析系统，PSI 相当于传统的场景强度图像 I，经过正交分解的 $I_\parallel$ 和 $I_\perp$ 满足 $I_\perp = I_{max}$，$I_\parallel = I_{min}$，即到达探测器单元上每一个像元的偏振光的最大光强和最小光强呈相互正交分布。然而，在散射成像中，随机散射介质所具有的强散射作用，导致探测器所接收到的能够最大限度反映散斑差异性的最大和最小光强图像不严格呈现正交分布，如图 2.15 所示。因此，为有效提升散斑光场目标信息提取的准确性并重建图像的质量，可以基于不同偏振方位角调制的散斑光场强度的自相关函数差异性，进行函数拟合，有效获取散斑场中含有的目标信息与背景噪声占优的两幅图像，并利用偏振的共模抑制特性，抑制由光源谱宽引起的背景噪声项，使得散斑场强度的自相关信息与目标的自相关信息近似相等，再结合相位恢复算法，从散射光场中重建出高对比度、高信噪比的目标图像。

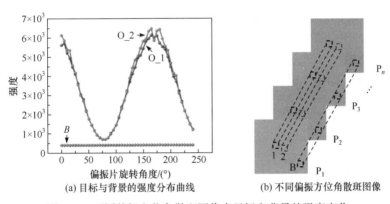

(a) 目标与背景的强度分布曲线　　　　(b) 不同偏振方位角散斑图像

图 2.17　不同偏振方位角散斑图像中目标和背景的强度变化

宽谱光源照射至散射介质后形成散斑光场，经不同偏振方位角调制后，其自相关信息各不相同。如图 2.18(a) 所示，以偏振方位角分别为 165° 与 70° 调制为例，两个偏振态调制散斑场的自相关图像具有显著差异性，165° 调制的散斑自相关图像中可以看到隐藏数字目标 "2" 的自相关信息，即目标信息被凸显；70° 调制的散斑自相关图像中的背景噪声极其严重，无法观测到任何的目标信息。根据散斑场强度的自相关函数表达式以及曲线的分布特性深入分析偏振散斑图像差异性：

$$\varGamma_I(r) = \langle I \rangle^2 \left[1 + \left| 2\frac{J_1\left(\dfrac{\pi D r}{\lambda z}\right)}{\dfrac{\pi D r}{\lambda z}} \right|^2 \right] \tag{2.163}$$

式中，$r = \sqrt{\Delta x^2 + \Delta y^2}$ 为空间坐标；$\varGamma_I(r)$ 为散斑场强度 I 的自相关函数；$J_1(\cdot)$ 表示一阶贝塞尔函数。自相关函数的归一化强度分布曲线如图 2.18(b) 所示为对称的类高斯函数，对比 165°和 70°偏振调制的散斑自相关归一化强度分布曲线可知，165°曲线的峰值(约为 0.75)明显高于 70°曲线的峰值(约为 0.255)，峰值点表征的是目标自相关中心处的信息，该值越大，图像所含的目标信息越多。并且，165°曲线的两端最低处基本都是除目标自相关信息外的噪声信号，邻近峰值点的一些数据点也反映出了目标信息的含量；然而，70°曲线上数据点的整体强度值较小，体现了背景噪声信号的分布特性。

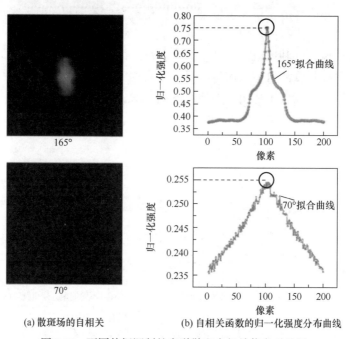

(a) 散斑场的自相关　　(b) 自相关函数的归一化强度分布曲线

图 2.18　不同偏振调制的宽谱散斑自相关信息对比图

由自相关函数的峰值相关能量(peak-to-correlation energy，PCE)评价指标的物理含义可知，PCE 越高，目标信息与背景噪声比越大，即含有的目标信息越丰富。根据 PCE 的求解方法，峰值点与其周围接近峰值的 8 个数据点之和表征目标信息的强度，计算该值与所有数据点强度之和的比值，找到 PCE 最大与最小值对应的散斑图样，即为目标信息与背景噪声差异性最大和最小的图像。

基于以上对于宽谱散斑光场偏振特性的研究，可以采集不同偏振方位角调制的散斑图像，通过上述比较自相关函数差异性的方法，获取散斑场中含有的目标信息与背景噪声占优的两幅图像，利用偏振的共模抑制特性，抑制由光源谱宽引起的背景噪声项，使得散斑场强度的自相关信息与目标的自相关信息近似相等，再结合相位恢复算法，从散射光场中重建出高对比度、高信噪比的目标图像，其重建结果如图 2.19 所示。

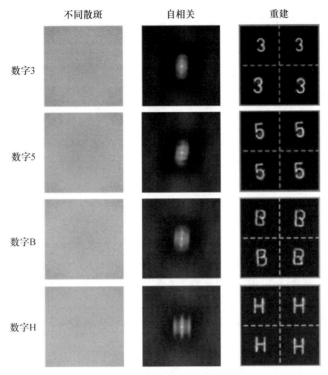

图 2.19　不同目标宽谱散射成像的实验结果

2.5　散射偏振特性的应用

近年来，透过生物组织、战场烟雾、云层和雨雪等散射介质进行光学成像是热点研究问题。散射光的偏振特性受到了越来越多的关注。例如，在大气、海洋光学中，激光雷达通过分析云层散射光的偏振特性能遥感大气中各种气溶胶的存在，利用大气中的气溶胶和大气分子等散射的退偏度小于目标对相干光的退偏度的性质，采用线偏振技术可以将激光雷达的作用距离提高 1.5 倍左右，激光雷达成像对比度也可大大改善；根据介质散射和目标反射光的不同偏振特性，可利用偏振技术排除粒子散射光的干扰，提高水下图像的清晰度。研究散射光场的偏振特性具有广阔的发展前景，以下举例介绍散射偏振在血糖监测、航空遥感、大气表征和癌细胞诊断等领域的应用。

葡萄糖是生命活动中不可缺少的物质，它在人体中直接参与新陈代谢过程，被吸收后直接为人体组织利用。血液中含有的葡萄糖叫血糖，血糖浓度过高会引起糖尿病。中国中医科学院糖尿病研究总院调查资料显示，中国的糖尿病患病率居世界第二，并且以每天至少 3000 人的速度增加，每年增加 120 万人。糖尿病患者定时检测血糖值的大小对其判断病情发展极为重要，但是无论是用家用的血糖仪检测还是医院检查都必须采取血液进行检测，长期采血检测给病人带来很多痛苦。近年来，在医学物理光学研究领域，利用光学知识实现血糖的无损伤检测成为研究的热点。缪勒矩阵和斯托克斯矢量能够很好地描述散射介质的偏光信息，它们在无损诊断具有潜在的应用价值。通过对浸泡于不同葡萄糖浓度的洋葱内表皮细胞进行缪勒矩阵成像研究，推导葡萄糖浓度与偏振特性的相关性，实验结果(图 2.20)表明洋葱内表皮组织的各向异性是由组织内部的双折射引起的。相较于光强成像，通过退偏、圆相位延迟和二向色性参数能够更加有效地检测洋葱内表皮细胞中葡萄糖含量的变化，这种差异特性可为偏振技术无创血糖检测提供一种基础性参考[17]。

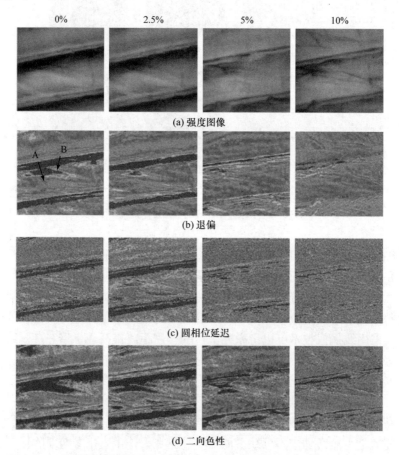

图 2.20　不同葡萄糖浓度浸泡后的洋葱内表皮组织的缪勒矩阵极化分解参数

　　血液中病变细胞的检测是疾病诊断的重要依据。在癌症的诊断过程中，血液中存在癌变细胞说明身体已经有癌变组织。因此，识别和检测这些细胞在医学上具有重要的意义。偏振是光的固有属性，可以通过检测光与物质相互作用后的偏振变化来检测物质的性质[18]。有研究人员利用偏振光散射方法对癌细胞进行缪勒矩阵成像研究(图 2.21)，从散射退偏图像可观察到癌变区域与正常区域存在较大差异，这表明在病区细胞发生的细胞核肿大、细胞器增加等过程影响了散射退偏效应，利用该特性可对癌变区域和正常区域进行分辨[19]。此种方法具有非侵入、无损伤、高灵敏、高分辨的特点，为癌症诊断和治疗效果评估提供新思路。

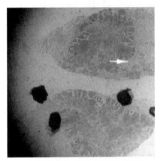 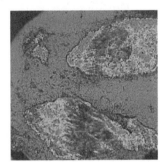

(a) 皮肤基底细胞癌组织病理
切片显微成像图

(b) 皮肤基底细胞癌切片缪勒矩阵
分解散射退偏参数图

图 2.21　癌组织切片成像与缪勒矩阵分解图

航空遥感图像的大气校正一直是遥感定量化研究的主要难点之一。近些年来，随着定量遥感技术迅速发展，遥感图像大气校正方法的研究越来越受到重视。大气散射严重影响了航空遥感图像的质量。为了提高航空遥感图像的识别能力，科研人员提出一种基于偏振信息的航空遥感图像大气散射校正方法。大气散射具有显著的偏振特性，而垂直探测的地物辐射信号偏振度非常低，该方法正是利用大气散射偏振特性与地物目标偏振特性的差别，从图像中提取地物目标辐射信息，从而提高遥感图像的质量[20]。通过机载多波段偏振相机获取航空偏振遥感图像数据，并采用一组 443 nm 波段的航空偏振图像数据进行图像大气散射校正实验，实验结果(图 2.22)表明该方法能有效地进行航空遥感图像的大气散射校正，从而提高航空遥感图像的识别能力[21]。

大气气溶胶对气候变化、云的形成能见度的改变有重要影响，严重的大气污染影响人类健康和生态环境。对于大气颗粒物的测量和成分研究越来越受到人们的重视。城市中燃料燃烧、机动车尾气排放和工厂废气排放的炭黑逐渐成为主要的大气颗粒物之一。炭黑是主要的可见光吸收性颗粒物，具有传输距离长、易和其他颗粒物混合成复杂颗粒物的特点。很多方法都可以用来测量和表征炭黑颗粒物，如质谱法分析炭黑的化学成分，电子显微镜分析炭黑颗粒物的形貌特点，滤膜采集方法测量炭黑颗粒物消光性等。光学散射方法因其可快速在线测量的优势脱颖而出，通过接收空间分布的散射光来测量颗粒物并对颗粒物进行表征[22]。基

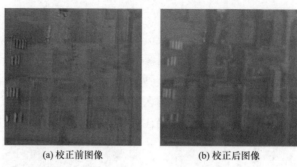

(a) 校正前图像　　　　　　　　(b) 校正后图像

图 2.22　偏振遥感图像大气校正对比图

于光的散射偏振原理提出了一种对大气中炭黑颗粒物进行表征的测量方法。利用偏振光子散射的蒙特卡罗模拟方法寻找表征炭黑颗粒物属性的偏振特征参量，通过实验对特征参量进行验证[23]。研究结果表明(图 2.23)，获取的偏振参量对炭黑有较好的表征效果。此外，偏振表征不仅可以兼容现有非偏振散射仪器，提供更多颗粒物属性等信息，还可以减少探测角度，优化探测装置。

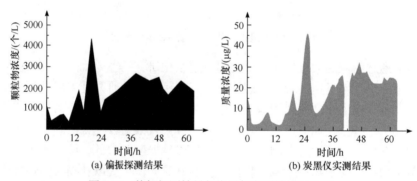

(a) 偏振探测结果　　　　　　　　(b) 炭黑仪实测结果

图 2.23　偏振探测结果与炭黑仪实测结果对比图

　　总而言之，探索散射光场的偏振特性具有重要的物理意义，在更多领域受到越来越多的关注，并将广泛应用于实际生活中。

2.6　小　　结

　　本章首先从偏振光的物理意义角度揭示了什么是偏振，详细介绍了数学表示偏振光的四种方法。随后分析了散射光的偏振特性，主要讨论入射光的偏振态对散射光偏振态的影响，而对于后向散射光，探讨了其偏振特性与入射波长的关系，并以有限元分析法为例求解散射光的偏振度与散射角，在入射光为自然光和线偏振光时，单颗粒散射光的偏振度不仅与散射角有关，而且与颗粒的粒径大小相关。对于不同类型的散射介质，其散射偏振特性完全不同。本章介绍了五种常见散射介质的偏振特性，分别为液体介质、气溶胶颗粒、粗糙薄膜、金属表面以及生物组织。不同偏振态光波透过液体散射介质时，散射光的偏振度随液体浓度变化曲线呈现类高斯分布。粗糙金属表面的散射偏振特性要考虑金属材质、表面粗糙程度、入射光波长和偏振态引起的退偏效应。生物组织的散射偏振特性常用缪勒矩阵进行描述。当偏振光波照射至某种粗糙散射介质表面时会产生散斑图像，偏振散斑场反映了特定的偏振信息，如部分偏振散斑的强度概率密度函数和散斑对比度、偏振度存在函数关系，根据两个不相关的散斑图案，可以实时追踪透过散射介质后光波偏振矢量的旋转等。当入射光波为宽谱光源时，通过分析宽谱散斑场中的偏振特性，研究宽谱散斑光场中目标和背景噪声的偏振信息差异性，可有效解决散射成像中由光源谱宽所致的散斑对比度低、背景噪声严重等问题，从而实现透过散射介质的清晰化成像。鉴于探索散射光场的偏振特性具有重要的物理意义，本章最后简要介绍了散射偏振特性在血糖监测、航空遥感、大气表征和癌细胞诊断等领域的实际应用。

参 考 文 献

[1] Born M, Wolf E. Principles of Optics Electromagnetic Theory of Propagation Interference and Diffraction of Light[M]. Oxford: Pergamon Press, 1980.

[2] Ushenko A G. Polarization structure of laser scattering field[J]. Optical Engineering, 1995, 34(4): 1088-1093.

[3] Xu R. Particle Characterization: Light Scattering Methods[M]. Berlin: Springer Science & Business Media, 2001.

[4] MacKintosh F C, Zhu J X, Pine D J, et al. Polarization memory of multiply scattered light[J]. Physical Review B, 1989, 40(13): 9342-9345.

[5] Ramella-Roman J C, Prahl S A, Jacques S L. Three Monte Carlo programs of polarized light transport into scattering media: Part I[J]. Optics Express, 2005, 13(12): 4420-4438.

[6] Yun T, Zeng N, Li W, et al. Monte Carlo simulation of polarized photon scattering in anisotropic media[J]. Optics express, 2009, 17(19): 16590-16602.

[7] Peest C, Camps P, Stalevski M, et al. Polarization in Monte Carlo radiative transfer and dust scattering polarization signatures of spiral galaxies[J]. Astronomy & Astrophysics, 2017, 601: A92.

[8] Freund I, Kaveh M, Berkovits R, et al. Universal polarization correlations and microstatistics of optical waves in random media[J]. Physical Review B, 1990, 42(4): 2613.

[9] Ishimaru A. Wave Propagation and Scattering in Random Media[M]. New York: Academic Press, 1978.

[10] Lu S Y, Chipman R A. Mueller matrices and the degree of polarization[J]. Optics Communications, 1998, 146(1-6): 11-14.

[11] Goodman J W. Speckle Phenomena in Optics: Theory and Applications[M]. Greenwood: Roberts and Company Publishers, 2007.

[12] Li M F, Mo X F, Zhao L J, et al. Single-pixel remote imaging based on Walsh-Hadamard

transform[J]. Acta Physica Sinica, 2016, 65(6): 064201.

[13] Piazza R. Statistical optics concepts in light scattering and microscopy of colloidal systems[J]. Physics of Complex Colloids, 2013, 184: 245.

[14] Zubko V G, Laor A. The spectral signature of dust scattering and polarization in the near-infrared to far-ultraviolet. I. Optical depth and geometry effects[J]. The Astrophysical Journal Supplement Series, 2000, 128(1): 245.

[15] Katz O, Heidmann P, Fink M, et al. Non-invasive single-shot imaging through scattering layers and around corners via speckle correlations[J]. Nature Photonics, 2014, 8(10): 784-790.

[16] Liu B, Zhao P X, Zhao X, et al. Multiple aperture underwater imaging algorithm based on polarization information fusion[J]. Acta Physica Sinica, 2020, 69(18): 20200471.

[17] 常莉. 散射介质偏振特性与葡萄糖含量关系的试验研究[J]. 新余学院学报, 2017, 22 (4): 13-15.

[18] Kunnen B, Macdonald C, Doronin A, et al. Application of circularly polarized light for non‐invasive diagnosis of cancerous tissues and turbid tissue like scattering media[J]. Journal of biophotonics, 2015, 8(4): 317-323.

[19] 孙翔宇, 王勇, 廖然, 等. 利用偏振光散射方法检测癌细胞[J]. 生物化学与生物物理进展, 2019, 46(12): 1196-1201.

[20] 叶松, 方勇华, 孙晓兵, 等. 基于偏振信息的遥感图像大气散射校正[J]. 光学学报, 2007, 27(6): 999-1003.

[21] 汪杰君, 杨杰, 张文涛, 等. 基于独立成分分析的偏振遥感图像大气校正[J]. 激光与光电子学进展, 2016, 53(1): 92-100.

[22] Andreae M O, Gelencsér A. Black carbon or brown carbon? The nature of light-absorbing carbonaceous aerosols[J]. Atmospheric Chemistry and Physics, 2006, 6(10): 3131-3148.

[23] 李达, 曾楠, 曾毛毛, 等. 基于偏振散射对大气中炭黑颗粒物表征[J]. 红外与毫米波学报, 2017, 36(6): 701-705.

第3章 偏振透雾霾成像

太阳光经过大气粒子散射后，产生的偏振光在天空中形成的特殊分布模式，具有显著的分布规律，称为大气偏振模式。大气偏振模式是太阳光在经过大气层的过程中，由各种内部与外部因素共同作用下的产物，其中蕴含重要的信息。因此，大气偏振分布及偏振模式内在规律分析在科学研究的很多领域中都具有重要意义。

而大气中雾、霾等散射粒子对成像场景光波产生严重的散射作用，其场景目标能量大幅衰减，并且大量细节被混沌介质所覆盖，能见度降低，甚至导致图像色彩畸变，严重降低图像的可读性以及信息提取的准确性。而经过粒子散射后所形成的散射光场却表现出了明显的偏振特性，因此本章从大气的偏振模式出发，对雾霾场景中信息的分布进行研究分析，实现清晰化成像。

3.1 光波粒子散射原理

3.1.1 瑞利散射模型

瑞利散射由 Rayleigh 于 1871 年提出，又称为单次散射，描述了大气中气态分子的光学特性，是研究大气偏振模式表征的重要理论方法。瑞利散射满足粒子尺寸小于等于入射光波长且小于等于粒子的折射光的波长：

$$\begin{cases} \text{size} \leqslant \lambda \\ \text{size} \leqslant \dfrac{\lambda}{|n_c|} \end{cases} \tag{3.1}$$

式中，$n_c = n_r - in_i$ 为粒子的复折射率。第一个条件可以理解为粒子处于均匀分布的电场中，第二个条件则表明和入射光的周期相比入射光透过粒子的时间很短，从而保证了粒子自身没有产生变化。

图 3.1(a)为非偏振入射光，用两个振动方向不同但强度相等的线偏振分量表示($E_l^i = E_r^i$)；散射粒子中的电子受入射光波的激励而振动，产生电偶极子。

在实际的大气中，除了电离层，大气粒子基本处于非电离状态，且不会与光波形成共振。大气粒子尺寸远小于光的波长，且粒子自身的折射系数同周围介质差异较小，因此瑞利散射能够科学描述晴朗天气的大气散射过程。

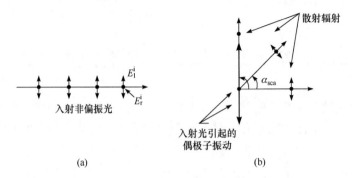

图 3.1　各向同性的瑞利散射

入射辐射产生大小正比于电场强度的偶极矩，即

$$\vec{p} = \alpha_p \vec{E}^i \tag{3.2}$$

式中，α_p 为常数，称为极化率。在远场部分，如当 $R \infty \lambda$ 时，散射波的电场强度可以表示为

$$\vec{E}^s = \frac{k^2 \vec{p} \sin \beta_{dp}}{R} \exp(-ikR) \tag{3.3}$$

式中，β_{dp} 代表偶极矩和散射方向之间的夹角。因此电偶极子产生的辐射与其振动方向不一致，在入射光为非偏振光的情况下，其产生的散射光角分布与图 3.1 中所示的角 α_{sca} 有关，具体来讲，与 $1 + \cos^2 \alpha_{sca}$ 成正比。

对各向同性的瑞利散射，相位矩阵满足下式所示的关系：

$$P(\alpha_{sca}) = \begin{bmatrix} \frac{3}{4}(1 + \cos^2 \alpha_{sca}) & -\frac{3}{4}\sin^2 \alpha_{sca} & 0 & 0 \\ -\frac{3}{4}\sin^2 \alpha_{sca} & \frac{3}{4}(1 + \cos^2 \alpha_{sca}) & 0 & 0 \\ 0 & 0 & \frac{3}{2}\cos \alpha_{sca} & 0 \\ 0 & 0 & 0 & \frac{3}{2}\cos \alpha_{sca} \end{bmatrix} \tag{3.4}$$

瑞利散射主要应用于气体分子散射分析，虽然多数情况下真实的分子存在各向异性，但并不难解释。各向异性粒子瑞利散射的相位矩阵为

$$P(\alpha_{\text{sca}}) = \Delta \begin{bmatrix} \dfrac{3}{4}\left(1+\cos^2\alpha_{\text{sca}}\right) & -\dfrac{3}{4}\sin^2\alpha_{\text{sca}} & 0 & 0 \\[2ex] -\dfrac{3}{4}\sin^2\alpha_{\text{sca}} & \dfrac{3}{4}\left(1+\cos^2\alpha_{\text{sca}}\right) & 0 & 0 \\[2ex] 0 & 0 & \dfrac{3}{2}\cos\alpha_{\text{sca}} & 0 \\[2ex] 0 & 0 & 0 & \Delta'\dfrac{3}{2}\cos\alpha_{\text{sca}} \end{bmatrix} \tag{3.5}$$

$$+\,(1-\Delta)\begin{bmatrix} 1 & 0 & 0 & 0 \\ 0 & 0 & 0 & 0 \\ 0 & 0 & 0 & 0 \\ 0 & 0 & 0 & 0 \end{bmatrix}$$

式中，

$$\begin{cases} \Delta = \dfrac{1-Q}{1+Q/2} \\[2ex] \Delta = \dfrac{1-2Q}{1-Q} \end{cases} \tag{3.6}$$

式中，Q 为退偏振系数，定义为入射光为非偏振光时，$\alpha = 90°$ 方向上的散射光在平行和垂直于散射平面的分量强度之比 I_1/I_r。对各向同性的瑞利散射 $Q=0$，通常情况下 $0 \leqslant Q \leqslant 1/2$。

入射光为非偏振光的情况下，各向异性的瑞利散射偏振度可以表示为

$$\frac{I_{\text{pol}}}{I} = \frac{\sin^2\alpha_{\text{sca}}}{1+\cos^2\alpha_{\text{sca}}+2Q/(1-Q)} \tag{3.7}$$

由此可见，粒子的各向异性对每个方向散射的偏振度均存在削弱作用。

Hansen 通过研究发现，相位矩阵中第四行和第四列在实际应用中解决米氏散射或米氏散射和瑞利散射结合问题时的作用被忽略，前述部分证明各向异性的瑞利散射的相位矩阵具有非常简单的形式，为两项之和：一项正比于各向同性的瑞利散射，一项正比于各向同性的米氏散射，如下式所示：

$$P(\alpha_{\text{sca}}) = \Delta P_{\text{r}}(\alpha_{\text{sca}}) + (1-\Delta)P_{\text{l}}(\alpha_{\text{sca}}) \tag{3.8}$$

3.1.2　米氏散射模型

虽然瑞利散射可以描述大气粒子的散射过程，但瑞利散射对散射粒子有较为严苛的限制，不能说明水蒸气、气溶胶和其他大气中的微粒对散射过程的影响。而米氏散射理论则成功弥补了这一缺陷，进一步揭示了大气光散射的本质。米氏

散射应用范围涵盖由瑞利散射到几何光学的所有尺度范围，成立条件更为宽松，是瑞利散射更为一般情况的推广。

对任意形状的粒子，在距离为 R 处的散射辐射(远场辐射)可以表示为

$$\begin{bmatrix} E_{\mathrm{r}}^{\mathrm{s}} \\ E_{\mathrm{l}}^{\mathrm{s}} \end{bmatrix} = \frac{\exp(-\mathrm{i}kR + \mathrm{i}kz)}{\mathrm{i}kR} \begin{bmatrix} S_1(\alpha_{\mathrm{sca}},\varphi) & S_4(\alpha_{\mathrm{sca}},\varphi) \\ S_3(\alpha_{\mathrm{sca}},\varphi) & S_2(\alpha_{\mathrm{sca}},\varphi) \end{bmatrix} \begin{bmatrix} E_{\mathrm{r}}^{i} \\ E_{\mathrm{l}}^{i} \end{bmatrix} \tag{3.9}$$

入射光沿+z方向传播，在单次散射的分析中，可以通过计算散射矩阵 $\begin{bmatrix} S_1 & S_4 \\ S_3 & S_2 \end{bmatrix}$ 来获得散射系数 k_{sca}、相位矩阵 P 和反照率 ω。组成散射矩阵 $\begin{bmatrix} S_1 & S_4 \\ S_3 & S_2 \end{bmatrix}$ 的四个元素通常为复数，且是散射角 α_{sca} 和天顶角 φ 的函数。

特别地，当散射粒子为各向同性的均匀球体时，散射矩阵可以化简为简单形式，如下所示：

$$\begin{bmatrix} S_1 & S_4 \\ S_3 & S_2 \end{bmatrix} = \begin{bmatrix} S_1(\alpha_{\mathrm{sca}}) & 0 \\ 0 & S_2(\alpha_{\mathrm{sca}}) \end{bmatrix} \tag{3.10}$$

根据斯托克斯矢量表示法，入射光和散射光的关系可以表示为

$$I = \frac{1}{k^2 R^2} F I_{\mathrm{o}} \tag{3.11}$$

根据 van de Hulst 的理论，用 F 表示一个 4×4 的传输矩阵，得

$$F = \begin{bmatrix} \frac{1}{2}\left(S_1 S_1^* + S_2 S_2^*\right) & \frac{1}{2}\left(S_1 S_1^* - S_2 S_2^*\right) & 0 & 0 \\ \frac{1}{2}\left(S_1 S_1^* - S_2 S_2^*\right) & \frac{1}{2}\left(S_1 S_1^* + S_2 S_2^*\right) & 0 & 0 \\ 0 & 0 & \frac{1}{2}\left(S_1 S_2^* + S_2 S_1^*\right) & \frac{\mathrm{i}}{2}\left(S_1 S_2^* - S_2 S_1^*\right) \\ 0 & 0 & -\frac{\mathrm{i}}{2}\left(S_1 S_2^* - S_2 S_1^*\right) & \frac{1}{2}\left(S_1 S_2^* + S_2 S_1^*\right) \end{bmatrix} \tag{3.12}$$

传输矩阵和相位存在正比的关系：

$$F = cP \tag{3.13}$$

式中，比例系数 c 满足传输矩阵 P 的归一化条件，即

$$c = \int_{4\pi} F^{11} \frac{\mathrm{d}\Omega}{4\pi} \tag{3.14}$$

散射截面的定义可以表示为

$$\sigma_{\text{sca}} = \int_{4\pi} IR^2 \mathrm{d}\Omega / I_0 = \frac{1}{k^2} \int_{4\pi} F^{11} \mathrm{d}\Omega \tag{3.15}$$

从而有

$$c = \frac{k^2 \sigma_{\text{sca}}}{4\pi} \tag{3.16}$$

传输矩阵和相位矩阵元素之间存在如下关系,

$$\begin{cases} F^{11} = \dfrac{k^2 \sigma_{\text{sca}}}{4\pi} P^{11} = \dfrac{1}{2}\left(S_1 S_1^* + S_2 S_2^*\right) \\[2mm] F^{21} = \dfrac{k^2 \sigma_{\text{sca}}}{4\pi} P^{21} = \dfrac{1}{2}\left(S_1 S_1^* - S_2 S_2^*\right) \\[2mm] F^{33} = \dfrac{k^2 \sigma_{\text{sca}}}{4\pi} P^{33} = \dfrac{1}{2}\left(S_1 S_2^* + S_2 S_1^*\right) \\[2mm] F^{43} = \dfrac{k^2 \sigma_{\text{sca}}}{4\pi} P^{43} = -\dfrac{\mathrm{i}}{2}\left(S_1 S_2^* + S_2 S_1^*\right) \end{cases} \tag{3.17}$$

米氏散射理论为单个粒子的散射矩阵提供了解:

$$\begin{cases} S_1 = \displaystyle\sum_{n=1}^{\infty} \frac{2n+1}{n(n+1)}\left(a_n \pi_n + b_n \tau_n\right) \\[3mm] S_2 = \displaystyle\sum_{n=1}^{\infty} \frac{2n+1}{n(n+1)}\left(b_n \pi_n + a_n \tau_n\right) \end{cases} \tag{3.18}$$

式中,S_1、S_2、a_n 和 b_n 为复数。

π_n 和 τ_n 为仅与散射角有关的函数,可以通过勒让德多项式计算得到,如前两项分别为

$$\begin{cases} \pi_1\left(\alpha_{\text{sca}}\right) = 1, & \tau_1 = \cos\alpha_{\text{sca}} \\[2mm] \pi_2\left(\alpha_{\text{sca}}\right) = 3\cos\alpha, & \tau_2 = 3\cos 2\alpha_{\text{sca}} \end{cases} \tag{3.19}$$

求解米氏散射问题的关键步骤是求解系数 a_n 和 b_n。二者为复折射率和粒子尺寸(以 $x=2\pi r/\lambda$)的函数,可以通过迭代的方式求解球形贝塞尔函数求得。然后应用二者表示散射系数 Q_{sca}、衰减系数 μ_t 和对称因子 $\langle\cos\alpha_{\text{oca}}\rangle$。

计算过程中所用到的粒子数量取值略大于 x,原因在于当 n 大于 x 时,a_n 和 b_n 的值迅速降为零。该现象的物理解释与光线在粒子上的位置分布有关。根据光线的分布关系,第 n 个粒子散射光强近似等于光线在距离粒子 $n\lambda/2\pi$ 的位置穿过粒子中心位置时的光强度。当粒子数量大于 n 时,S_1、S_2 迅速减小,原因在于 n 值较大时,光线将不能入射到粒子上。

上述 S_1、S_2 计算公式的物理意义可以理解为散射光多个电偶极子的集合。例

如，系数 a_1、a_2、a_3 分别代表电偶极子、四极子和八极子辐射，相对地，系数 b_n 代表磁极子辐射。当粒子较小且折射率较小时，仅电偶极子辐射较为明显，形成我们熟知的瑞利散射。

分析散射另一个经常遇到的问题是粒子的尺寸分布，在独立散射的假设下，单位体积内粒子的传输矩阵可以表示为

$$F^{ij}\left(\alpha_{\text{sca}}\right)=\int_{r_1}^{r_2} F^{ij}\left(\alpha_{\text{sca}},r\right)n(r)\mathrm{d}r \qquad (3.20)$$

式中，$n(r)\mathrm{d}r$ 表示单位体积内粒子半径在 r 和 $r+\mathrm{d}r$ 之间；r_1 和 r_2 为最小和最大粒子半径；$F^{ij}(\alpha,r)$ 为半径为 r 粒子的传输矩阵中第 i 行第 j 列的元素。散射系数和衰减系数可以分别表示为

$$k_{\text{sca}}=\int_{r_1}^{r_2}\sigma_{\text{sca}}(r)n(r)\mathrm{d}r=\int_{r_1}^{r_2}\pi r^2 Q_{\text{sca}}(r)n(r)\mathrm{d}r \qquad (3.21)$$

归一化的相位矩阵有以下表达式：

$$P^{ij}\left(\alpha_{\text{sca}}\right)=\frac{4\pi}{k^2 k_{\text{sca}}}F^{ij}\left(\alpha_{\text{sca}}\right) \qquad (3.22)$$

通过瑞利散射过程可以发现，大气粒子对光线的散射主要起到起偏作用。而大气微粒如气溶胶、水蒸气等尺寸较大的微粒或颗粒特性可通过米氏散射进行研究。水滴粒子在大气中主要作用表现为退偏效应。当一束光入射至水滴粒子之后，其前向散射光的光强分布将呈现为振荡减弱的趋势，其偏振度特性主要表现为负偏振特性，因此对由大气粒子所形成的天空偏振产生一定的中和效应；其后向散射光的光强基本保持振荡稳定的分布，同时其偏振度也在正偏振和负偏振之间进行振荡。因此，水滴粒子对于后向散射过程同时存在起偏和退偏作用，其后向散射所造成的偏振态分布更为复杂。

除了水滴粒子，大气中还存在大量的气溶胶微粒，随着人类活动和环境污染的增强，气溶胶在大气中的含量也逐渐增加。气溶胶对大气的光学特性也具有较大影响作用，气溶胶对光线的散射作用同水滴具有较大的差别，具有很强的吸收光线的能力。通常气溶胶粒子的粒子尺寸较大，对于散射光强具有较强的振荡衰减作用，而对于偏振光，无论前向还是后向，散射都在多个不同的散射角度上引入较强的负偏振效应，而产生正偏振的能力相对较弱，从而造成天空中偏振度的严重下降，改变大气中的偏振分布形式。

3.2　大气偏振模式的形成

透过一块线性偏振片仰望天空，当转动偏振片时，观察到的天空亮度就会随之发生变化，正对着太阳光线的侧面看过去时改变最为显著，如图 3.2 所示。这表明观测到的天空亮度和偏振片的光轴方向有关，即到达人眼的光不再是自然光而是偏振光。那么，太阳光经过大气传输，其偏振特性究竟是如何形成的呢？

图 3.2　通过偏振片观测自然场景

太阳光是一种振动方向与传播方向垂直的横电磁波，作为自然光源，在进入大气之前没有偏振，但是，自然光和大气中物质(空气中的固有气体——氮气、氧气等，浓度可变的气体——臭氧、二氧化硫等，各种固体和液体的微粒——气溶胶、水以及冰晶等)相互作用而发生了偏振现象。同时，地面物质的反射也会改变光的偏振特性。因此，自然界偏振光主要来源于两个方面：一是大气对太阳光的散射；二是水面和其他(如泥土、岩石或者植被等)可以发亮的、非金属的、非传导性的表面对光的反射，如图 3.3 所示，大气和水圈中的空气分子、气溶胶粒子对太阳光的散射作用是产生偏振光的首要因素。

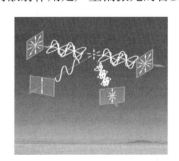

图 3.3　自然界偏振光的两个主要来源

由不同的散射光形成的特定的偏振态分布构成了大气偏振模式。大气偏振模式是地球的重要属性之一，能够提供偏振光的方向场和强度场信息，有效地反映了大气偏振信息的动态变化过程。在一天中的某一时刻、某一位置，天空中具有相对稳定的大气偏振模式。大气散射辐射的偏振状态对散射体的形状和尺度非常敏感，因此大气偏振模式和地理位置、太阳位置、大气环境、波长、天气情况以及地表环境等多种因素都有着密切的关系，这使得大气偏振模式及其研究显得十分复杂。大气偏振模式是太阳光在经过大气层的过程中，由各种内部与外部因素共同作用下的产物，大气偏振模式中蕴含重要的信息。因此，大气偏振分布及偏振模式内在规律分析在科学研究的很多领域中都具有重要意义，如偏振光导航与定位、大气光学分析、偏振遥感探测等，尤其在智能信息获取和仿生机器人导航等高新技术领域中有着重要的作用。

而大气中雾、霾成分影响下，户外散射粒子对成像场景光波产生严重的散射作用，使其系统性能、成像质量大幅下降，甚至无法完成正常工作。场景目标能量大幅衰减，并且大量细节被混沌介质所覆盖，能见度降低等导致图像色彩畸变，严重降低图像的可读性以及信息提取的准确性。雾霾天气条件下的图像质量降低，主要是由于场景中目标辐射受混沌介质的强烈散射而未能被系统探测到，场景的背景散射较强，淹没目标场景的反射光。通过对目标场景的频域特征分析可知，场景目标信息被掩藏在背景散射光下，因此，综合考虑光波的传输特性，建立新的物理成像模型，提取经混沌介质散射后光波所携带的信息，能够有效抑制混沌介质造成的信息丢失，获得清晰图像。

3.3　偏振透雾霾成像技术

3.3.1　偏振透雾霾成像模型

在大气传输过程中，由太阳等光源产生的光线由于大气散射的作用，进入成像系统，如图 3.4 所示。图中，太阳等光源散射向成像系统的光线为大气散射光 A，其强度随传输距离 d 的提升增大。由目标 R 反射的光线受到大气衰减，最终达到成像系统的部分为 T，其强度随着传输距离 d 的提升减小。在成像系统前安装偏振片，其偏振角度为 ϕ，将目标 R 到成像系统这条直线和光源到成像系统这条直线所组成的平面定义为入射面，则当偏振片角度与入射面平行时 $\phi=\theta_{\parallel}$，通过偏振片的光线透过率最佳。

大气散射光 A 的强度随传输距离 d 的提升增大，为

$$A = A_{\infty}\left(1 - \mathrm{e}^{-\beta d}\right) \tag{3.23}$$

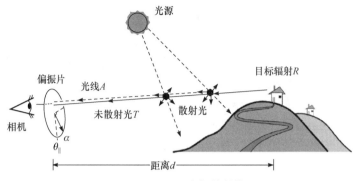

图 3.4　Schechner 大气散射模型[1]

式中，β 为大气散射因子；A_∞ 为无穷远处的大气散射光强度，这里将地平线视为无穷远。将大气散射光分成两部分：平行于入射面的大气散射光 $A_\parallel$ 和垂直于入射面的大气散射光 $A_\perp$。经过大气散射的光线具有部分偏振特性，大气散射光的偏振度为

$$p = \frac{A_\perp - A_\parallel}{A} \tag{3.24}$$

式中，

$$A = A_\perp + A_\parallel \tag{3.25}$$

　　大气散射光的偏振度主要由大气粒子的尺度和分布决定，在不同的大气粒子作用下，大气散射光的偏振度差别很大。

　　当大气散射主要由小分子的瑞利散射主导时，垂直于入射面的大气散射光为全偏振光，此时只需要将偏振片的角度调整到平行于入射面的位置，便可完全消除雾天对图像的影响。虽然在上述情况下只需要偏振片就可实现去雾处理，但该情况属于少数情况。在一般情况下，大气散射光为部分偏振光，仅通过偏振片无法完全消除雾天影响。光线经过一个大气粒子的散射后可能再被其他大气粒子二次散射，该现象为多重散射。由于每次大气散射的方向都是随机的，大气散射入射面的方向也不相同，大气散射光的偏振度会受到多重散射的影响而退偏。随着大气粒子尺寸的增大或浓度的提高，多重散射的概率增大，大气散射光偏振度退偏的程度也增大。只要大气散射光的偏振度足够明显，利用其部分偏振特性也能实现去雾处理。

　　雾天图像除了受到大气散射光的干扰外，目标的反射光还会受到大气粒子的影响而衰减。假设在目标和成像系统间无大气粒子时，接收到的光线为目标辐射光 L；当存在雾霾时，L 的一部分能量会散射向其他传输方向，最终抵达成像系统的部分称为景物透射光 D，景物透射光 D 随着传输距离的增大而减小，有

$$D = Le^{-\beta d} \tag{3.26}$$

虽然景物透射光 D 受到了大气散射作用而衰减，但其偏振态不受影响，因此景物透射光 D 的偏振度和偏振方向不随传输过程改变。不失一般性地，假设目标辐射光 L 的光源为不具偏振特性的自然光，则成像系统接收到的景物透射光 D 也为非偏振光，那么总光强中的偏振部分都来自大气散射光分量。需要指出的是，特定材质的反射会改变光的偏振特性，如玻璃、金属等材料，但景物透射光 D 会随着传输距离的增大而减小，因此对于远距离目标该模型还是适用的。

成像系统接收到的总能量由大气散射光 A 和景物透射光 D 组成，在不安装偏振片时，成像系统接收到的总能量为

$$I^{\text{total}} = D + A \tag{3.27}$$

当给成像系统安装偏振片后，接收到的总能量强度会随着偏振片角度 ϕ 的改变而改变，单个像素接收到能量随偏振角的变化如图 3.5 所示。接收到的总能量是 ϕ 的余弦函数，平均值为 $I^{\text{total}}/2$。

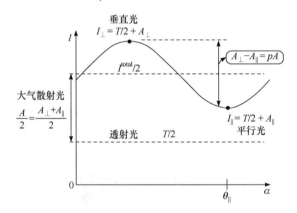

图 3.5　成像系统接收到的总能量随偏振片及角度变化关系

3.3.2　经典去雾算法

Schechner 等在研究雾霾天气下大气和场景辐射的偏振特性过程中发现，目标场景辐射与探测距离成反比，探测距离越远，场景辐射越弱，其偏振特性衰减越严重。相比之下，环境中的大气光刚好相反，探测距离越远，环境光越强。据此，Schechner 等提出假设，当探测距离足够远的时候，目标场景辐射的偏振信息经过长距离衰减后近乎消失，但环境大气光随着距离增加逐渐增强，接收到的辐射中仅大气光存在偏振特性。在此假设的基础上，Schechner 等利用大气光的偏振特性分离大气光和目标场景辐射，实现清晰场景的复原[2]。

该方法的关键步骤为大气光估计和大气光偏振度计算，其主要由式(3.24)确

定。类似地,直接探测到的光强图像同样可以分为平行入射面和垂直入射面两部分组成,并有

$$\begin{cases} I^{\text{total}} = I_\perp + I_\parallel \\ p = \dfrac{I_\perp - I_\parallel}{I_\perp + I_\parallel} \end{cases} \tag{3.28}$$

两个不同探测方向上的图像强度由加装于探测器前的偏振片确定,旋转偏振片,进入探测器的光强度随旋转方向变化,单个像素点的强度变化呈余弦规律变化。根据 Schechner 的假设,目标场景光不表现出偏振特性,因此探测器接收到的光强度变化主要由大气光引起。探测系统中偏振片的引入导致目标场景光强度衰减一半,且不随旋转角度的变化而变化。因此探测器接收到的光强可以表示为

$$I_\parallel = \frac{1}{2}D + A_\parallel, \quad I_\perp = \frac{1}{2}D + A_\perp \tag{3.29}$$

可以得到大气光强度的估算方法:

$$\hat{A} = I^{\text{total}} \frac{p}{p_A} \tag{3.30}$$

并可以得到清晰场景的计算方法:

$$D_0 = I^{\text{total}} \left(1 - \frac{p}{p_A}\right) \bigg/ \left(1 - \frac{I^{\text{total}} p}{A_\infty p_A}\right) \tag{3.31}$$

由式(3.31)可见,恢复清晰场景需要三个关键参数:p、p_A、A_∞。其中,偏振度 p 可以根据探测器接收到的平行入射面和垂直入射面两个方向上的强度图像计算得到,因此重点为无穷远处的大气光强度 A_∞ 和大气光偏振度 p_A 的计算[3]。

根据传输函数式(3.26),当距离无穷远时,传输函数的取值趋近 0,探测器接收到的光强度由衰减后的场景光和大气光组成,从而有

$$I^{\text{total}} = D_0 T(d) + A_\infty [1 - T(d)] \xrightarrow{d \to \infty} A_\infty \tag{3.32}$$

因此,在强度图像中选择无穷远处场景的强度即可获得大气光强度,但实验发现,受大气中散射介质的影响,只有取地平线处的光强作为大气光强度时才比较接近真实情况。Schechner 等在研究中选取了天空区域的强度作为大气光强度。在获得大气光强度的基础上,大气光偏振度可以表示为

$$p_A = \frac{A_\infty^\perp - A_\infty^\parallel}{A_\infty^\perp + A_\infty^\parallel} \tag{3.33}$$

该方法利用光波的偏振特性估计大气光强度,能够快速高效地去除图像中的雾霾影响,提高图像质量,如图 3.6 所示。

图 3.6　偏振子图像 $I_\parallel$ 和 $I_\perp$ 去雾后图像

偏振去雾过程的一个副产品是可以估计出场景的深度信息，其主要依据于距离 z 与透射率 t 有一一对应的关系，t 是随距离不断衰减的函数。根据式(3.23)，可以估算出场景的深度图：

$$\hat{\beta}z = -\ln\left[1 - \hat{A}(x,y) / A_\infty\right] \tag{3.34}$$

深度图与场景的散射系数 β 有关。且在不同的颜色通道中可获得独立的深度图，其也与各自通道的散射系数有关，通常三者差异不大，可以通过取平均将其联合起来：

$$\overline{\beta z}(x,y) \equiv \frac{1}{3}\left[\hat{\beta}_R z(x,y) + \hat{\beta}_G z(x,y) + \hat{\beta}_B z(x,y)\right] \tag{3.35}$$

通过获得的深度图(图 3.7)，可以从原图中获得场景散射粒子的气溶胶信息。对于图像像素点，通过定义每个颜色通道的尺度信息：

$$s_R = \frac{\sum\limits_{x,y}\hat{\beta}_R z(x,y)}{\sum\limits_{x,y}\overline{\beta z}(x,y)}, \quad s_G = \frac{\sum\limits_{x,y}\hat{\beta}_G z(x,y)}{\sum\limits_{x,y}\overline{\beta z}(x,y)}, \quad s_B = \frac{\sum\limits_{x,y}\hat{\beta}_B z(x,y)}{\sum\limits_{x,y}\overline{\beta z}(x,y)} \tag{3.36}$$

图 3.7　深度图

这些尺度信息定义了大气光每个颜色通道的相对散射光信息。在大气散射微粒中，散射粒子尺寸决定了场景的散射系数，因此，这些尺度信息可以提供粒子的散射分布，从而可以对大气散射粒子进行更精确的物理分析，同时提供生态监测。而且，受光谱成像的影响，可使用任何波段的光谱信息进行不同波段的粒子系数进行分析。

该方法利用光波的偏振特性估计大气光强度，能够快速高效地去除图像中的雾霾影响，提高图像质量，且可以粗略求出场景的深度信息，并对场景散射粒子的物体特性求取产生一定启发。但是同样地，该方法也存在一定缺陷，例如，算法实现全程假设场景光不表现出偏振特性，但实际中，近处的目标辐射同样表现出偏振特性，因此这样的处理方法会导致图像中近处的区域产生色彩畸变等问题；此外，算法中偏振度的获取依赖于获得的两幅正交图像，但在实际操作中获取精准的正交图像难度较大，会对去雾效果造成一定影响。

上述偏振子图的获取及成像算法的处理过程，主要通过获取两张正交偏振子图像，在假设混沌介质基本均匀的情况下，进行去雾处理。以下对多张偏振子图的优化过程和在非均匀介质条件下的重建过程进行初步讨论。

1. 多张偏振子图像

在偏振子图像获取过程中，通过采集两张正交偏振子图像，可以实现强度或对比度的极值，使成像结果达到较好的可视化状态。然而，通过获取三张甚至更多张偏振子图像，可以获得更准确、效果更好的图片[4]。

设 $\theta_\parallel$ 为光传输情况最好的位置，对于任意方位角 ϕ，每个像素点观察到的强度为

$$I(\alpha) = (1/2)I^{\text{total}} - a\cos\left[2(\alpha - \theta_\parallel)\right] \tag{3.37}$$

a 为旋转方位角方向的最大强度值。可以将式(3.37)变形为

$$\left[\frac{1}{2} \ -\cos(2\phi_k) \ -\sin(2\phi_k)\right]\begin{bmatrix} I^{\text{total}} \\ a_{\cos} \\ a_{\sin} \end{bmatrix} = I_k \tag{3.38}$$

式中，$a_{\cos} = a\cos(2\theta_\parallel)$ 和 $a_{\sin} = a\sin(2\theta_\parallel)$，为了估计 $\hat{I}^{\text{total}}$、$\hat{a}_{\cos}$ 和 $\hat{a}_{\sin}$，需要三个线性无关的测量值。如果获得超过三个测量值，可以得到最小二乘估计。对于图像，可得

$$\begin{cases} \hat{I}_\parallel = (1/2)\hat{I}^{\text{total}} - \hat{a} \\ \hat{I}_\perp = (1/2)\hat{I}^{\text{total}} + \hat{a} \end{cases} \tag{3.39}$$

式中，$\hat{a} = \sqrt{\hat{a}_{\cos}^2 + \hat{a}_{\sin}^2}$，也可以求得每个像素点的 $\theta_\parallel$ 的估计

$$\hat{\theta}_\parallel = \frac{1}{2}\arctan\left(\frac{\hat{a}_{\sin}}{\hat{a}_{\cos}}\right) \tag{3.40}$$

多方位角的偏振子图可以有效补偿探测器的辐射响应，通过多次曝光平衡图

像的动态范围。

2. 非均匀介质传输过程

当介质为非均匀介质时，在光波传输过程中，光波的衰减系数随传输路径改变而改变。将散射介质分解为很多无穷小的传输层积分，当光波通过散射介质中某个无穷小的传输层时，其光波能量受到介质散射和吸收作用而衰减。对于厚度 $\mathrm{d}z'$，光波直接传输的损失 $\mathrm{d}D$ 可以描述为

$$\frac{\mathrm{d}D(z')}{D} = -\beta(z')\mathrm{d}z' \tag{3.41}$$

式中，$\beta(z')$ 是距离 z' 处的衰减系数，它是不同方向散射角的角散射系数和吸收系数的积分结果。对距离 z 积分，则光波传输为 $D = L^{\mathrm{object}} t(z)$，$L^{\mathrm{object}} = D|_{z=0}$，大气传输为

$$t(z) = \exp\left[-\int_0^z \beta(z')\mathrm{d}z'\right] \tag{3.42}$$

当衰减系数不随距离变化时，$\beta(z') = \beta$。散射光的辐射通量与角散射系数 $\beta(\phi, z'')$ 成比例。注意到 $\beta(\phi, z'') \infty \beta(z'')$，这是由于特定方向的散射光是光源经散射和吸收作用的一部分，且散射光强度与光照和 $\mathrm{d}z''$ 也是成比例的，因此，可以将特定散射层的大气光散射表征为 $\kappa\beta(z'')\mathrm{d}z''$，$\kappa$ 表征了辐射强度、光波散射与整体散射的比例等关系。

当光传输时，在传输过程中的衰减可以表示为 $t(z'')$，则穿过特定散射层的大气光可表示为

$$\mathrm{d}A(z'') = \kappa\beta(z'')\mathrm{d}z'' \exp\left[-\int_0^{z''} \beta(z')\mathrm{d}z'\right] \tag{3.43}$$

整个的大气光分布可以表征为特定散射层大气光的积分：

$$A(z) = \int_0^z \mathrm{d}A(z'') = -\kappa\left\{\exp\left[-\int_0^{z''} \beta(z')\mathrm{d}z'\right] - 1\right\}_0^z \tag{3.44}$$
$$= \kappa[1 - t(z)]$$

无穷远处场景的大气光为

$$A_\infty = \kappa\left[1 - t(\infty)\right] \tag{3.45}$$

因此，大气光可表征为

$$A = \frac{A_\infty}{1 - t(\infty)}[1 - t(z)] \tag{3.46}$$

当光波传输足够远的距离时，可以假设 $t(\infty)=0$ ，则式(3.46)可以表征为

$$A = A_{\infty}\big[1-t(z)\big] \tag{3.47}$$

与均匀介质的模型相同，二者可采用同样的模型求取去雾结果[5]。

3.4　图像的多尺度分解

小波分解能够将原始信号进行局部化分解，快速有效地进行时-频分析，且可以通过平易和伸缩对原始信号进行细化，因此，被广泛应用于图像增强、去噪以及融合等领域。为了获得清晰的富含混沌介质的恶劣天气条件下的重建图像，需要对图像进行不同频域信号分解，并针对各部分信号利用相应算法进行处理。

小波函数表示了一个平方可积函数 $\Psi(t)$ ，其中 $\Psi(t)\in L^2(R)$ ，如果该函数满足式(3.48)所示方程，则称 $\Psi(t)$ 为基本小波函数。

$$\int_R \frac{|\hat{\Psi}(\omega)|^2}{\omega}\mathrm{d}\omega < \infty \tag{3.48}$$

式中，$\hat{\Psi}(\omega)$ 为 $\Psi(t)$ 的傅里叶变换。若想获取如式(3.49)所示的连续小波基函数，则需要对函数 $\Psi(t)$ 进行尺度为 a 和 τ 的伸缩和平移变换：

$$\Psi_{a,\tau}(t) = a^{-1/2}\Psi\left(\frac{t-\tau}{a}\right), \quad a>0; \quad \tau \in R \tag{3.49}$$

由式(3.49)可知，连续的小波分解在获得细化信号的同时，带来了很大的数据运算量和冗余的信息量。因此，在对分解所得的信号进行后续处理时，需按照 Nyquist 采样定律对其进行相应离散化的预处理，其中伸缩和平移变换参数 a 和 τ 的取值如式(3.50)所示：

$$\begin{cases} a = a_0^{-m} \\ \tau = \tau_0 a_0^{-m} \end{cases} \tag{3.50}$$

结合式(3.49)和式(3.50)，得离散小波表示式为

$$\Psi_{m,n}(t) = a_0^{-m/2}\Psi\left(a_0^m t - n\tau_0\right) \tag{3.51}$$

式中，$a_0>1$ ，$\tau_0 \in R$ ，$m,n \in Z$ 。则某一初始函数 $f(t)$（$f(t)\in L_2(R)$）的离散小波变换(discrete wavelet transform，DWT)的运算过程满足式(3.52)所示：

$$\mathrm{DWT}_i(m,n) = \left\langle f, \overline{\Psi}_{m,n}\right\rangle = a_0^{-m/2}\int_R f(t)\overline{\Psi}\left(a_0^m t - n\tau_0\right)\mathrm{d}t \tag{3.52}$$

则其频域离散函数 $f(k)$ 的 DWT 及其逆变换为

$$\mathrm{DWT}_i(m,n) = \sum_k f(k)\overline{\Psi}_{m,n}(k) \tag{3.53}$$

$$f(k) = \sum_{m,n} \text{DWT}_i(m,n)\Psi_{m,n} = \sum_{k} \left\langle f, \overline{\Psi}_{m,n} \right\rangle \Psi_{m,n} \tag{3.54}$$

如上述分析所示，整个变换过程与光学成像过程中的伸缩对焦过程类似，当变换因子 a 和 τ 的尺度较大时，信号经变换后所获取的信息量较大，此时频谱分析结果显示其分析频率相对较低，易于对信号做整体描述。然而，当变换因子 a 和 τ 尺度较小时，其所处的分析频率恰恰相反，易于对信号的细节信息进行描述。不同的信号分析频率能够对应不同伸缩变换因子,这就是多尺度多分辨的思想。

根据以上分析，基本小波函数 $\Psi(t)$ 的构造决定了原始信号分解及描述的精确度。基于塔形算法的描述，Mallat 等按照信号多尺度分析的思路设计并构造了小波分解函数 $\Psi_{m,n}(t)$，并给出了快速小波变换(fast wavelet transform，FWT)算法，这才使得小波变换真正运用于图像分解和重建，其分解算法和重建算法过程如图 3.8 所示。

$$C^M \rightarrow C^{M+1} \rightarrow C^{M+2} \rightarrow \cdots \rightarrow C^{M+N} \qquad D^{M+N} \rightarrow D^{M+N-1} \rightarrow \cdots \rightarrow D^{M+1}$$
$$D^{M+1} \rightarrow D^{M+2} \rightarrow \cdots \rightarrow D^{M+N} \qquad C^{M+N} \rightarrow C^{M+N-1} \rightarrow \cdots \rightarrow C^{M+1} \rightarrow C^M$$

图 3.8　小波变换 Mallat 塔式分解及重建算法

图像的离散小波变换可表示为

$$\begin{cases} C_j = W_c W_r C_{j-1} \\ D_j^1 = H_c W_r C_{j-1} \\ D_j^2 = W_c H_r C_{j-1} \\ D_j^3 = H_c H_r C_{j-1} \end{cases} \tag{3.55}$$

式中，下标 r 和 c 分别表示沿图像行方向和列方向的运算；W 和 H 为一维低通和高通镜像滤波算子。如式(3.55)所示，通过 FWT 分解变换对初始图像进行一次分解后可直接输出四幅不同频段的图像：C_j 表示 C_{j-1} 层图像的分解近似值；D_j^1 为 C_{j-1} 层图像在列方向上分解之后所获取的分量；D_j^2 为 C_{j-1} 层图像在行方向上分解之后所获取的分量；D_j^3 为 C_{j-1} 层图像在对角线方向上分解之后所获取的分量。

图 3.9 为初始图像经 FWT 分解时，其整个变换过程的形象化描述，H 为高频，L 为低频。假设通过 FWT 方法对图像进行 N 层分解，则易得 $3N+1$ 幅子图像。

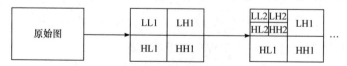

图 3.9　图像的 Mallat 示意图

对图像进行如式(3.55)所示的 FWT 分解后,通过所获取的各个方向的子分量,利用如式(3.56)所示的图像重构算法进行图像重建:

$$C_{j-1} = \tilde{W}_r \tilde{W}_c C_j + \tilde{W}_r \tilde{H}_c D_j^1 + \tilde{H}_r \tilde{W}_c D_j^1 + \tilde{H}_r \tilde{H}_c D_j^3 \tag{3.56}$$

式中, $\tilde{W}$ 和 $\tilde{H}$ 分别为 W 和 H 的共轭转置矩阵。

3.5　多尺度偏振成像透雾霾技术

3.5.1　多尺度偏振成像透雾霾算法描述

在对雾霾图像的空域和频域特性进行分析后可知其特点如下。空域:图像整体呈灰亮色,灰度级动态范围变小,图像对比度不高。频域:①场景中雾霾信息亮度高,主要占据了图像的低频成分;②雾霾对场景中高频信息有覆盖作用,使场景中的高频信息被削弱。图像的灰亮色特征、动态范围的变化以及对比度上的减弱都可以看成雾霾主要集中于图像低频区域,削弱高频信息的结果。因此,可以依据小波变换的多分辨特性,结合场景中目标反射光和大气光偏振特性的差异设计多尺度偏振成像透雾霾处理算法[6]。

根据雾霾图像的特征分析,利用小波分析的多分辨率特性,针对不同频谱所呈现出的不同特点,采用不同的处理方法对雾霾天图像进行处理,以期复原清晰场景图像。算法流程为通过小波变换对图像进行分频后,对低频分量利用大气光与场景光偏振特性的差异,结合大气散射模型,对大气光强度进行估算,剔除雾霾的视觉感受。相反,对于经 FWT 分解所得的高频区域,采用基于双阈值的非线性拉伸方法来对小波系数进行拉伸变换,以在有效抑制噪声干扰的情况下增强图像细节信息。此外,将处理所得的高低频信息利用式(3.56)所示的小波重构方法进行图像重建来恢复清晰场景图像。其具体的实现步骤如下。

1. 雾霾天偏振图像的获取及偏振信息的采集

作为多尺度偏振成像透雾霾算法的基础,雾霾天偏振图像的获取以及偏振信息的采集主要通过旋转偏振片方式来获取估算场景中大气光线偏振度所需的不同偏振方位角图像。

2. 雾霾图像的小波分解

根据雾霾图像的多尺度分析,在获取图像频谱特性之后,基于人眼视觉感官选用bior2.4小波基对所采集到的 $I_{Best}(x,y,\phi_{Best})$ 和 $I_{Worst}(x,y,\phi_{Worst})$ 偏振方位角图像做小波分解，雾霾天图像的一层 Mallat 小波分解如式(3.57)所示：

$$\begin{cases} C_1 = W_c W_r C \\ D_1^1 = H_c W_r C \\ D_1^2 = W_c H_r C \\ D_1^3 = H_c H_r C \end{cases} \tag{3.57}$$

对分解后所获得的不同频谱的图像选用不同的后续处理方法进行处理。

3. 低频图像透雾霾技术

通过对雾霾天场景图像中场景光和大气光偏振特性的分析，建立大气散射偏振模型，选取场景图像中无穷远处无目标的天空背景区域，根据其偏振度的平均值来估算无穷远处大气光偏振度值，进而反解场景中实际大气光光强。最后将其代入图像退化模型，求解清晰低频图像。

4. 高频信息处理

针对所分析的雾霾对图像高频信息的影响(主要为覆盖场景中高频信息，削弱其作用)，采用只针对图像高频成分的增强算法。由于图像中的细节信息也主要集中于这一尺度的频谱中，拟采用双阈值图像增强算法对高频小波系数进行非线性拉伸。经此处理后，能够在增强图像细节和边缘信息的同时，有效拟制噪声，在一定程度上恢复图像中清晰的细节信息。

5. 小波重构技术

根据以上四步的分析和研究可知，在对图像进行多尺度分解后的低频区域采用偏振透雾霾算法进行处理，高频区域利用双阈值图像增强算法进行双阈值非线性拉伸。对完成的偏振透雾霾的低频小波系数与完成增强后的高频小波系数，按照式(3.58)来完成重构：

$$\tilde{C} = \tilde{W}_r \tilde{W}_c C_1 + \tilde{W}_r \tilde{H}_c D_1^1 + \tilde{H}_r \tilde{W}_c D_1^2 + \tilde{H}_r \tilde{H}_c D_1^3 \tag{3.58}$$

式中，$\tilde{C}$ 表示经小波重构算法重建所得图像。同时它也是多尺度透雾霾算法的复原结果。图像中场景目标信息得到了有效恢复，对比度得到提高且颜色也得到一定程度的复原。经此处理，最终将能够得到一幅清晰、无雾、高对比度的图像。

3.5.2　低频透雾霾算法研究

通过对雾霾天图像的频谱分析，易知需要对不同频谱的图像采用不同的处理方法。对低频图像，需要建立大气散射模型以表示场景目标辐射光和大气散射光与其经过大气衰减后的散射过程。

$$\begin{cases} I_{\text{total}}(x,y) = I_{\text{object}}(x,y) + I_{\text{airlight}}(x,y) \\ I_{\text{object}}(x,y) = I_{\text{object}}^{\text{original}}(x,y) \cdot t(x,y,d) = I_{\text{object}}^{\text{original}}(x,y) \cdot e^{-\beta(x,y)d} \\ I_{\text{airlight}}(x,y) = I_{\text{airlight}}^{\infty}(x,y) \cdot [1 - t(x,y,d)] = I_{\text{airlight}}^{\infty}(x,y) \cdot [1 - e^{-\beta(x,y)d}] \end{cases} \tag{3.59}$$

式中，$I_{\text{airlight}}^{\infty}(x,y)$ 为无穷远处的大气光强度；$I_{\text{object}}(x,y)$ 为场景光强度；$I_{\text{object}}^{\text{original}}(x,y)$ 为清晰场景光强度；$I_{\text{total}}(x,y)$ 是探测器接收的总强度图像；$I_{\text{airlight}}(x,y)$ 为大气光强度。此外 $t(x,y,d) = e^{-\beta(x,y)d}$ 为大气传输函数，而式中的 $\beta(x,y)$ 为大气散射(衰减)系数；d 为光波从场景中目标点到探测点的传输距离。

根据以上分析可知，结合式(3.59)所得的经小波分解之后的图像，其处理后的清晰场景表达式为

$$I_{\text{object-}C}^{\text{original}}(x,y) = \frac{I_{\text{total}}^{C}(x,y) - \hat{I}_{\text{airlight}}^{C}(x,y)}{\hat{t}^{C}(x,y)} \tag{3.60}$$

式中，$I_{\text{total}}^{C}(x,y)$ 是低频场景强度图像；$\hat{I}_{\text{airlight}}^{C}(x,y)$ 是大气光强度估算值；$\hat{t}^{C}(x,y)$ 为大气传输函数的估算值。

由式(3.60)所示可知，想要获得清晰场景的低频图像，关键在于如何获得大气光强度的估算值，下面对大气光强度值的估算进行详细分析。

1. 大气光强度的估算

综上分析，由于雾霾等混沌介质的影响，大气光强度的绝对值无法准确获得，因此大气光强度的估算准确度直接决定着清晰场景的复原情况。由式(3.59)所示，实际探测到的大气光强度与无穷远处大气光强度存在一定的衰减关系。当传输距离 $d \to \infty$ 时，则大气衰减函数 $t(x,y,d) \to 0$，因此可得式(3.61)：

$$\begin{aligned} &I_{\text{total}}(x,y) \\ &= I_{\text{object}}^{\text{original}}(x,y) \cdot t(x,y,d) + I_{\text{airlight}}^{\infty}(x,y) \cdot [1 - t(x,y,d)] \to I_{\text{airlight}}^{\infty}(x,y) \end{aligned} \tag{3.61}$$

则被测场景的大气光偏振度为

$$p(x,y) = \frac{\Delta I(x,y)}{I_{\text{total}}(x,y)} \tag{3.62}$$

式中，$\Delta I(x,y)$ 为偏振差分图像，其表示式为式(3.63)：

$$\Delta I(x,y) \equiv I^{\text{Best}}(x,y) - I^{\text{Worst}}(x,y) \tag{3.63}$$

则上述问题就转化为如何根据式(3.62)和式(3.63)求解大气光强度 $I_{\text{total}}(x,y)$。在此，以式(3.62)所示的大气光的偏振度为桥梁，来对实际场景中的大气光强度进行估算。在传输距离 $d \to \infty$ 时，易得

$$\hat{p}_{\text{airlight}}(x,y) \rightarrow \frac{I^{\infty}_{\text{Best\_airlight}}(x,y) - I^{\infty}_{\text{Worst\_airlight}}(x,y)}{I^{\infty}_{\text{Best\_airlight}}(x,y) + I^{\infty}_{\text{Worst\_airlight}}(x,y)} = p_{\text{airlight}} \tag{3.64}$$

根据上述分析，易知上述所有参数都可以通过测量而直接获得。因此，其大气光强度的估计值可由式(3.65)所得[7]：

$$\begin{cases} \hat{I}^{\infty}_{\text{total}} = I_{\text{total}}(\text{sky}) \\ \hat{p} = \dfrac{\Delta I(\text{sky})}{I_{\text{total}}(\text{sky})} \end{cases} \tag{3.65}$$

综上所述，结合式(3.60)，易得透雾霾之后的清晰场景光强度分布 $I^{\text{original}}_{\text{object-}C}(x,y)$ 如式(3.66)所示：

$$\begin{aligned} I^{\text{original}}_{\text{object-}C}(x,y) &= \frac{I^{C}_{\text{total}}(x,y) - \hat{I}^{C}_{\text{airlight}}(x,y)}{\hat{t}^{C}(x,y)} = \frac{I^{C}_{\text{total}}(x,y) - \hat{I}^{C}_{\text{airlight}}(x,y)}{1 - \hat{I}^{C}_{\text{airlight}}(x,y) / I^{\infty}_{\text{airlight}}(x,y)} \\ &= \frac{p_{\text{airlight}} \cdot I^{C}_{\text{total}}(x,y) - \left[I^{C}_{\text{Best}}(x,y) - I^{C}_{\text{Worst}}(x,y) \right] \cdot \left[1 - t(x,y,d) \right]}{p \cdot t(x,y,d)} \end{aligned} \tag{3.66}$$

因此，在进行透雾霾处理时，必须选取两幅最好最差偏振方位角图像，根据选取所得的偏振方位角图像进行大气光强度的估算以及清晰场景图像的重建。因而，最好最差偏振方位角图像的采集就成为低频透雾霾偏振成像技术的关键一步。

2. 最好最差图像的选取

对于利用偏振成像方式进行透雾霾处理时，根据上节论述可知，偏振透雾霾算法需要两幅不同偏振方位角图像来进行处理，即需要采集最好、最差两幅偏振方位角图像。因此，最好最差偏振方位角图像的选取决定大气光偏振度的计算以及大气光强度的估算。通过旋转偏振片首先选取光传输情况最好的位置作为偏振片初始放置位置，记为 $\theta_{\parallel}$。因此，对于另外一幅偏振方位角的光束，其可记作为式(3.67)所示的形式：

$$I_{\text{airlight}}(x,y,\phi) = I\left\{ 1 - p_{\text{LP}} \cdot \cos\left[2\left(\phi_{\text{L}} - \theta_{\parallel} \right) \right] \right\} / 2 \tag{3.67}$$

式中，p_{LP} 为大气光偏振度；ϕ 则为图像探测时所选取的方位角。式(3.67)的表达与线偏振度表达式一致。

$$\begin{cases} I_{\parallel} = I\left(1 - p_{\text{LP\_}\parallel} \right) / 2 \\ I_{\perp} = I\left(1 - p_{\text{LP\_}\perp} \right) / 2 \end{cases} \tag{3.68}$$

联立式(3.67)和式(3.68)可知，若偏振方位角 ϕ 分别取初始角度 $\theta_{\parallel}$ 和 $\theta_{\parallel} + 90°$，

则式(3.67)可转化为式(3.68)。若假设我们在实验采集图像过程中，旋转线偏振片任意角度所形成的不同偏振方位角 ϕ_{L1} 和 ϕ_{L2}，且 $\phi_{L1} \neq \phi_{L2}$，则图像采集装置所采集到的图像可表示为

$$\begin{cases} I_{\phi_{L1}}(x,y) = I_{\text{object}}(x,y)/2 + I_{\text{airlight}}(x,y,\phi_{L1}) \\ I_{\phi_{L2}}(x,y) = I_{\text{object}}(x,y)/2 + I_{\text{airlight}}(x,y,\phi_{L2}) \end{cases} \tag{3.69}$$

则有效大气光光强可表示为

$$I_{\text{airlight}}^{\text{effective}}(x,y) = I_{\text{airlight}}(x,y,\phi_{L1}) + I_{\text{airlight}}(x,y,\phi_{L2}) \tag{3.70}$$

由式(3.70)，易得大气光偏振度为

$$p^{\text{effective}} = \left| \frac{I_{\text{airlight}}(x,y,\phi_{L1}) - I_{\text{airlight}}(x,y,\phi_{L2})}{I_{\text{airlight}}^{\text{effective}}(x,y)} \right| \tag{3.71}$$

根据上述分析，易知大气光总光强如式(3.72)所示：

$$I_{\text{total}}^{\text{effective}}(x,y) = I_{\phi_{L1}}(x,y) + I_{\phi_{L2}}(x,y) = I_{\text{object}}(x,y) + I_{\text{airlight}}^{\text{effective}}(x,y) \tag{3.72}$$

结合式(3.67)~式(3.72)，可以得到估算的大气光强度和实际测得的大气光强度存在如式(3.73)所示的比例关系：

$$\begin{aligned} I_{\text{airlight}}^{\text{effective}}(x,y) &= fI_{\text{airlight}}(x,y) = fI_{\text{airlight}}^{\infty}(x,y)[1 - t(x,y,d)] \\ &= I_{\text{airlight}}^{\text{effective}-\infty}(x,y)[1 - t(x,y,d)] \end{aligned} \tag{3.73}$$

联立式(3.67)，根据 $I_{\text{airlight}}^{\text{effective}}(x,y)$ 和 $I_{\text{airlight}}^{\text{effective}-\infty}(x,y)$ 的关系，易知式(3.73)中的比例因子为

$$f = 1 - p_{\text{LP}} \cos(\phi_{L1} + \phi_{L2} - 2\theta_{\parallel}) \cos(\phi_{L1} - \phi_{L2}) \tag{3.74}$$

若采集图像时用以确定任意两个偏振方位角的初始角度 $\theta_{\parallel}$ 不确定的话，那么比例因子 f 也是未知参数。

假设现在根据偏振成像探测方法来对大气光强度进行估算，则式(3.69)~式(3.72)中的参数也必须通过测量所得的整幅图像的光强度分布 $I_{\phi_{L1}}(x,y)$ 和 $I_{\phi_{L2}}(x,y)$ 中无目标的天空区域的强度分布来计算。因此，无目标的天空中大气光强度估算如下[8]：

$$\hat{I}_{\text{airlight}}^{\text{effective}}(x,y) = \frac{I_{\phi_{L1}}(x,y) - I_{\phi_{L2}}(x,y)}{p_{\text{LP}}^{\text{effective}}} \tag{3.75}$$

联立式(3.72)可知，基于测量所得原始图像的光强度分布 $I_{\phi_{L1}}(x,y)$ 和 $I_{\phi_{L2}}(x,y)$ 估算所得的目标反射光强度分布为

$$\hat{I}_{\text{object}}(x,y) = I_{\text{total}}^{\text{effective}}(x,y) - \hat{I}_{\text{airlight}}^{\text{effective}}(x,y) \tag{3.76}$$

根据式(3.73)所示,光波在雾霾中传输时,其大气衰减函数 $t(x,y,d)$ 的估算式如下:

$$\hat{t}(x,y,d) = 1 - \frac{\hat{I}_{\text{airlight}}^{\text{effective}}(x,y)}{\hat{I}_{\text{airlight}}^{\text{effective}\_\infty}(x,y)} \tag{3.77}$$

因此,透雾霾之后所获得的清晰场景分布为

$$\hat{I}_{\text{object}}(x,y) = \frac{I_{\text{total}}^{\text{effective}}(x,y) - \hat{I}_{\text{airlight}}^{\text{effective}}(x,y)}{1 - \hat{I}_{\text{airlight}}^{\text{effective}}(x,y) / \hat{I}_{\text{airlight}}^{\text{effective}\_\infty}(x,y)} \tag{3.78}$$

根据上述表述可知,若能对大气光的两个参数 $\hat{I}_{\text{airlight}}^{\text{effective}}(x,y)$ 和 $\hat{I}_{\text{airlight}}^{\text{effective}\_\infty}(x,y)$ 进行准确估算,就能够得到准确的清晰场景 $\hat{I}_{\text{object}}(x,y)$ 的分布情况。该参数的估算和偏振片所处的角度,即偏振方位角 ϕ_{L1} 和 ϕ_{L2} 的选取有密切的关系。根据连接实际大气光分布 $\hat{I}_{\text{airlight}}^{\text{effective}}(x,y)$ 和无穷远处大气光分布 $\hat{I}_{\text{airlight}}^{\text{effective}\_\infty}(x,y)$ 关系式(3.79)可得,当其大气光偏振度 $p^{\text{effective}} \to 0$ 时,大气光强度估算值 $\hat{I}_{\text{airlight}}^{\text{effective}}(x,y)$ 将变得非常不稳定[9]。

$$p_{\text{LP}}^{\text{effective}} = \frac{I_{\text{airlight}}(x,y) \cdot p_{\text{LP}}}{I_{\text{airlight}}^{\text{effective}}(x,y)} \cdot \sin(\phi_{\text{L1}} + \phi_{\text{L2}} - 2\theta_{\|})\sin(\phi_{\text{L2}} - \phi_{\text{L1}}) \tag{3.79}$$

当偏振方位角如式(3.80)所示取值时,其偏振度 $p_{\text{LP}} \equiv 0$ 。

$$\frac{\phi_{\text{L1}} + \phi_{\text{L2}}}{2} = \begin{cases} \theta_{\|} \\ \theta_{\|} + 90° \end{cases} \tag{3.80}$$

根据式(3.80)与式(3.67)的表述,并结合三角函数的性质可知,测量所得的两幅偏振方位角图像 ϕ_{L1} 和 ϕ_{L2} 的光强分布相同。因此,通过初始对偏振方位角 ϕ_{L1} 和 ϕ_{L2} 进行调节和选取,结合式(3.75)~式(3.78)的分析可知,两幅图像的获取能够达到透雾霾效果。结合式(3.79)关于大气光偏振度的表述,并结合式(3.75)所示的大气光强度估算方法,当大气光偏振度处于最大值时,即当偏振方位角 ϕ_{L} 的取值满足式(3.81)所示时,其测量采集所得的图像,能够表征两幅图像光强分布的差异,以便获取最好的偏振成像透雾霾效果[10]。

$$\phi_{\text{L}} = \begin{cases} \theta \\ \theta + 90° \end{cases} \tag{3.81}$$

综上所述,初始选择角度时只要两个偏振方位角 ϕ_{L1} 和 ϕ_{L2} 满足夹角为 90°,本算法就能达到较好的透雾霾处理效果。

3.5.3 高频细节信息增强处理算法

针对图像的低频分量进行透雾霾处理之后，重点针对高频分量进行图像增强工作，恢复削弱的高频细节。经小波变换后，细节信息在小波域中所对应的高频系数绝对值较大，因此可以通过构造变换函数，对图像高频小波系数进行相对应的拉伸变化。然而，传统的图像经 FWT 分解后，其高频信息不仅包含了图像边缘和细节，同时也包含大量噪声，尤其对图像仅做一层 FWT 分解的情况下，其所获得的高频信息就是最高层的高频信息。如何有效地在增强图像细节信息的同时抑制噪声信息是高频信息处理的关键。若通过传统的如式(3.82)所示的单阈值增强算法来处理，处理算法在对高频信息进行拉伸的同时，对噪声的小波系数也进行了相应的放大。

$$D_{\text{out}} = \begin{cases} D_{\text{in}} - T + TG, & D_{\text{in}} > T \\ D_{\text{in}}G, & -T \leqslant D_{\text{in}} \leqslant T \\ D_{\text{in}} + T - TG, & D_{\text{in}} < -T \end{cases} \tag{3.82}$$

由式(3.82)易知，单阈值增强算法无选择性地对图像经 FWT 分解后所获的所有小波系数进行了拉伸变换，在有效增强图像细节信息的同时，对图像中的噪声也进行了放大。因此，该方法只适用于噪声最小的高尺度频带。针对多尺度偏振成像透雾霾算法思想，对原始偏振图像进行一次分解之后，不能有效获得噪声最小的高尺度频带这一缺点，我们采用双阈值非线性图像增强算法。双阈值非线性图像增强算法采用 T_1、T_2 高低阈值来代替单阈值增强算法中的阈值 T，能够在拉伸高频小波系数，增强图像细节信息的同时，有效抑制噪声[11]，如式(3.83)所示：

$$D_{\text{out}} = \begin{cases} D_{\text{in}} + T_2(G-1) - T_1G, & D_{\text{in}} > T_2 \\ G(D_{\text{in}} - T_1), & T_1 < D_{\text{in}} \leqslant T_2 \\ 0, & -T_1 \leqslant D_{\text{in}} \leqslant T_1 \\ G(D_{\text{in}} + T), & -T_2 \leqslant D_{\text{in}} < -T_1 \\ D_{\text{in}} - T_2(G-1) + T_1G & D_{\text{in}} < -T_2 \end{cases} \tag{3.83}$$

式中，G 为增益值；D_{in} 和 D_{out} 分别是经过双阈值增强算法处理后高频小波系数；T_1 和 T_2 分别为高、低阈值，其取值如式(3.84)所示：

$$T_1 = \frac{\xi_{\text{H}}\sqrt{2\log n}}{\sqrt{n}} \tag{3.84}$$

式中，n 代表图像大小；ξ_{H} 为图像噪声方差。可选取噪声图像背景变化较小的区域，利用该区域的噪声方差来估算整幅图像的噪声方差。本算法中阈值的选取主要采用人机交互的方式，首先保证高频信息得到增强，有效恢复被雾霾削弱的细节信息。为了抑制噪声对图像细节信息的影响，在输入小波系数处于$-T_1$ 和 T_1 之间时，将增益值设为 0。此外，该算法同时对不同阈值区间的小波系数采用不同的变换函数，有针对性地增强了图像高频细节信息的同时也有效抑制噪声影响。

3.5.4　多尺度偏振成像透雾霾成像

根据多尺度偏振透雾霾成像技术,以楼群和树丛等自然场景为主要研究目标,通过旋转偏振片的方式进行图像的采集与处理分析，对于算法的可行性和有效性进行论证。在雾霾天成像中，雾霾图像的散射光强分布明显降低，且浓雾霾粒子严重散射，使整幅图像整体偏白色或者黄棕色，图像对比度远小于清晰图像场景。通过多尺度偏振成像算法进行处理,可使图像对比度和图像清晰度获得明显提升，图像质量得到部分恢复。

1. 多尺度偏振成像透薄雾霾分析

利用多尺度偏振成像透雾霾处理算法对图 3.10 所示的两幅不同场景结果进行处理。如图 3.11 所示，可以看出多尺度偏振成像透雾霾算法不仅能够有效去除近处景物雾霾，而且对于远处景物也能有一定的去雾霾效果，体现出图像层次。此外，多尺度偏振成像透雾霾处理算法能够在有效去除雾霾的基础上最大限度地减小噪声对处理后图像质量的影响。

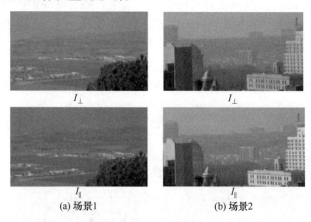

$I_\perp$　　　　　　　$I_\perp$

$I_\parallel$　　　　　　　$I_\parallel$

(a) 场景1　　　　　　(b) 场景2

图 3.10　不同薄雾霾场景的原始偏振方位角图像

(a) 场景1　　　　　　(b) 场景2

图 3.11　多尺度偏振成像透雾霾算法处理结果

　　比较图 3.6 和图 3.11, 可以看出经过多尺度偏振成像透雾霾算法处理后的图像, 在背景图像的重建上相比于传统偏振成像去雾霾算法比较均匀。由于噪声影响, 传统处理算法所获得的背景强度分布出现色彩分布不均匀情况, 而多尺度算法对图像进行分频多尺度非线性处理, 所以能够对不同部分进行针对性处理, 可以达到较好的处理效果。

　　多尺度偏振成像透雾霾算法能够有效去除薄雾霾天气条件下雾霾对图像的影响, 恢复初始清晰场景图像。但在实际成像探测时, 成像条件瞬息万变, 薄雾霾与浓雾霾存在的情况相当, 因此, 进一步观察算法在浓雾霾天气条件下的处理效果将有助于分析算法的普适性及鲁棒性。

2. 多尺度偏振成像透浓雾霾分析

　　传统偏振成像算法能够在一定程度上有效去除雾霾对图像质量的影响, 提升图像对比度, 但是与多尺度偏振成像去雾霾算法相比较, 传统偏振成像算法并不能有效抑制噪声。此外, 对于透雾霾算法来说, 不同雾霾天气条件下的适用性决定着其在工程应用方面的前景, 因此, 本节对浓雾霾情况进行分析与比较, 以确定多尺度偏振成像透雾霾算法的普适性。

　　对浓雾霾情况进行实验采集, 并进行处理分析。相比较薄雾霾天气, 浓雾霾天气散射光强度分布明显降低, 且浓雾霾离子的严重散射会造成整幅图像整体呈黄棕色, 图像对比度远低于薄雾霾天气情况。浓雾霾情况下偏振方位角图像获取后差异较小, 雾霾散射极其严重, 这导致场景信息获取困难。利用多尺度偏振成像透雾霾处理算法分别对图 3.12 所示浓雾霾天气状态下的场景 3 和场景 4 进行处理, 如图 3.13 所示。

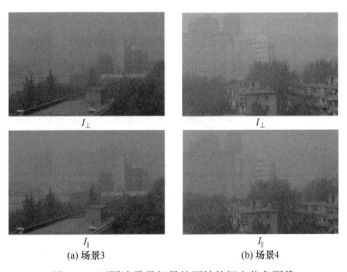

$I_\perp$　　　　　　　　　　　　　　　$I_\perp$

$I_\parallel$　　　　　　　　　　　　　　　$I_\parallel$

(a) 场景3　　　　　　　　　　　(b) 场景4

图 3.12　不同浓雾霾场景的原始偏振方位角图像

可以看出，应用多尺度偏振成像透雾霾算法处理后的图像对比度得到明显提升，图像质量恢复较好。进一步地，对浓雾霾天气条件下的原始强度图像和经过多尺度偏振成像透雾霾算法处理所得效果图进行图像细节信息的对比分析。

(a) 场景3　　　　　　　　　　　　　　(b) 场景4

图 3.13　多尺度偏振成像透雾霾处理算法处理所得结果

如图 3.14 所示，选取笼罩在浓雾霾中建筑物 A 和远处建筑物 B 为研究对象，从图 3.14(b) 可见，无论近景还是远处楼群在视觉效果上均有明显提升。此外，通过区域 A 和 B 的局部放大图可见，建筑物清晰度显著提高。在图 3.14(c) 中建筑物 A 楼顶几乎无法分辨出柱子的个数以及楼顶弯曲的形状，但通过多尺度偏振成像透雾霾技术处理所得结果 [图 3.14(e)]，不但能够明显看到柱子，且数目亦可分辨，楼顶的弯曲形状也能够显而易见地呈现出来。图 3.14(d) 中原始雾霾光强图像中建筑物中楼顶文字内容无法辨别，甚至楼顶文字字数都无法确定，而经过多尺度偏振成像透雾霾技术处理之后 [图 3.14(f)]，楼顶文字字数可数，楼顶文字内容也可见。因此，多尺度偏振成像透雾霾处理算法能够有效提升场景图像质量。

(a)　　　　　　　　　　　　　　　　(b)

(c)　　　　　(d)　　　　　(e)　　　　　(f)

图 3.14　浓雾霾场景原始图像以及多尺度偏振成像透雾霾算法处理后所得效果图

此外，对浓雾霾天原始图像和经多尺度偏振成像透雾霾算法处理后图像中像素点光强进行测定。如图 3.15 所示，图(a)和图(b)分别为图 3.14 所示原始雾霾天气图像和处理后效果图水平方向第 180 行和第 100 行像素点强度分布。经过多尺度偏振成像透雾霾算法处理后在天空背景处的强度和原始浓雾霾强度图像的像素强度值基本相当，但是区域 A 中建筑物的强度却由 160 左右提高到 230 左右。在图 3.15(a)所示图像中，背景和目标的强度非常相近，难以分辨，但是经本节算法处理之后，像素点强度波动增加，说明图像的细节信息被增强，其目标与背景的对比度提升 2 倍以上。图 3.16 为图 3.15(a)与(b)两幅图像的灰度直方图，也能够更加直观地表征去雾霾前后图像特征的变化。由图中灰度分布情况明显可得，经算法处理后图像的灰度直方图分布不再只集中于某一部分，而是整体变宽，说明通过多尺度偏振成像透雾霾算法处理所得图像能够有效去除雾霾散射效果，提升对比度，展现了更多的图像细节信息。

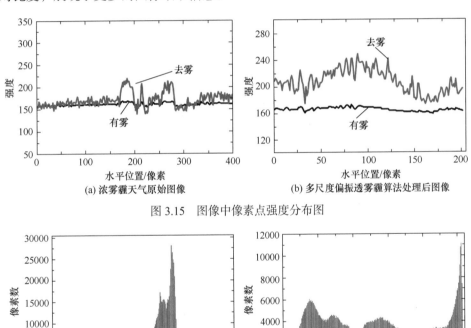

图 3.15　图像中像素点强度分布图

图 3.16　原始浓雾霾强度图像与去雾霾处理之后结果图的灰度直方图

　　浓雾霾场景 4 的强度图像和经多尺度偏振成像透雾霾算法处理之后的图像如图 3.17 所示。图 3.17(a)所示的浓雾霾天气条件下的原始强度图像中，远处的楼宇(>1km)甚至无法观察到，近处的景物[楼群(<400m)]也很难识别(如图中白框所示)。

具体来说，A 处建筑物被浓雾霾严重覆盖，虽然能够看到楼宇的大体轮廓，但是楼宇上详细信息(窗户、楼层等)难以分辨。而图 3.17(a)所示的区域 B 被雾霾遮盖，几乎完全无法看到此区域内有任何的建筑物所存在。这说明在浓雾霾的散射作用下，场景中的物体由于强烈散射，无法被探测器有效地记录。图 3.17(b)为经过多尺度偏振成像透雾霾处理算法处理之后的效果图，图像的整体对比度有一定的提升。且区域 A 中的楼宇轮廓明显增强，不但能够清晰看到楼宇的边缘轮廓，而且能够分辨楼层以及楼宇表面所存在的一些特殊形状。此外，区域 A 后面的两幢建筑物，在处理后的图像中，楼体轮廓以及楼层和玻璃都清晰可见。图 3.17 证明多尺度偏振成像透雾霾处理算法能够有效使场景中近处景物信息清晰可辨。

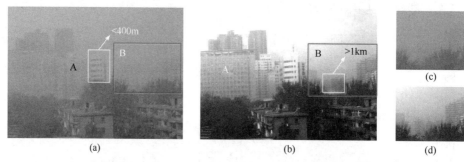

图 3.17　浓雾霾场景 4 的原始强度图像和经算法处理后图像的效果图

此外，我们再来研究场景中较远区域(区域 B)中的景物信息的恢复情况。在经过多尺度偏振成像透雾霾算法处理后的图像[图 3.17(b)]中，区域 B 出现了远处楼宇的轮廓以及数量信息。将图 3.17(a)和(b)中的区域 B 进行放大，如图 3.17(c)和(d)所示。在原始强度图像中完全看不到的楼宇在经多尺度偏振成像透雾霾算法处理后明显显现。对图 3.17(d)的观察可知，经过多尺度偏振成像透雾霾算法处理之后，对于图中所示楼宇逐渐清晰，而且该区域中楼宇的轮廓信息、数量信息也一目了然。其能够进一步证明多尺度偏振成像透雾霾算法的有效性和实用性。

通过对比浓雾场景 4 中垂直方向第 200 行像素点的强度曲线，如图 3.18 所示，可以看出经算法处理后图像强度值的变化更加剧烈，背景和物体之间的强度对比增大，说明处理后图像的细节信息增强、对比度得到有效提升。为了进一步验证该算法能够提高图像重建质量，对比浓雾霾场景 4 的原始强度图像和经多尺度偏振成像透雾霾算法处理后的图像灰度分布，如图 3.19 所示，经算法处理后的灰度分布扩展到整个灰度级，图像对比度增强，且细节信息明显增多，有效消除了雾霾的散射影响。

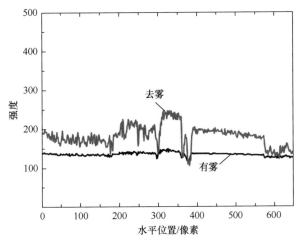

图 3.18　图 3.17(a)和(b)垂直方向第 200 行像素点的强度曲线

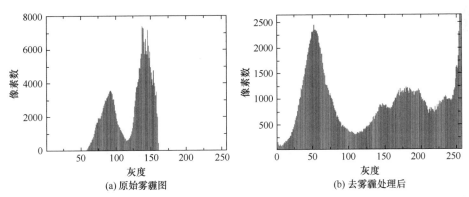

图 3.19　浓雾霾场景 4 的原始强度图像与算法处理后效果图的灰度直方图

3.6　基于偏振角特征参量估算的偏振去雾技术

偏振成像去雾方法的主要思想是利用大气杂散光(也称大气光)的偏振特性，估算大气光的强度特性，然后将这部分强度从雾霾图像中扣除，最后基于散射环境中的物理退化模型，对目标反射光(也称直接透射光)进行恢复和增强，达到良好的去雾效果。本节基于该偏振去雾的散射环境物理退化模型，介绍基于偏振度特征参量和偏振角特征参量估算的偏振去雾算法，并对该算法进行优化。

3.6.1　基于偏振角特征参量估算的偏振去雾算法描述

基于偏振角特征参量估算的偏振去雾算法，不需要先验知识就可以通过偏振角信息从雾霾图像中精确提取无穷远处大气光强信息，摆脱了天空区域的束缚。

算法的可靠性和实时性得到了增强，在马路监控和对地遥感等无天空区域的成像探测领域中具有一定的应用价值。

因假设大气光为部分线偏振光而直接透射光为非偏振光，在算法中不考虑圆偏振光的影响，即只考虑全斯托克斯矩阵的前三项——线斯托克斯矩阵，可表示为

$$S = \begin{bmatrix} S_0 \\ S_1 \\ S_2 \end{bmatrix} = \begin{bmatrix} I(0) + I(90) \\ I(0) - I(90) \\ 2I(45) - S_0 \end{bmatrix} \tag{3.85}$$

式中，$I(0)$、$I(45)$和$I(90)$分别表示经 $0°$、$45°$和 $90°$方向偏振片调制后拍摄的图像。根据式(2.74)可知，$\sqrt{S_1^2 + S_2^2}$ 表示入射光的线偏振分量，可以用I_p来表示。则偏振度可以改写成下式：

$$p = \frac{I_p}{I} \tag{3.86}$$

假设直接透射光对大气光偏振角的计算没有影响，可以得

$$p = \frac{I_p}{I} = \frac{A_p}{A + D} \leqslant \frac{A_p}{A} = p_A \tag{3.87}$$

式中，A_p表示大气光的线偏振分量，由于假设直接透射光为非偏振光，因此，I_p和A_p相等；D表示直接透射光强。式(3.87)中可以看出，直接透射光对大气光偏振度的计算是有很大影响的。因此，拍摄的图像中，必须有一部分区域是不包含直接透射光信息的，这部分区域即天空区域[12]。

根据式(3.85)，可以得到偏振角的表达式为

$$\psi = \frac{1}{2} \arctan\left(\frac{S_2}{S_1} \right) \tag{3.88}$$

从式(3.88)可以看出，偏振角只与偏振光部分有关，而与非偏振光无关。假设直接透射光对大气光偏振角的计算没有影响，即

$$\psi = \frac{1}{2} \arctan\left[\frac{S_2(x, y)}{S_1(x, y)} \right] = \frac{1}{2} \arctan\left(\frac{S_2^{\text{sky}}}{S_1^{\text{sky}}} \right) = \psi_A \tag{3.89}$$

由于直接透射光的影响，图像中偏振度特征参量不能准确地反映大气光的偏振特性，而偏振角特征参量则不受直接透射光的影响，即从目标区域计算得到的偏振角也是大气光偏振角，这就使偏振成像去雾算法摆脱天空区域成为可能[13]。

基于偏振角特征参量的偏振成像去雾算法主要分四步。首先，确定大气光的偏振角特征参量和偏振度特征参量。在计算中，由于相机量子噪声的影响和近处场景直接透射光不满足直接透射光对大气光偏振角的计算没有影响的假设，对整

幅图像的各像素点计算偏振角后，需要进一步地统计选择，选择出现概率最大的偏振角值，即为大气光偏振角 ψ_A。而根据大气光偏振角确定的这些像素点不包含直接透射光或对应的直接透射光为非偏振光，即大气光特征参数估算有效像素群。根据式(3.87)可知，图像各像素点计算得到的偏振度值总是小于或等于大气光偏振度。因此，大气光偏振度可以认为是该像素群计算的偏振度值最大值，即

$$p_A = \max\left(p\big|_{\psi_A}\right) \tag{3.90}$$

其次，根据大气光偏振角特征参量和偏振度特征参量估算大气光光强。如图 3.20 所示为大气光偏振角与偏振图像采集时的偏振片方向角之间的关系。其中，x 轴和 y 轴分别表示采集偏振图像时的 0° 和 90° 方向，E_A^p 表示大气光偏振部分的电场强度，其偏振方向由 ψ_A 决定。电场强度在 x 和 y 轴上的投影分别由 E_{Ax}^p 和 E_{Ay}^p 表示，其表达式可以表示为

$$\begin{cases} E_{Ax}^p = E_A^p \cos\psi_A \\ E_{Ay}^p = E_A^p \sin\psi_A \end{cases} \tag{3.91}$$

根据光强和电场强度的关系，可得

$$A_p^x = A_p \cos^2\psi_A \tag{3.92}$$

$$A_p^y = A_p \sin^2\psi_A \tag{3.93}$$

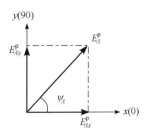

图 3.20　大气光偏振角与偏振图像采集时的偏振片方向角之间的关系

式中，A_p^x 和 A_p^y 分别是 x 和 y 方向的大气光强分量。同时，在 x 和 y 方向采集的图像强度分别是 $I(0)$ 和 $I(90)$，可以分别得到 A_p^x 和 A_p^y 的表达式：

$$A_p^x = I(0) - S_0(1-p)/2 \tag{3.94}$$

$$A_p^x = I(90) - S_0(1-p)/2 \tag{3.95}$$

分别结合式(3.92)和式(3.94)、式(3.93)和式(3.94)，可以得

$$\begin{cases} A_p = \dfrac{I(0) - S_0(1-p)/2}{\cos^2\psi_A}, & \psi_A < 45° \tag{3.96} \end{cases}$$

$$\begin{cases} A_p = \dfrac{I(90) - S_0(1-p)/2}{\sin^2\psi_A}, & \psi_A \geqslant 45° \tag{3.97} \end{cases}$$

从式(3.96)与式(3.97)中可以看出，大气光偏振分量可以由 $I(0)$ 和 $I(90)$ 分别单独得到。在实际计算中，在分母接近于 0 的情况下会引入很大的误差[14]。因此，

考虑到 ψ_A 对计算结果的影响，当 $\psi_A < 45°$ 时，用式(3.96)计算；当 $\psi_A \geqslant 45°$ 时，用式(3.97)计算。根据式(3.90)和式(3.96)，可以得到大气光强的表达式为

$$A = \frac{A_p}{p_A}$$

再次，在没有天空区域的情况下估算无穷远处大气光强。可以得

$$I = A_\infty + (L - A_\infty)t(d) \tag{3.98}$$

式中，A_∞ 表示无穷远处的大气光强；$t(d)$ 表示传输系数，d 表示传输距离；L 是未经衰减的目标反射光强，即去雾后需要得到的光强。当 $d \to \infty$ 时，$t \to 0$。在这种情况下，式(3.98)变成 $I = A_\infty$，这就是估算无穷远处大气光强需要天空区域的原因，通常认为这是估算无穷远处大气光强的唯一手段。但是，从式(3.98)中可以看出，当 $L = A_\infty$ 时，式(3.98)也可以变成 $I = A_\infty$。因此，在估算无穷远处大气光强时，可以从雾霾图像中寻找和其强度相当的像素点位置，该像素点对应的光强就可以认为是无穷远处大气光强。式(3.98)是对总光强进行的分解，同样，对于采集的三幅偏振图像都可以拆解成该形式。以 $I(0)$ 为例，与式(3.98)类似，将 $I(0)$ 的大气光改写成偏振部分和非偏振部分，同时直接认为透射光是非偏振光，则可得

$$I(0) = p_A A_\infty \cos^2 \psi_A + \frac{1 - p_A}{2} A_\infty + \left[\frac{L}{2} - \left(p_A A_\infty \cos^2 \psi_A + \frac{1 - p_A}{2} A_\infty \right) \right] t(d)$$

$$\tag{3.99}$$

假设图像中所有的像素点均满足 $t \to 0$，即假设所有的像素点都满足无穷远处大气光强入射条件，则式(3.99)右边第二项为 0，此时可以得到无穷远处大气光强的表达式为

$$A_{m\infty} = \frac{2I(0)}{1 + p_A \cos^2 \psi_A} \tag{3.100}$$

注意，实际上图像中绝大部分的像素点不满足该假设条件，因此，式(3.100)中计算得到的无穷远处大气光强用 $A_{m\infty}$ 表示，用来区分其和最终计算得到的无穷远处大气光强。同时，根据式(3.98)可知，满足该假设条件的像素点有 $I = A_\infty$ 的关系。此时，将式(3.100)得到的无穷远处大气光强与 I 进行比较，最接近的像素点认为是假设成立的像素点，其对应的光强即为无穷远处大气光强。定义一个矩阵 η 为 $A_{m\infty}$ 和 I 的比值：

$$\eta(x, y) = \frac{A_{m\infty}(x, y)}{I(x, y)} \tag{3.101}$$

为了减小计算量，在估算无穷远处大气光强时，选择大气光偏振角特征参量计算时得到的像素群对应的光强来计算。判断最接近于 1 的 $\eta(x_0, y_0)$，则像素位置 (x_0, y_0) 可认为是无穷远处大气光强位置，该位置对应的 $A_{m\infty}$ 即为无穷远处大气光强。最后，在估算得到了大气光强和无穷远处大气光强后，根据式(3.102)可以计算得到最终的去雾图像[15]：

$$L = \frac{I - A}{1 - A/A_\infty} \tag{3.102}$$

对彩色雾霾图像的进行偏振去雾处理，图 3.21 所示为一组雾霾图像，其中图(a)~图(c)分别是偏振片透光轴方向为 0°、45° 和 90° 时采集的图像。

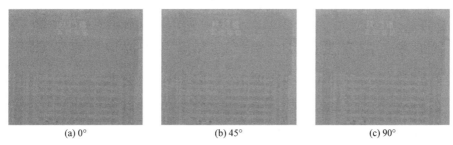

(a) 0° 　　　　　　　　(b) 45° 　　　　　　　　(c) 90°

图 3.21　采集的雾霾图像

在图 3.21 所示的原始雾霾图像中，由于受到雾霾颗粒散射的影响，可以认为直接透射光是非偏振的。也就是说虽然图像中的天空区域很少，但是由雾霾图像中各像素点计算得到的偏振角信息理论上都接近于大气光偏振角。将各像素点计算得到的偏振角信息进行统计，得到了偏振角的概率分布曲线，如图 3.22 所示。从图中可以看出，图中标注的偏振角值的概率分布达 20%，该偏振角即为大气光偏振角。其余偏振角的概率分布是随机的，主要是由于相机量子噪声引起的[16]。

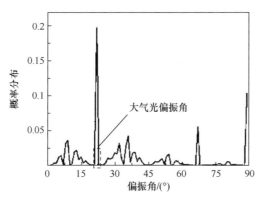

图 3.22　偏振角的概率分布图

在得到大气光偏振角信息之后，就可以进行偏振去雾处理。一般而言，彩色图像的颜色信息由红绿蓝(RGB)三个通道的灰度来表征，三个通道分别代表了由三组不同中心波长的滤波片滤波之后彩色相机得到的三组灰度图像。由米氏散射模型可知，光波经由雾霾颗粒散射之后，其散射特性与波长有关，而散射光的偏振特性同样依赖于波长。这就意味着彩色图像三个通道灰度图像的偏振特性是不同的，因此，在去雾处理过程中，采用了 RGB 三通道单独去雾，而后重组成彩色图像的方式。RGB 三个通道中，B 通道由于波长最短，所以受到雾霾颗粒的散射作用最强，即大气光强最大；相反，R 通道则受雾霾颗粒的散射作用最弱，即大气光强最小。因此，在去雾处理过程中，RGB 三个通道扣除的大气光强不同，导致了各通道分别去雾后组合而成的彩色图像颜色失真严重，一般而言，直接组合而成的彩色图像都会偏红。由于去雾技术的应用环境是随机的，所以不同场景会有不同的颜色分布，经过大量的实验尝试，发现一般清晰的自然场景下，统计得到的规律是图像 RGB 三个通道灰度均值相近。利用这一特点，首先得到去雾后的 RGB 三个通道灰度均值的平均值；然后将各通道灰度均值与得到的平均值进行相除，得到各通道的偏置系数；最后对各通道每个像素点乘以各通道的偏置系数。该操作可以称为去雾白平衡操作。由处理过的 RGB 三个通道重组成的彩色去雾图像就可以很大程度地保留原场景的颜色信息，消除颜色失真的缺陷。图 3.23 所示为去雾效果图。从图中可以看出，图像的对比度得到了极大的提高；同时，颜色保真度较高，没有出现很严重的颜色失真。

图 3.23　基于偏振角特征参量的去雾效果图

同样，对原始雾霾图像和去雾效果图的灰度直方图进行了比较，如图 3.24 所示，其中图(a)表示原始雾霾图像的灰度直方图分布，图(b)表示去雾效果图的灰度直方图分布。从图 3.21 可以发现，不同偏振图像之间的差异微乎其微，所以可以认为单幅的偏振图像即为原始雾霾图像，以方便比较。由图 3.24(a)可以看出，雾霾图像的灰度基本上集中于一个窄的灰度带，表明图像中包含的灰度信息很少，对比度很差，如图 3.21(a)所示；而由 3.24(b)可以看出，去雾后的图像灰度直方图分布要宽很多，表明图像中很多低对比度的细节信息被恢复，图像整体对比度得到了大幅度的提高，如图 3.23 所示。由此可见，基于偏振角特征参量的偏振去雾算法能够大幅度提升雾霾图像的对比度。

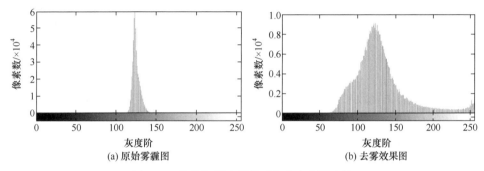

(a) 原始雾霾图　　　　　　(b) 去雾效果图

图 3.24　简单场景去雾前后灰度直方图比较

进一步地，对图像的颜色信息分布进行分析和比较。图 3.25 为图像 RGB 三个通道的强度分布图，图(a)表示原始雾霾图像的颜色分布图，图(b)表示去雾效果图的颜色分布图。与图 3.24 类似，原始雾霾图像的颜色分布单一，表明雾霾图像的颜色信息很少；而去雾效果图的颜色分布被极大地拉开，表明去雾后的图像颜色更鲜艳，包含的信息量更大。图 3.24 和图 3.25 都可以从客观上定性地描述偏振成像去雾算法对成像质量改善的效果。

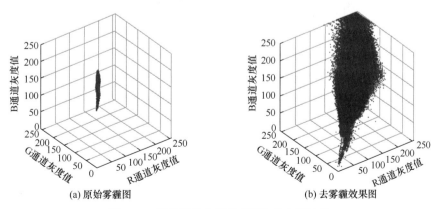

(a) 原始雾霾图　　　　　　(b) 去雾霾效果图

图 3.25　简单场景去雾前后颜色分布图比较

图 3.21 所示的目标比较单一，为了验证多尺度偏振成像去雾算法对复杂场景的处理能力，采集了如图 3.26 所示的雾霾图像。图 3.26 中，图(a)~图(c)分别是偏振片透光轴方向为 0°、45°和 90°时采集的图像。从图中可以看出，该场景的景深较深，颜色信息也较丰富。由于雾霾颗粒散射的影响，远处的建筑物目标几乎不可见，同时整幅图像也由于雾霾颗粒散射的影响偏色严重。

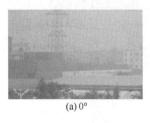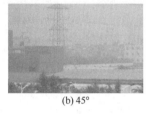

(a) 0°　　　　　　　　　(b) 45°　　　　　　　　　(c) 90°

图 3.26　复杂场景的雾霾图像

图 3.27 为去雾效果图。可以看到，去雾效果图中远处建筑物目标的轮廓和细节分辨能力相比雾霾图像得到了大幅度提升；同时，经去雾白平衡处理后的整幅图像颜色得到了较好的恢复。

图 3.27　去雾效果图

通过比较灰度直方图和颜色分布图，评价去雾效果图的图像恢复能力。灰度直方图的比较如图 3.28 所示，其中图(a)和图(b)分别表示原始雾霾图像和去雾效果图的灰度直方图分布；颜色分布图的比较如图 3.29 所示，其中图(a)和图(b)分别表示原始雾霾图像和去雾效果图的颜色分布。从图 3.28 所示的灰度直方图的比较可以看出，去雾效果图的灰度直方图拉伸到整个 0~255 区间，并且分布较均匀，这是由复杂场景图像中灰度分布较平均决定的；而原始雾霾图像的灰度直方图集中于一个带宽中，这是由雾霾颗粒散射的大气光灰度分布规律决定的。由此可见，基于偏振角特征参量的偏振成像去雾算法可有效地去除大气光对成像质量的影响。

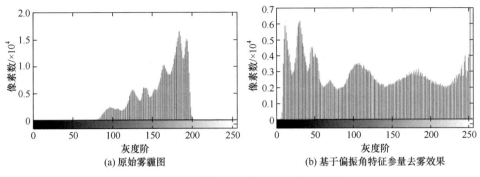

(a) 原始雾霾图　　　　　　　　　　　(b) 基于偏振角特征参量去雾效果

图 3.28　复杂场景去雾前后灰度直方图比较

颜色分布图同样可以从客观上评价去雾效果。从图 3.29 颜色分布图的比较中可以看出，去雾效果图中的颜色信息更加丰富。将图 3.29(b)与图 3.25(b)进行比较可以发现，复杂场景的图像颜色分布比单一场景的图像颜色分布更广。这也从侧面反映出了去雾白平衡操作在对复杂场景的去雾效果图的颜色恢复上具有更好的效果。

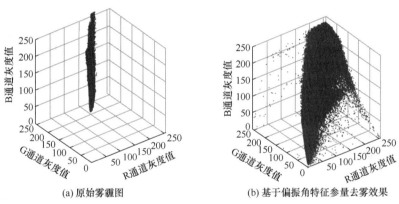

(a) 原始雾霾图　　　　　　　　　　　(b) 基于偏振角特征参量去雾效果

图 3.29　复杂场景去雾前后颜色分布图比较

基于偏振角特征参量的偏振成像去雾算法还有一个特点是可以对无天空背景的雾霾图像进行偏振去雾处理。实验中，采集了一组无天空背景的雾霾图像，如图 3.20 所示，图(a)~图(c)分别是偏振片透光轴方向为 0°、45°和 90°时采集的图像。

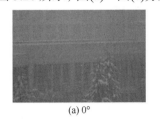

(a) 0°　　　　　　　　　　　(b) 45°　　　　　　　　　　　(c) 90°

图 3.30　无天空区域的雾霾图像

雾霾图像中没有天空区域可供选择，因此，根据算法从图像有目标的像素点进行自动判断和提取大气光的偏振特性，同样可以达到去雾效果，如图 3.31 所示。从去雾效果图中可以看出，图像的对比度相比原始雾霾图像得到了有效提高，并且图像中所呈现的场景自然，没有出现由大气光特征参数判断错误导致的图像失真。

图 3.31　无天空区域的偏振成像去雾效果图

为了进一步验证该算法在无天空区域的前提下对大气光偏振特性判断的准确性，又采集了一组包含天空区域的同一场景，其原始雾霾图像和去雾效果图如图 3.32 所示，其中图(a)表示原始雾霾图，图(b)表示去雾效果图。

(a) 原始雾霾图　　　　　　　　　　　　　　(b) 去雾效果图

图 3.32　包含天空区域的同一场景图像

图 3.30 和图 3.32 为同一场景，只是后者图像上部包含了一些天空区域。在偏振去雾处理过程中，从天空背景直接出估算大气光偏振参数，并用于去雾处理。图 3.32(b)所示的去雾效果图与图 3.31 的效果一致，说明了从不含天空区域的雾霾图像中，利用基于偏振角特征参量的偏振光学去雾算法，可以准确地提取大气光的偏振信息。

图 3.33 对不同场景、不同雾霾浓度及不同时间的雾霾图像进行了去雾处理，均得到了良好的去雾效果。

(a) 原始雾霾图　　　　　　　　　　　　　　(b) 去雾效果图

图 3.33　不同雾霾环境下的偏振成像去雾效果图

　　在浓雾环境下，图像呈单一色调且物体的细节难以分辨。而利用基于偏振角特征参量的偏振光学去雾算法对图像进行处理，整幅图的色彩得到了恢复，图像的对比度和可获取的细节信息均得到提升。总之，基于偏振角特征参量的偏振光学去雾算法不需要先验知识就可以提取无穷远处大气光强信息，摆脱了传统算法的局限性，使去雾效果进一步提升。

3.6.2 基于偏振角估算优化方法

随着光学技术的发展，胶卷式光学相机逐渐淡出了人们的视野，取而代之的是数码相机。数码相机成像快、质量高、易于复制和保存，极大地方便和丰富了人们的生活。同样，在科学研究中，数码相机也得到了非常广泛的使用。数码相机保存的是数字图像，即用离散的灰度代表像素的强度，如常用的相机一般是 8位数据存储，即 0~255，共计 256 个灰度。光学探测器的记录过程中，光敏面接收入射光后，生成电子并被计数器存储并转化为灰度。这期间由于探测器本身量子噪声的影响，最后转化的灰度与实际值将产生小的误差(该误差的大小与探测器自身特性和相机电子学降噪设计等很多因素有关)。该误差在普通成像应用时可忽略不计，但是在偏振成像中，则会对计算结果产生非常大的影响，因为偏振参数都是由几幅图像对应像素点的灰度计算得到的[17]。

针对偏振成像去雾算法，采用邻域平均滤波的降噪方法抑制图像噪声，以提高大气光偏振参数的计算精确度。以天空区域图像来说明邻域平均滤波方法在大气光偏振角计算中的作用，原始强度图像如图 3.34 所示，图(a)~图(c)分别是偏振片透光轴方向为 0°、45° 和 90° 时采集的图像。从图像中可以看出，各偏振方向的强度图像分布很均匀，主观上看不出噪声对强度图像的影响。另外，镜头的渐晕现象也可以明显看出，表现为图像中间相比边缘位置的强度大。

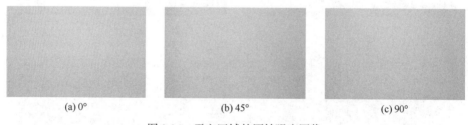

| (a) 0° | (b) 45° | (c) 90° |

图 3.34　天空区域的原始强度图像

然而，从图像灰度显示中可以明显看出量子噪声的影响，如图 3.35 所示，提取了图 3.34(a)中心区域 11×11 个像素点的灰度。由于提取的区域范围很小，同时这个区域中没有其他场景的干扰，可以认为这些像素点的灰度应该相等。但是，从图中的数值可以看出，这些像素点的灰度均在 205 上下波动，这就是由相机的量子噪声引起的。

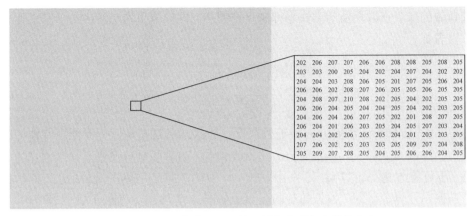

图 3.35 天空图像中 11×11 的区域像素群灰度数值分布

图 3.34 中的图像各像素点对应的偏振角值，其分布如图 3.36 所示。从图中可以明显看出计算的偏振角被很大的噪声所干扰，一是因为三角函数本身就受误差影响很大；二是因为 S_2 位于分母的位置，当 S_2 很小时，误差会带来很大的影响。而大气光的偏振特性实际上是比较小的，因此，S_2 较小，带来的误差就较大。

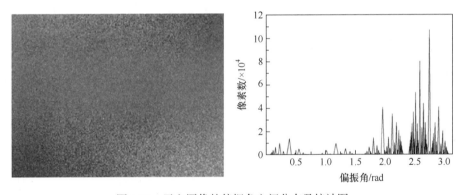

图 3.36 天空图像的偏振角空间分布及统计图

将图 3.36 中计算得到的偏振角进行统计分析，得到如图 3.37 所示的图像所有像素点偏振角统计图。由于数字图像的灰度都是离散的整数，因此，计算的偏振角也都是离散值。从图中可以看出，偏振角 2.74rad(157°) 是峰值，也是算法中选取的大气光偏振角值。但是，在该偏振角值附近并没有形成稳定的分布，这就说明偏振角的计算受量子噪声的影响很大，直接计算得到的偏振角值很可能不够精确，而这会导致进一步依赖偏振角计算得到的其他参数不准确，最终影响去雾效果。

量子噪声是随机的，不仅指同一个像素点在多次拍摄时的噪声是随机的，而且指不同的像素点在单次拍摄时噪声是随机的。因此，根据该事实，可以依靠周

围邻域的像素点取均值的方法来抑制量子噪声，即局域平均滤波法[18]。其表达式
可以表示为

$$I(x,y) = \frac{\sum\limits_{i,j=-N}^{N} I(x+i,y+j)}{(2N+1)^2} \qquad N=1,2\cdots \qquad (3.103)$$

其中，$I(x,y)$ 表示像素点 (x,y) 处的灰度；N 表示邻域范围。为了能更好地抑制
噪声，应将 N 选择大一些；而为了使该像素点不过多受其他像素点强度信息的干
扰，不可将 N 选择得过大。本书中取 $N=3$。对图 3.34 的三幅图进行处理，而后进
行偏振角计算，得到的偏振角空间分布图如图 3.37 所示。将图 3.37 与图 3.36 进
行比较可以发现，图片中间区域的偏振角值噪声被抑制了很多，图像中偏振角的
分布也更加均匀。

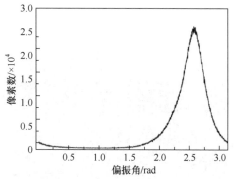

图 3.37　优化后计算得到的偏振角空间分布及统计图

将图 3.37 中计算得到的偏振角进行统计分析，得到图像所有像素点偏振角统
计图。从图中可以看出，优化后的偏振角概率具有一定的分布特征，此时的偏振
角值为 2.61rad(149.5°)，与图 3.36 得到的偏振角值有微小的差别。由于图 3.36 得
到的是离散的整数计算出的偏振角值，而图 3.37 得到的是连续数字计算出的偏振
角值，因此，可以反映出经过优化后所得到的偏振角值更准确。

3.7　基于可见光与近红外融合的偏振去雾方法研究

偏振成像透雾算法可以有效地提高雾霾图像的成像对比度和视距，具有非常
重要的实用价值。但是，目前报道的偏振成像去雾算法主要工作在可见光波段，
而可见光的透雾能力从根本上限制了算法的去雾能力。相比之下，近红外光的透
雾能力更强，因此，结合近红外光的偏振成像去雾算法将具有更强的透雾成像能力。

3.7.1　融合去雾方法简介

可见光与近红外融合去雾技术是由瑞士计算机与通信科学学院的 Schaul 等首先提出的。提出的融合去雾算法分为两步，首先，将获得的可见光与近红外图像用加权最小二乘优化框架进行分解；然后，对分解的细节图像进行分层融合。将融合的分层图像再叠加成一幅图像即可以得到去雾图像[19]。去雾效果如图 3.38 所示，图中从上到下的三幅图像分别是可见光原始雾霾图、近红外原始雾霾图及融合后的去雾图像。从图中可以看出，原始图像中的可见光雾霾图对比度和能见度都比近红外图像要差。同时，从融合后的彩色图与可见光雾霾图的对比中可以明显看出场景轮廓清晰、成像对比度高。

图 3.38　融合去雾算法的去雾效果

实际上，由于红外光的透雾能力更强，近红外图像在不经过任何处理的情况下，对比度和视距就好于可见光图像。也就是说，单从去雾来讲，不需要进行融合处理。然而，可见光图像的最大优势在于其与人眼的感应波段相同，而彩色图像更利于人们观察。所以，融合去雾方法后来的发展方向转向了两个方面：①将近红外图像的细节信息最大程度地保留；②将可见光图像的颜色信息最大程度地保留。图 3.39 是一组融合去雾实验结果，其中图(a)～图(d)分别是近红外原始雾霾图像、可见光原始雾霾图像、融合去雾效果图和近红外原始图像直接进行彩色处理的效果图。从图 3.39(c)中方框所示细节可以看出，图像融合效果的细节信息更丰富，更适于观察。

图 3.39　基于颜色恢复的融合去雾效果图

　　融合去雾技术近年来得到了快速的发展和应用，但是，其存在一个很大的缺陷，即不能对浓雾霾进行有效的去雾处理。因为，在融合去雾算法中，图像细节信息恢复主要依赖于近红外图像，而浓雾霾情况下，近红外图像的信息也会受到极大衰减，从而使算法失效。而在浓雾霾条件下，偏振成像去雾技术则可以有效地提高图像对比度和视距。因此，研究可见光与近红外融合的偏振去雾方法可以很好地综合偏振成像去雾技术和融合去雾技术的各自优势，进一步提高图像的成像对比度和视距，从而进一步改善图像质量。

3.7.2　可见光与近红外融合的偏振去雾方法研究

　　本节提出的可见光与近红外融合的偏振去雾算法主要分为两步：第一步，分别对可见光图像和近红外图像进行偏振去雾处理，得到可见光去雾效果图和近红外去雾效果图；第二步，将两幅去雾效果图用多尺度方向性非局域平均滤波算法进行分层图像融合，最终得到融合去雾效果图。其中，第一步的偏振成像去雾算法使用的是本节提出的基于偏振角特征参量优化的偏振成像去雾算法[20]。这里，主要介绍一下融合算法的设计。

多尺度方向性非局域平均滤波算法是一种优化的轮廓波变换融合技术，非常适合于近红外图像与可见光图像的融合。对图像分层主要包含两步，首先将一幅图像分解为细节子带；然后对每个细节子带图像分解为方向性子带。

这样，融合过程即可分解为：先将各组对应的方向性子带进行融合；再将融合后的细节子带融合；然后与图像低频带融合，最终获得融合后的去雾效果图像。原理图如图 3.40 所示。

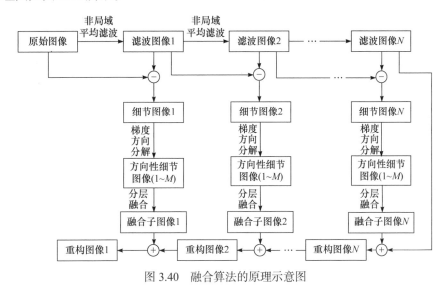

图 3.40　融合算法的原理示意图

采用非局域平均滤波器对图像进行细节子带分解。定义图像 u 的表达式：

$$u = \{u(x) | \ x \in I\} \tag{3.104}$$

式中，I 表示图像离散网格点。则非局域平均滤波器可以表示为

$$u(x) = \sum_{y \in I} \omega(x, y) u(y) \tag{3.105}$$

式中，

$$\omega(x, y) = \frac{1}{Z(x)} \exp\left[-\left\| u(N_x) - u(N_y) \right\|_{2,\alpha}^2 / k^2 \right] \tag{3.106}$$

$$u(N_x) = \{u(y) | \ y \in N_x\} \tag{3.107}$$

从式(3.107)中可知，N_x 指的是以像素点 x 为中心的图像小块。同理，N_y 指的是以像素点 y 为中心的图像小块。式(3.106)中，$u(N_x)$ 和 $u(N_y)$ 的相似性决定了像素点 x 和 y 的相似性。$Z(x)$ 是归一化系数，可以表示为

$$Z(x) = \sum_y \exp\left[-\left\|u(N_x) - u(N_y)\right\|_{2,\alpha}^2 / k^2\right] \tag{3.108}$$

式中，$\exp\left[-\left\|u(N_x) - u(N_y)\right\|_{2,\alpha}^2 / k^2\right]$ 指的是空间高斯方程，k 用来控制方程的衰减速度；α 表示高斯方程的标准差；$\| x \|_p$ 表示 x 的范数，表示为

$$\| x \|_p = \sqrt[p]{\sum_{i=1}^{n}|x_i|^2} \tag{3.109}$$

由式(3.109)可知，$\left\|u(N_x) - u(N_y)\right\|_{2,\alpha}^2$ 实际上指的是两小块间的欧氏距离。

根据式(3.105)可得到图像。$u^s(x)$ 的滤波后的图像，即 $u^{s+1}(x)$，s 表示第 s 级分解。这里，将多次滤波的非局域平均滤波器称为多尺度非局域平均滤波器，定义为

$$u^{s+1}(x) = \sum_{y\in I^*} \omega^s(x,y)u^s(y) \tag{3.110}$$

$$\omega^s(x,y) = \frac{1}{Z^s(x)}\exp\left[-\left\|u^s(N_x) - u^s(N_y)\right\|_{2,\alpha}^2 / k^2\right] \tag{3.111}$$

$$Z^s(x) = \sum_y \exp\left[-\left\|u^s(N_x) - u^s(N_y)\right\|_{2,\alpha}^2 / k^2\right] \tag{3.112}$$

$$u^1(x) = \sum_{y\in I} \omega(x,y)u(y) \tag{3.113}$$

细节子带可以表示为

$$D^{s+1} = u^s - u^{s+1} \tag{3.114}$$

$$D^1 = u - u^1 \tag{3.115}$$

根据式(3.114)和式(3.115)就可以把原图像分为 s 级细节子带。

进一步，采用非下采样方向滤波器组对子带进行方向性分解。众所周知，对一幅图像进行傅里叶变换可以得到该图像的空间频域分布。在该分布中，位于图像中心的是低频部分，表征图像的基本灰度等级;向外扩展的是中频和高频信息，表征图像的结构、轮廓和细节信息。而 Cunha 等进一步将中频和高频信息分解，开发了一种非下采样轮廓波变换算法。该算法认为虽然中频和高频信息代表细节信息，但是对于不同方向的高频信息代表的信息是有差异的，而且越高频的信息，方向性代表的信息差异越大[21]。因此，在进行图像分解时，该算法考虑了图像的方向性，如图 3.41 所示。图 3.41(a)中，首先将图像的空间频域分成三个层次，即

低频区、中频区和高频区。低频区不含有图像的细节信息，因此不需要进行方向性分解；中频区按照方向性分解成 8 个方向区块；高频区包含的细节信息更丰富，按照方向性分解成 16 个方向区块。这样，整体频域的方向性分解区域如图 3.41(b) 所示。

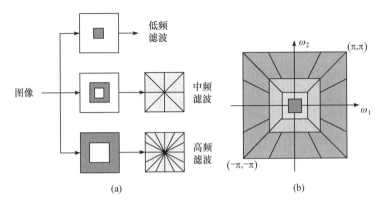

图 3.41　对图像空间频域进行方向性分解

图像进行分区后，需要构建方向滤波器组来对图像进行滤波。由于方向性构造时的特殊性，方向滤波器组采用扇形滤波器组。因此，可得到方向性子带为

$$\left\{ C^{s,d}(x) \middle| 1 \leqslant s < S, d = 1, 2, \cdots, 2^{K} \right\} = u^{s} * \mathrm{DF}_{d} \tag{3.116}$$

式中，d 表示方向数，$K=4$；DF_{d} 是扇形滤波器组；$C^{s,d}(x)$ 即表示第 s 尺度、第 d 方向的方向性子带。

得到方向性子带后，对两图像的对应子带进行融合，最后由该滤波算法的逆运算进行图像重构，得到最终的去雾效果图[22]。

3.7.3　偏振去雾实验研究

实验中，采用硅基探测器进行可见光图像和近红外图像的采集。通常而言，硅基探测器可以响应可见光波段(400～700nm)，同时也可以响应部分的近红外波段(700～1100nm)。用硅基探测器的好处是其分辨率高，且和同分辨率的可见光图像进行融合时，省去了图像匹配的复杂步骤。另外，硅基探测器比铟镓砷近红外探测器更成熟，性价比更高。目前，报道的融合去雾算法都是基于硅基探测器实现的。由单个硅基探测器同时采集可见光和近红外图像的成像系统也已出现，为偏振去雾应用奠定了基础。

实验中采用了成熟的工业相机，选择一个彩色探测器作为可见光图像的采集设备，选择同一型号的灰度探测器作为近红外图像的采集设备。实验中，将灰度探测器的热玻璃去除，换成带通滤波片(700～1100nm)，以采集近红外图像。

　　本方法重点研究偏振成像去雾算法在浓雾霾环境中的视距能力。因此，本实验的数据也是在浓雾霾条件下采集的。可见光原始图像和近红外原始图像分别由图 3.42 和 3.43 所示，两图中的图(a)～图(c)分别是偏振片透光轴方向为 0°、45°和90°时采集的图像。从图 3.42 所示的可见光图像中，可以看出图像大部分的细节信息都不可见，只能看到图像最下方的近处场景。从图 3.43 所示的近红外图像中，可以看到图像远处场景的轮廓和结构。从两图的对比来看，近红外波段的成像质量比可见光成像质量更高。但由于雾霾的浓度很高，近红外图像的质量也不高。

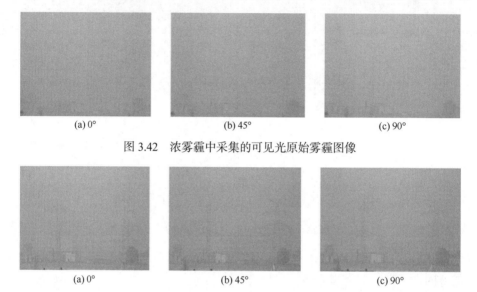

(a) 0°　　　　　　　　　　(b) 45°　　　　　　　　　　(c) 90°

图 3.42　浓雾霾中采集的可见光原始雾霾图像

(a) 0°　　　　　　　　　　(b) 45°　　　　　　　　　　(c) 90°

图 3.43　浓雾霾中采集的近红外原始雾霾图像

　　此时，对图 3.42 和图 3.43 直接进行融合，可以获得融合去雾效果图。但是从两原始图像的细节信息可大致预见融合效果图的质量。以图 3.42(a)与图 3.43(a)作为目标图像进行融合，得到的融合去雾效果图如图 3.44 所示。从图中可以看出，

图 3.44　直接融合去雾效果图

其去雾效果较差，这也反映出融合去雾技术只能应用于轻雾霾情况下。

可见光彩色图像包含了 RGB 三个频段的信息，而近红外图像则只包含了灰度信息。因此，在融合的过程中，需要保证对灰度图像的信息进行融合，同时保留彩色图像的颜色信息。首先，要把彩色图像的 RGB 空间转换成 HSV 空间。HSV 空间表示色相(Huo)、饱和度(Saturation)和亮度(Value)。这个转换实际上是将彩色图像的颜色信息(色相、饱和度)和灰度信息(亮度)分离。转换表达式为

$$h = \begin{cases} \text{未定义}, \max(R,G,B) = \min(R,G,B) \\ 60^\circ \times \dfrac{G-B}{\max(R,G,B) - \min(R,G,B)}, \quad \max(R,G,B) = R, G \geqslant B \\ 60^\circ \times \dfrac{G-B}{\max(R,G,B) - \min(R,G,B)} + 360^\circ, \quad \max(R,G,B) = R, G < B \\ 60^\circ \times \dfrac{G-B}{\max(R,G,B) - \min(R,G,B)} + 120^\circ, \quad \max(R,G,B) = G \\ 60^\circ \times \dfrac{G-B}{\max(R,G,B) - \min(R,G,B)} + 240^\circ, \quad \max(R,G,B) = B \end{cases} \tag{3.117}$$

$$s = \begin{cases} 0, \quad \max(R,G,B) = 0 \\ 1 - \dfrac{\min(R,G,B)}{\max(R,G,B)}, \quad \text{其他} \end{cases} \tag{3.118}$$

$$v = \max(R,G,B) \tag{3.119}$$

然后，用彩色信息 HSV 空间的 v 分量与近红外灰度图像进行分层融合，重构出新的 v 分量，记作 v'。最后，将 HSV 空间再转换到 RGB 空间，即获得了融合彩色图像。

$$\begin{cases} h_i = \left\lfloor \dfrac{h}{60} \right\rfloor \bmod 6 \\ f = \dfrac{h}{60} - h_i \\ p = v'(1-s) \\ q = v'(1-fs) \\ t = v'[1-(1-f)s] \end{cases} \tag{3.120}$$

$$(R,G,B) = \begin{cases} (v',t,p), & \text{若} h_i = 0 \\ (q,v',p), & \text{若} h_i = 1 \\ (p,v',t), & \text{若} h_i = 2 \\ (p,q,v'), & \text{若} h_i = 3 \\ (t,p,v'), & \text{若} h_i = 4 \\ (v',p,q), & \text{若} h_i = 5 \end{cases} \tag{3.121}$$

式中，式(3.120)中"$\lfloor \ \rfloor$"符号表示向下取整。

因此，提出两步法的可见光与近红外融合的偏振成像去雾算法。

第一步，对图 3.42 所示可见光雾霾图像和图 3.43 所示近红外雾霾图像分别进行偏振去雾处理。可见光和近红外的去雾效果图分别如图 3.45(a)和(b)所示。对比图 3.45(a)和图 3.42，可以看出去雾效果比较明显，雾霾图像中看不到的塔架和后面的建筑物轮廓在去雾效果图中可被观察到，但由于雾霾的浓度很高，依靠偏振成像去雾算法，几乎不能再进一步提升图像质量。而对于近红外而言，直接透射光受到的衰减影响较小，从图 3.45(b)中可以看出，去雾效果图中的场景细节信息都可以清楚地展现。其与图 3.45(a)相比，体现了近红外光更强的穿透烟雾能力；与图 3.43 相比，体现了偏振成像去雾算法优越的去雾能力。

(a) 可见光去雾效果图　　　　　　(b) 近红外去雾效果图　　　　　　　(c) 融合效果图

图 3.45　去雾效果图

第二步，将图 3.45(a)和(b)作为目标图像进行分层融合处理，得到融合去雾效果图，如图 3.46 所示。

用灰度直方图来分析图像在去雾过程的灰度分布情况。可见光雾霾图[图 3.42(a)]、近红外雾霾图[图 3.43(a)]、直接融合效果图(图 3.44)、可见光去雾效果图[图 3.45(a)]、近红外去雾效果图[图 3.45(b)]和偏振融合效果图[图 3.45(c)]的灰度直方图如图 3.46(a)~(f)所示。图(a)和图(b)相比，近红外原始图像的灰度分布稍微宽一点，表明了图像具有更大的对比度，而图(c)的分布和图(a)、图(b)很接近，说明了直接融合效果图的图像对比度实际上没有很大的改变；而经过偏振处理后，图(d)、图(e)和图(f)的灰度阶分布被拉开，表明了偏振成像去雾算法对图像成像对比度的提升能力。六幅图中，图(f)的灰度阶峰值的像素数最少，说明了图像灰度分布更均匀，即整体效果最好。这里需要注意的是，单就细节方面来说，近红外去雾效果图更好，但是偏振融合效果图中的彩色信息是近红外图中所欠缺的，因此，就整体效果而言，偏振融合效果图的成像质量是最高的。

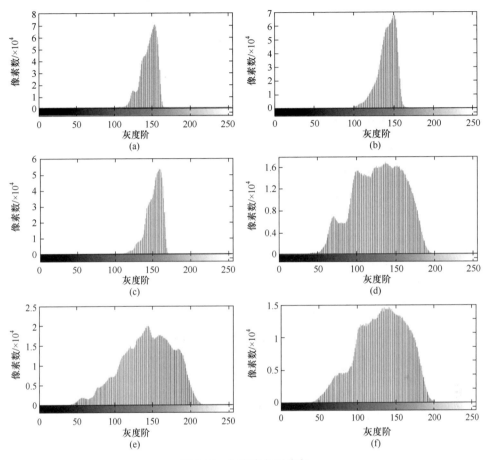

图 3.46　灰度直方图分布

　　上述实验中选取的场景离探测器太远，颜色信息受雾霾的衰减较大，从实验结果中并没有有效地体现出颜色信息对成像质量的影响。为此，选取了一个颜色信息较多、景深较长的场景进行了一组实验。可见光原始雾霾图和近红外原始雾霾图分别由图 3.47 和图 3.48 所示，其中图(a)～(c)分别是偏振片透光轴方向为 0°、45° 和 90° 时采集的图像。

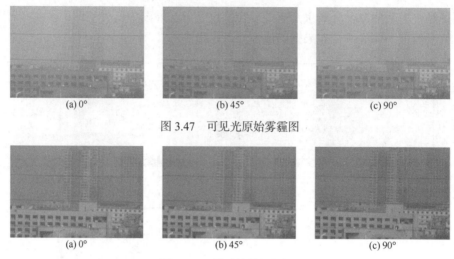

(a) 0°　　　　　　　　(b) 45°　　　　　　　　(c) 90°

图 3.47　可见光原始雾霾图

(a) 0°　　　　　　　　(b) 45°　　　　　　　　(c) 90°

图 3.48　近红外原始雾霾图

　　首先，对图 3.47 和图 3.48 分别进行偏振成像去雾处理，得到如图 3.49 所示的去雾效果图，图(a)和图(b)分别对应可见光和近红外的去雾效果图。图 3.49 所示的去雾效果图相对各自的原图，成像质量都有大幅度提升。同样，近红外去雾效果图可以看到可见光去雾效果图看不到的远处目标。

(a) 可见光去雾效果图　　　　　(b) 近红外去雾效果图　　　　　(c) 融合效果图

图 3.49　偏振去雾效果图

　　将图 3.48 所示的去雾效果图作为目标图像，进行分层融合，得到的偏振融合去雾效果图如图 3.49 所示。从图中可以看出，近处场景的信息在可见光去雾图像和近红外去雾图像中都很明显。在这种情况下，相比近红外图像，融合图像体现了颜色信息丰富的优势；对于远处场景来说，直接透射光受到的衰减效果严重，在这种情况下，相比可见光图像，融合图像在视距上有了更大的提升。因此，本实验证明了可见光与近红外融合的偏振成像去雾技术结合了两种去雾技术的优势，获得了更好的去雾成像质量。

　　图 3.50 所示为可见光原始雾霾图像与偏振融合去雾效果图的颜色分布对比。从两图的对比可以看出，在去雾处理之后，颜色分布带宽更宽，这表明了偏振融合去雾效果图的颜色信息更丰富。

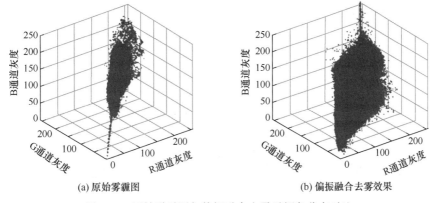

(a) 原始雾霾图　　　　　　　　　　(b) 偏振融合去雾效果

图 3.50　原始雾霾图与偏振融合去雾后颜色分布对比

图 3.51 所示为近红外原始雾霾图与偏振融合去雾效果图的灰度直方图。从直方图中灰度阶的分布来看,去雾之前的图像灰度阶一般都集中于灰度的中间区域;而去雾之后的图像灰度阶会拉伸，从而使图像表现出更大的成像对比度，更有利于观察。

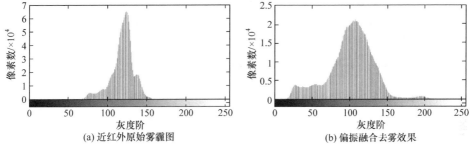

(a) 近红外原始雾霾图　　　　　　　　　(b) 偏振融合去雾效果

图 3.51　灰度直方图分布对比

进一步分析本算法的视距提升能力。图 3.48 这一组实验场景的建筑物目标距离相距较远，比较适合作为视距提升能力分析。由图 3.48 所示，中间远处建筑物可以看作是该雾霾条件下的最远视距，在该建筑物后方的建筑物几乎不可见，该距离约 1.4km；在偏振融合去雾效果图中，该建筑物后方的建筑物轮廓可以看出，最远的可视建筑物位于中间建筑物的左边，该建筑物距离探测器约 3km。因此，偏振融合去雾算法的去雾效果相比可见光去雾成像的视距提升能力约 1 倍左右。

实际上，在可见光去雾效果图中,同样是短波段受到的衰减更严重。将图 3.50(a) 的 RGB 三个通道的去雾效果分别显示，如图 3.52 中的(a)～(c)所示。从图中可以看出 B 通道受到的衰减最严重，中间建筑物右侧的建筑物在 B 通道实际上是看不到的；R 通道受到的衰减最小，保留的图像细节也最好；G 通道的噪声是最小的，因为在彩色相机中，直接接收 G 波段的像素数两倍于 R 波段和 B 波段，所以，G

通道抑制噪声的效果要好于 R 通道和 B 通道。因此，可见光与近红外融合的偏振成像去雾技术可以进一步完善为多波段融合的偏振成像去雾技术，针对各个通道的特点、融合各个通道的优势，有望进一步提升去雾成像效果，这也可作为该去雾算法的下一步研究方向。

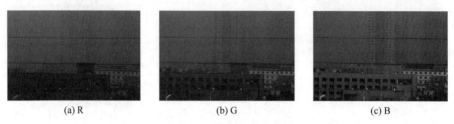

(a) R　　　　　　　　　　(b) G　　　　　　　　　　(c) B

图 3.52　可见光图像 RGB 通道的偏振去雾效果图

　　基于该偏振融合去雾算法，开展不同雾霾条件、不同场景的去雾实验，实验效果如图 3.53 所示。图中所示为三组实验效果，第一列是可见光原始雾霾图像，第二列是近红外图像，第三列是偏振融合去雾效果图。

原始雾霾图像　　　　　　近红外图像　　　　　　偏振融合去雾效果图
(a)

原始雾霾图像　　　　　　近红外图像　　　　　　偏振融合去雾效果图
(b)

原始雾霾图像　　　　　　近红外图像　　　　　　偏振融合去雾效果图
(c)

图 3.53　三组偏振融合去雾实验效果图

　　图 3.53 中的实验效果也可以很好地证明该算法很好的鲁棒性和可靠性。例如

图(b)实验效果，在可见光原始雾霾图像中，建筑物前面的树可以很容易地分辨，而近红外原始雾霾图像中，由于树本身近红外反射能力较弱，因此，虽然雾霾对近红外光影响小，但是树依然不易分辨。而融合效果图中，可见光雾霾图像有关树的细节信息都被保留下来，使得去雾效果图质量远远好于近红外图像。图(c)实验效果同样可以说明该算法的优越性，偏振融合去雾效果图中前面的建筑物颜色信息由可见光图像提供，而右下角后方建筑的细节信息由近红外图像提供。总之，可见光-近红外融合的偏振成像去雾技术有效地结合了两种去雾技术的优势和特点，具有更好的去雾能力。

3.8 小 结

本章从大气中光波粒子的瑞利散射和米氏散射出发，探究大气偏振模式的形成，并借助大气偏振模式的形成及表征，建立透雾霾偏振成像模型，有效提升雾霾天气条件下的成像效果。此外，从雾霾图像的频域多尺度信息出发，利用雾霾图像低频强度信息和高频细节信息的不同特性，在保留高频细节的同时，对图像低频信息中的雾霾信息进行去除，可以实现雾霾天的清晰化成像。

参 考 文 献

[1] Schechner Y Y, Narasimhan S G, Nayar S K. Instant Dehazing of Images Using Polarization[C]// Computer Vision and Pattern Recognition, IEEE, Kauai, 2001.

[2] Schechner Y Y, Narasimhan S G,Nayar S K. Polarization-based vision through haze[J]. Applied Optics, 42(3), 2003: 511-525.

[3] Mccartney E J, Hall F F. Optics of the atmosphere: scattering by molecules and particles[J]. Journal of Modern Optics, 1977, 14(7): 698-699.

[4] Fang S, Xia X S, Huo X, et al.Image dehazing using polarization effects of objects and airlight[J]. Optics Express, 2014, 22(16): 19523.

[5] Mudge J, Virgen M.Real time polarimetric dehazing[J]. Applied Optics, 2013, 52(52): 1932-1938.

[6] Chauvin R, Nou J, Thil S, et al.Cloud detection methodology based on a sky-imaging system[J]. Energy Procedia, 2015, 69: 1970-1980.

[7] Kong X, Liu L, Qian Y, et al.Automatic detection of sea-sky horizon line and small targets in maritime infrared imagery[J]. Infrared Physics & Technology, 2016, 76: 185-199.

[8] Mitsunaga T , Nayar S K . Radiometric self calibration[C]// IEEE Conference on Computer Vision and Pattern Recognition, Fort Collins, 1999.

[9] Liu F, Cao L, Shao X, et al. Polarimetric dehazing utilizing spatial frequency segregation of images[J]. Applied Optics, 2015, 54(27): 8116-8122.

[10] Hardy, Arthur C . How large is a point source[J]. Journal of Optical Society of America, 1967, 57(1): 44-47.

[11] Kopeika N S . A system engineering approach to imaging[M]. Bellingham: SPIE Press, 1998.

[12] Nayar S K, Narasimhan S G. Vision in bad weather[C]//Proceedings of the 7th IEEE International Conference on Computer Vision, Corfu, 1999.

[13] Acharya P K , Berk A, Anderson G P,et al. MODTRAN4: Multiple scattering and BRDF upgrades to MODTRAN[C]//SPIE Proceedings of Optical Spectroscopic Techniques and Instrumentation for Atmospheric and Space Research III, Denver, 1999.

[14] Shafer S.Using color to separate reflection components[J].Color Research and Applications, 1985, 10(4): 210-218.

[15] Ullman S.On the visual detection of light sources[J]. Biological Cybernetics, 1976, 21(4): 205-212.

[16] Boult T E, Wolff L B.Physically-based edge labelling[C]//Proceedings of the IEEE Conference on Computer Vision and Pattern Recognition, Maui, 1991.

[17] Liang J, Ren L, Ju H, et al. Polarimetric dehazing method for dense haze removal based on distribution analysis of angle of polarization[J]. Optics Express, 2015, 23(20): 26146-26157.

[18] David F M,Fulginei F R,Laudani A,et al.A neural network-based low-cost solar irradiance sensor[J]. IEEE Transaction on Instrumentation and Measurement, 2014, 63(3):583-591.

[19] Shwartz S, Namer E,Schechner Y Y. Blind haze seperation[J]. Computer Vision and Pattern Recognition, 2006, 2: 1984-1991.

[20] Kaftory R, Schechner Y Y, Zeevi Y Y. Variational distance-dependent image restoration[C]// Computer Vision and Pattern Recognition, Minneapolis, 2007.

[21] Namer E, Shwartz S, Schechner Y Y. Skyless polarimetric calibration and visibility enhancement [J]. Optics Express, 2009, 17(2): 472-493.

[22] Treibitz T, Schechner Y Y. Active polarization descattering[J]. IEEE Transactions on Pattern Analysis and Machine Intelligence, 2009, 31(3): 385-399.

第4章 水下光波的偏振特性

水下光学成像在海洋资源探测、水下考古、军事侦察以及海洋搜救等诸多方面都有着重要而实际的应用价值。然而，水体环境相对比较复杂，一方面，水体对光波的吸收效应和散射效应使得包含目标信息的光线不能理想成像，造成水下成像模糊；另一方面，环境光经水中粒子散射形成的杂散光会与目标光叠加，造成图像对比度降低。水下偏振光学成像技术经过长期发展，在利用目标光与背景光偏振特性的差异，提升水下图像对比度、增强视距方面具有独特的优势。而实现水下偏振光学成像的基础为掌握光波及光波偏振特性在水下传播过程中的变化规律。本章首先分析水体自身的光学特性及其对光波传输的影响，主要包括水体对光波的吸收和散射，然后研究偏振光在水下传输过程中偏振态的变化情况，为利用光波偏振特性实现水下成像、提高成像质量提供了理论依据。

4.1 光波在水中的传输

光波在水下传输的衰减主要受吸收作用和散射作用的影响。水体及其中的悬浮粒子通过吸收和散射使光波能量衰减，并改变光波的传播方向。事实上，即使不包含悬浮粒子，水体自身也会使光波衰减[1-2]。图 4.1 直观地表示了不同波长光在水体中传播中的衰减情况。可见，在纯水中传播时，蓝光的衰减最弱。在含有各类有机粒子和无机粒子的自然水体中，受粒子特性的影响，绿光的衰减也较弱，但总体衰减情况主要由水体对光波的吸收和散射作用决定。

4.1.1 水体对光的吸收作用

自然水体中对光波造成吸收作用的包括水体自身以及水中的悬浮粒子(如黄色物质、浮游植物等)。自然水体的吸收参数测量存在一定困难，主要原因在于自然水体对可见光中蓝光及近紫外波段的吸收比较弱，对探测仪器灵敏度的

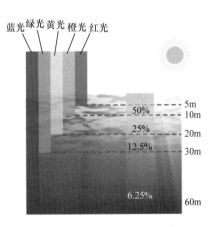

图 4.1 不同波长的光在水体中的衰减情况

要求较高；此外，受水体散射引起的能量损失易对测量造成影响。通常认为水体自身的光学特性是已知的，研究者更感兴趣的是水体中不同粒子带来的吸收特性的变化。

以纯海水为例，Smith 和 Baker 于 1981 年测量了纯海水在 200～800nm 波长范围内吸收系数和散射系数随波长的变化关系，得到如图 4.2 所示的结果[3]。他们在测量之前进行了如下假设和近似：忽略水体中包括盐在内的其他溶解质的吸收；假设不存在水分子和盐粒子之外引起的散射；假设没有非弹性散射等。他们首先测量了非常干净水体的漫散射衰减函数，并通过辐射传输方程推导出纯净海水的光谱吸收系数。由图 4.2 可知，纯海水对可见光的吸收存在一个明显的窗口，主要集中在蓝光附近，因此相比其他颜色的光，蓝光能够在水下传播更远的距离。但需要注意的是，Smith 和 Baker 测量的水体的吸收系数取值是上限，纯水的吸收系数极有可能小于曲线中的取值，且由于水体表观特性随环境变化，水体吸收系数会存在某些浮动。例如，Pegau 和 Zaneveld 通过研究表明，水体对光波的吸收作用在红光和近红外波段附近与温度存在一定的依赖关系。

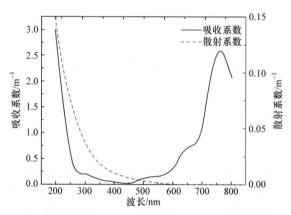

图 4.2　纯海水的吸收系数和散射系数

对自然水体吸收作用影响较为明显的一种粒子为黄色物质，主要吸收波长范围为 350～700nm 的光波，黄色物质的吸收系数可以表示为

$$a_{y}(\lambda) = a_{y}(\lambda_0)\exp[S(\lambda - \lambda_0)] \tag{4.1}$$

式中，λ_0 为参考波长，通常取 440nm；$a_{y}(\lambda_0)$ 为黄色物质在参考波长下的吸收系数；S 为光吸收谱的斜率。黄色物质的吸收系数与于其在水体中的浓度有关；指数衰减项中的常数取值范围通常为 –0.019～–0.014[4]。非色素悬浮粒子的吸收与黄色物质具有相似的吸收光谱，其吸收系数可表示为

$$a_{d}(\lambda) = a_{d}(\lambda_0)\exp[0.01(440 - \lambda)] \tag{4.2}$$

在上述给定参数下，根据仿真得到的非色素悬浮粒子吸收系数与波长的关系曲线如图 4.3 所示。

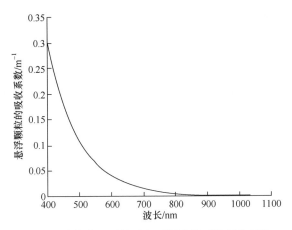

图 4.3　非色素悬浮粒子在不同波长下的吸收系数

从上述图形中可以看出，非色素悬浮粒子的吸收特性和黄色物质极其相似，它们的吸收系数都随波长的增加呈指数关系衰减，其吸收都集中在紫外波段和可见光的短波波段，而对红外波段的光吸收系数很小，且吸收系数随波长增大而迅速减小。所以，非色素悬浮粒子在蓝绿光波段的吸收系数较大，而在红外光波段的吸收系数很小。

另外一种对自然水体吸收作用影响较大的粒子为浮游植物细胞，主要影响物质为浮游植物中含有的可进行光合作用的各种光合色素，以叶绿素为主。叶绿素本身对蓝光和红光的吸收较强，但对绿光的吸收很弱。所有进行光合作用的植物中均含有叶绿素，为有效表征叶绿素对水体吸收作用的影响，通过水体中的叶绿素浓度表征，也称为色素浓度。不同水域的色素浓度不同，浓度最低为纯净的大洋水，最高为富营养的河口或湖泊，变化范围为 $0.01 \sim 100 \mathrm{mg/m^3}$。Sathyendranath 等测量了八种浮游植物的吸收系数。假设八种浮游植物(扁藻、盐生杜氏藻、绿色鞭毛藻、扁藻细胞、膜胞藻、角毛藻、角毛藻纤维和中肋骨条藻)的吸收系数测量值为 $a_i(\lambda)$，$i=1 \sim 8$，且色素在波长为 737nm 处没有吸收，可以认为 $a_i(737)$ 是由除色素之外的其他物质引起的，结合曲线和各自的叶绿素浓度 $C_i(\lambda)$ 可以得到各浮游植物叶绿素的光谱吸收系数曲线：

$$a_i^*(\lambda) = \frac{a_i(\lambda) - a_i(737)}{C_i} \tag{4.3}$$

浮游植物对可见光光波的吸收存在明显的吸收峰和吸收谷，对蓝光的吸收作用最强，对红光也表现出明显的吸收作用，但在绿光波段内吸收较弱。

浮游生物对吸收的作用属于有生命的有机体作用，水体中存在的无生命的有机碎屑和无机颗粒等同样会引起吸收作用的变化。将二者的作用分离是一个困难的过程，研究者通过不同的测量方法获得有机碎屑吸收系数 $a_{\text{det}}(\lambda)$ 的统一函数表示方式：

$$a_{\text{det}}(\lambda) = a_{\text{det}}(400)\exp\left[-0.011(\lambda - 400)\right] \tag{4.4}$$

式中，$a_{\text{det}}(400)$为有机碎屑在参考波长 400nm 处的吸收系数。

4.1.2 水体对光波的散射作用

根本上讲，所有的散射都源自光子与分子或原子的相互作用。根据粒子大小不同，散射情况一般遵从瑞利散射理论或米氏散射理论。瑞利散射理论认为光波在连续介质中传播时，介质中包含的粒子形状为球形且分布是随机的，当粒子远小于光波波长时，发生瑞利散射，瑞利散射光强度与入射光波长的四次方成反比，因此蓝光相比红光更容易发生瑞利散射[5-6]。米氏散射理论同样把粒子视为规则的球体，但要求粒子尺寸与入射光波长相当，米氏散射主要为前向散射，散射强度相比瑞利散射更强，米氏散射光强度与光波波长有关，但变化整体较为平缓，较大尺寸的粒子散射光较强，且多为前向散射。在将米氏散射理论应用于不同大小的粒子时，较小粒子最终的计算结果与瑞利散射相同；当粒子尺寸较大时，计算结果与几何光学相同，因此米氏散射理论其实是在某个特定尺度范围内成立的。

自然水体的散射可以视为两个过程的叠加：一是尺寸远小于光波波长的随机小分子引起的水体密度上的变化；二是由尺寸大于光波波长的有机和无机粒子引起的折射率的波动。因此，由水分子或海水中的盐离子引起的散射是自然水体中散射的下限。自然水体的散射可以分为水体自身的散射和粒子的散射，用体散射函数可以表示为

$$\beta(\psi;\lambda) = \beta_{\text{w}}(\psi;\lambda) + \beta_{\text{p}}(\psi;\lambda) \tag{4.5}$$

式中，$\beta(\psi;\lambda)$为水体的总体散射函数；$\beta_{\text{w}}(\psi;\lambda)$为纯水对体散射函数的贡献；$\beta_{\text{p}}(\psi;\lambda)$为水中粒子对体散射函数的贡献。

纯水(或纯海水)中的散射可以视为由不同分子或离子浓度的随机波动引起水体的折射率波动造成的，纯水(或纯海水)的体散射函数有如下形式：

$$\beta_{\text{w}}(\psi;\lambda) = \beta_{\text{w}}(90°;\lambda_0)\left(\frac{\lambda}{\lambda_0}\right)^{4.32}\left(1 + 0.835\cos^2\psi\right) \tag{4.6}$$

式(4.6)为瑞利散射函数，纯水的体散射函数和瑞利散射函数具有极其相似的表示，一般认为纯水的散射是瑞利散射：

$$\beta_{\mathrm{ray}}(\psi;\lambda)=\beta_{\mathrm{ray}}(90°;\lambda_0)\left(\frac{\lambda}{\lambda_0}\right)^4\left(1+\cos^2\psi\right) \tag{4.7}$$

纯水的体散射函数中常数因子取值为 0.835 而不是 1 的原因在于水分子的各向异性。与该体散射函数对应的相函数为

$$\tilde{\beta}_{\mathrm{w}}(\psi)=0.06225\left(1+0.835\cos^2\psi\right) \tag{4.8}$$

根据式(4.8)中体散射函数、相函数与散射系数的关系可得纯水的总散射系数为

$$b_{\mathrm{w}}(\lambda)=16.06\left(\frac{\lambda_0}{\lambda}\right)^{4.32}\beta_{\mathrm{w}}(90°;\lambda_0) \tag{4.9}$$

图 4.4 为计算的纯水和纯海水在 350～600nm 波长范围内的散射系数情况，二者的散射均随波长的增长而减弱，且纯海水中散射总是强于纯水中的散射，此外二者对红光波段的散射总是弱于蓝光波段。

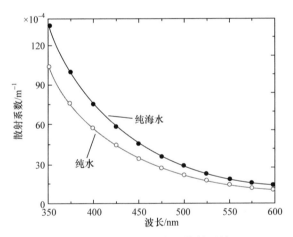

图 4.4　纯水和纯海水的散射系数

在研究了纯水(和纯海水)散射特性的基础上，Kopelevich 和 Mezhericher 从统计学的角度出发，建立了水体的光谱体散射函数模型。在该模型中，他们重点对水体中粒子的散射情况进行了针对性建模，首先将粒子按照大小分为"大粒子"和"小粒子"，将大小在 1μm 以下的矿物粒子视为"小粒子"，将大小在 1μm 以上的生物粒子视为"大粒子"，则体散射函数模型为

$$\beta_{\mathrm{p}}(\psi;\lambda)=\beta_{\mathrm{w}}(\psi;\lambda)+v_{\mathrm{s}}\beta_{\mathrm{s}}^*(\psi)\left(\frac{550}{\lambda}\right)^{1.7}+v_{\mathrm{l}}\beta_{\mathrm{l}}^*(\psi)\left(\frac{550}{\lambda}\right)^{0.3} \tag{4.10}$$

式中，v_{s} 和 v_{l} 分别表示小粒子和大粒子的体积浓度，即每单位体积中的粒子浓度(ppm)；$\beta_{\mathrm{s}}^*(\psi)$ 和 $\beta_{\mathrm{l}}^*(\psi)$ 分别表示小粒子和大粒子的体散射函数。由式(4.10)可见，

大粒子的散射对波长的依赖性比较弱，小粒子在大角度散射时占比例更高，体散射函数更对称且其波长依赖性更强。一般情况下，海水中 v_s 和 v_l 的取值范围分别为 $0.01\text{ppm} \leqslant v_s \leqslant 0.2\text{ppm}$ 和 $0.01\text{ppm} \leqslant v_l \leqslant 0.4\text{ppm}$。此外，大粒子和小粒子的浓度还可以根据总体散射函数在波长 550nm、散射角为 45° 和 1° 时的测量值进行参数化：

$$
\begin{aligned}
v_s &= -1.4 \times 10^{-4} \beta(1°;550) + 10.2\beta(45°;550) - 0.002 \\
v_l &= 2.2 \times 10^{-2} \beta(1°;550) - 1.2\beta(45°;550)
\end{aligned}
\tag{4.11}
$$

对式(4.10)中体散射函数在散射角 ψ 上积分，可以得到总体散射系数的表示形式：

$$
b(\lambda) = 0.0017\left(\frac{550}{\lambda}\right)^{4.3} + 1.34v_s\left(\frac{550}{\lambda}\right)^{1.7} + 0.312v_l\left(\frac{550}{\lambda}\right)^{0.3}
\tag{4.12}
$$

Haltrin 和 Kattawar 将式(4.12)中的模型进行了扩展和推广，得到了如下的计算模型：

$$
b(\lambda) = b_w(\lambda) + b_{p_s}^0(\lambda)P_s + b_{p_l}^0(\lambda)P_l
\tag{4.13}
$$

式中，$b_w(\lambda)$ 为纯水的散射系数，可以通过下式计算：

$$
b_w(\lambda) = 5.826 \times 10^{-3}\left(\frac{400}{\lambda}\right)^{4.322}
\tag{4.14}
$$

$b_{p_s}^0(\lambda)$ 和 $b_{p_l}^0(\lambda)$ 分别为小粒子和大粒子的单位散射系数：

$$
\begin{aligned}
b_{p_s}^0(\lambda) &= 1.1513\left(\frac{400}{\lambda}\right)^{1.7} \\
b_{p_l}^0(\lambda) &= 0.3411\left(\frac{400}{\lambda}\right)^{1.3}
\end{aligned}
\tag{4.15}
$$

式中，p_s 和 p_l 分别为小粒子和大粒子的单位浓度。

除散射系数和体散射函数，散射相函数也是一个重要的参数，很多情况下会在计算中采用相函数模型，目前海洋光学中经常用到的散射相函数主要有以下几种。

(1) Petzold 于 1972 年提出散射测量方法。他选取了三种不同自然环境下的水(浑浊海水、沿岸海水和清洁海水)，分别测量其体散射函数，得到三条曲线，通过分析相位函数和散射角之间的对数关系，拟合得到平均粒子相函数的表达形式。该函数适用于多种辐射传输计算，但实际情况通常会存在偏离。

(2) Henyey-Greenstein 相函数。该相函数是一个简单的相函数模型，能够获得接近实际相函数形状的结果，其表达形式为

$$\tilde{\beta}_{HG}\left(g;\psi\right)=\frac{1}{4\pi}\frac{1-g^2}{\left(1+g^2-2g\cos\psi\right)^{3/2}} \tag{4.16}$$

式中，g 是一个调控因子，能够控制相函数中前向散射和后向散射的比例。

（3）Fournier 和 Forand 相位函数。该相位函数提出于 1994 年，其基础为服从双曲线分布的粒子的研究，并假设粒子散射可以通过米氏散射理论获得，进而推导出相函数的表达方式。Fournier 和 Jonaszy 于 1999 年推导了此函数的最新表示方式：

$$\begin{aligned}\tilde{\beta}_{FF}=&\frac{1}{4\pi\left(1-\delta\right)^2\delta^{v}}\left\{v\left(1-\delta\right)-\left(1-\delta^{v}\right)+\left[\delta\left(1-\delta^{v}\right)-v\left(1-\delta\right)\right]\sin^{-2}\left(\frac{\psi}{2}\right)\right\}\\&+\frac{1-\delta_{180}^{v}}{16\pi\left(\delta_{180}-1\right)\delta_{180}^{v}}\left(3\cos^2\psi-1\right)\end{aligned} \tag{4.17}$$

式中，

$$\begin{cases}v=\dfrac{3-\mu}{2}\\\delta=\dfrac{4}{3\left(n-1\right)^2}\sin^2\left(\dfrac{\psi}{2}\right)\end{cases} \tag{4.18}$$

式中，n 代表粒子折射率的实部；μ 为双曲线分别的斜率；δ_{180} 为 δ 在散射角为 180°时的估算结果。

体散射函数、散射系数、散射相函数能够全面表征光波在自然水体传播过程中，由水体自身和其中的粒子引起的散射，以及散射光的强度、方向和分布情况。即使在纯水中也存在强烈的散射，且散射情况与波长存在依赖性，在蓝光波段较强，随波长增加散射情况逐渐减弱，在红光波段的散射最弱。含有有机和无机粒子的自然水体中散射情况与纯水存在明显差异，其中小粒子的散射接近瑞利散射，与波长的依赖性强；大粒子的散射对波长的依赖性较弱，其散射主要发生在小角度范围内，且散射情况接近于衍射现象。因此，自然水体对光波的散射的作用能够引起光波传播方向、强度等的明显变化，虽然水文光学已经对这些变化进行了深入的研究，但由于实际环境的巨大差异和水体中粒子浓度的变化，仍然需要根据不同的水体、光源等条件调整计算方法和探测方法，以实现水下成像的最佳探测效果。

4.2　偏振光的水中传输特性

光在水中传播时，多次散射会使其方向、相位和偏振态发生改变，对偏振光传输特性的研究一般是通过辐射传输方程或蒙特卡罗方法对多次散射进行建模、仿真和实测，并通过统计偏振光经过介质多次散射传输后的偏振变化规律来分析偏振传输特性。

斯托克斯矢量能够准确地表征任意状态的光波，包括自然光和部分偏振光。偏振光在水中的传输过程即为光波与水体及水中粒子的作用过程[7]。假设一束偏振光入射到水中，其斯托克斯矢量表示为 $S_i = (I_i, Q_i, U_i, V_i)^T$，则散射光同样可以用一个斯托克斯矢量表示 $S_o = (I_o, Q_o, U_o, V_o)^T$，粒子对光波的作用过程可以用一个矩阵 M 表示，则入射光和散射光两个矢量间存在如下关系：

$$S_o = MS_i \tag{4.19}$$

式中，矩阵 M 称为缪勒矩阵。缪勒矩阵是一个 4×4 的矩阵，其中的 16 个矩阵元素分别代表物质不同的特性，通过缪勒矩阵能够完全表征物质和偏振光的作用过程[8]。缪勒矩阵具有如下的形式：

$$M = \begin{bmatrix} m_{00} & m_{01} & m_{02} & m_{03} \\ m_{10} & m_{11} & m_{12} & m_{13} \\ m_{20} & m_{21} & m_{22} & m_{23} \\ m_{30} & m_{31} & m_{32} & m_{33} \end{bmatrix} \tag{4.20}$$

一般情况下，只需缪勒矩阵中的六个非零元素就能够表征粒子与入射光波的作用及对入射光偏振特性的改变情况，因此，常见的缪勒矩阵形式通常如下：

$$M = \begin{bmatrix} m_1 & 0 & 0 & 0 \\ 0 & m_2 & 0 & 0 \\ 0 & 0 & m_3 & -m_4 \\ 0 & 0 & m_4 & m_3 \end{bmatrix} \tag{4.21}$$

式中，

$$\begin{cases} m_1 = \frac{1}{2}\left(|Q|^2 + |V|^2\right) \\ m_2 = \frac{1}{2}\left(|V|^2 - |Q|^2\right) \\ m_3 = \frac{1}{2}\left(QV^* - VQ^*\right) \\ \quad\vdots \\ m_i = \frac{i}{2}\left(QV^* - VQ^*\right) \end{cases} \tag{4.22}$$

偏振度是用来描述偏振光性质的重要物理量，在相同散射条件下，偏振度越高，偏振保持能力越强，偏振保持能力表征了偏振光保持其初始偏振态的能力。

处理水下光子散射传输的偏振态问题通常使用蒙特卡罗方法，它可以求解任意条件下的辐射传输问题，具有较高的精度。蒙特卡罗方法能跟踪每个光子的位置和偏振态的变化，不仅能统计偏振光经过介质多次散射传输后的偏振量变化规律，还能够记录光子空间位置和偏振态的空间分布。

偏振蒙特卡罗方法中的关键问题是光子与介质粒子碰撞后散射方向的确定及偏振态的更新。散射后的运动方向由散射角 α 和旋转角 β 决定，这两个角度根据粒子的散射相函数采用拒绝法选取。散射发生时，当 α 与 β 用拒绝法确定后，得到光子出射时的方向，即可更新光子方向矢量 (μ_x, μ_y, μ_z)。光子偏振态是相对于某一参考面定义的，在光子散射过程中参考平面的定义和更新至关重要。首先需将入射光的斯托克斯矢量旋转到散射平面上，因为散射矩阵 $M(\alpha)$ 是以此平面定义的，旋转矩阵为 $R(\beta)$，旋转后斯托克斯矢量为 S_1。经 α 角散射后，斯托克斯矢量为 S_1 与散射矩阵 $M(\alpha)$ 相乘的结果。然后将此斯托克斯矢量旋转到光子出射方向与 z 轴构成的子午面上，旋转矩阵为 $R(-\gamma)$，γ 可由 α 与 β 根据几何关系计算得到。因此斯托克斯矢量为 S_i 的入射光经过一次散射后的斯托克斯矢量为

$$S_{new} = R(-\gamma)M(\alpha)R(\beta)S_i \tag{4.23}$$

式中，

$$R(\beta) = \begin{bmatrix} 1 & 0 & 0 & 0 \\ 0 & \cos(2\beta) & \sin(2\beta) & 0 \\ 0 & -\sin(2\beta) & \cos(2\beta) & 1 \end{bmatrix} \tag{4.24}$$

相邻两次散射间光子通过的距离为 $\Delta s = -(\ln\zeta/\mu_c)$，$\zeta$ 为在 $(0,1]$ 区间服从均匀分布的随机数，μ_c 为消光系数，每次散射后光子新的坐标为

$$\begin{cases} x = x_0 + \mu_x\Delta s \\ y = y_0 + \mu_y\Delta s \\ z = z_0 + \mu_z\Delta s \end{cases} \tag{4.25}$$

式中，x_0，y_0，z_0 为散射前光子的坐标。每次散射发生时，利用式(4.24)更新光子偏振态，利用式(4.25)更新光子坐标，直到 $z<0$ 时，光子被探测器 M 接收，旋转子午面到初始参考平面 x-z 平面，光子斯托克斯矢量需左乘 $R(\varphi)$，其中 φ 为

$$\varphi = \arctan(\frac{\mu_x}{\mu_y}) \tag{4.26}$$

如图 4.5 所示，入射光子偏振态 S_i 以 x-z 平面为参考平面，入射方向为 $(0,0,1)$。当光子在介质中移动并发生散射事件时，用式(4.26)去更新光子的偏振态。当光子被探测器 M 接收时，旋转子午面到初始参考平面 x-z 平面，得到光子的最终偏振态为 (I_n, Q_n, U_n, V_n)。上述过程完成了对单个光子碰撞过程的跟踪计算，对大量光子

如此进行循环跟踪计算，通过统计平均得到介质散射的偏振特性。

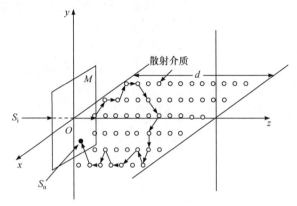

图 4.5　光在介质中的多次散射过程

4.2.1　自然水体中典型粒子对偏振光的影响

粒子对光波偏振状态的改变能够反映粒子的某些特性，以自然水体中常见几种粒子(藻类小颗粒、泥沙小颗粒、藻类大颗粒以及泥沙大颗粒)情况为例，分析其对入射偏振光状态的改变，仿真以水平方向的偏振光为入射光。

图 4.6 分别为藻类小颗粒和泥沙小颗粒不同方向散射光的偏振分布情况。对比可见，虽然两种粒子折射率不同，但并未影响二者散射光的偏振分布情况。可以

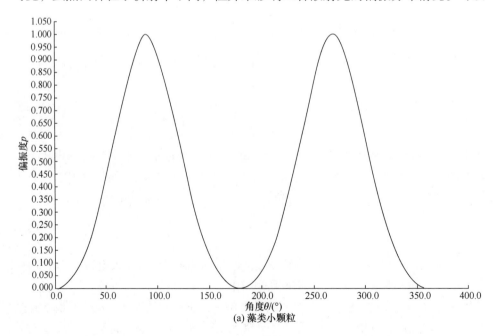

(a) 藻类小颗粒

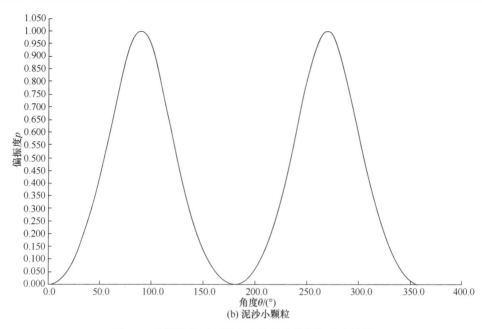

(b) 泥沙小颗粒

图 4.6　小颗粒粒子不同方向散射光的偏振分布情况

看出，在 180°后向散射的极化率为 0，说明小粒子的后向散射退偏效果明显，因此可以通过改变检偏器的角度来接收不同偏振程度的光，进而提取对我们有用的光。这对于水下成像而言可根据粒子的退偏原理提高水下成像的对比度，且小粒子引起的后向散射光具有较高的保偏度。

不同折射率的泥沙($m = 1.53-0.0001i$)小颗粒在水中的偏振分布与藻类小颗粒的偏振分布几乎相同，因此粒子的复折射率与后向散射的极化率关系不大。而对于数量最多的小颗粒，其后向散射的退偏效果是明显的，这为采用偏振成像技术改变散射强度的角分布提供了基础。

图 4.7 分别为藻类大颗粒和泥沙大颗粒不同方向散射光的偏振分布情况。由图 4.7(a)可知，在 180°附近后向散射过程中大粒子的偏振度变化非常大，而在其他角度偏振度在 0 附近波动较剧烈，从这一点上说，可充分利用大粒子后向散射的偏振特性探测大粒子群的存在。此外，如果在探测器前通过检偏器滤除这部分影响因素，可以提高水下成像的清晰度。由图 4.7(b)可知，在整个角度范围内，偏振度大致是一个先增加后降低的趋势，在 90°附近偏振度接近 1，在 180°附近为椭圆偏振光。由于属于各向异性介质，泥沙大颗粒在后向散射范围内极偏振程度变化剧烈。因此可以针对这一特点采用退偏原理，提高水下成像的清晰度。但由于变化较为剧烈，对检偏器的角度要求较高。

相比小粒子的散射，大粒子散射偏振分布整体不规律，藻类大粒子除在某特定角度产生导致较高偏振度散射光外，其余角度散射光均保持较低的偏振程度。相比之下，泥沙大粒子引起的散射光偏振程度浮动较大，但整体保持较高的程度，尤其在后向散射范围内偏振度变化剧烈。

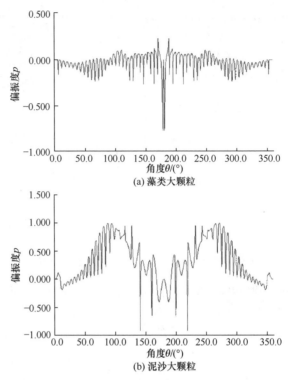

图 4.7　大颗粒粒子不同方向散射光的偏振分布情况

　　对大粒子和小粒子造成的散射光偏振度变化的分析表明，以偏振光入射时，后向散射光均为明显的偏振光，尤其小粒子散射的情况下，后向散射光偏振程度较高。该特征为实现水下偏振成像提供了依据。

4.2.2　不同波长散射介质后向散射光偏振度特性

　　选取 Intralipid_20% 溶液作为散射介质，用去离子水将浓度为 20% 的 Intralipid 溶液，分别稀释至浓度为 0.005%、0.01%、0.02%、0.05%、0.1%、0.2%、0.3%、0.5%、0.7%、1.0%、1.5%。该溶液中的散射粒子的粒径满足高斯分布，粒径均值为 $d = 325nm$。研究分析 532nm、650nm 和 780nm 波长下的光与散射介质相互作用规律，由于散射粒子的粒径与波长同数量级，因此采用米氏散射理论计算得到对应上述 11 个浓度的散射系数，散射系数随波长的增加而减小。

　　当波长为 532nm 时，测量结果如图 4.8 所示。DOP_1 和 DOP_c、DOP_1_c 和

DOP_c_c、DOP_l_l 和 DOP_c_l 表示分别以线偏振光和圆偏振光入射时，后向散射光的总偏振度、圆偏振光偏振度和线偏振光偏振度。对于入射线偏振光情形 [图 4.8(a)]，当 $\mu_s \leqslant 0.05\text{mm}^{-1}$ 时，DOP_l 和 DOP_l_l 随 μ_s 的增加呈 e 指数衰减，而 DOP_l_c 呈 e 指数增加；当 $\mu_s > 0.05\text{mm}^{-1}$ 时，DOP_l 和 DOP_l_l 随 μ_s 的增加呈缓慢减小趋势，而 DOP_l_c 却缓慢增加，最后逐渐趋于与 DOP_l 相近的稳定值。当 $\mu_s \geqslant 0.05\text{mm}^{-1}$ 时，DOP_l_c 始终大于 DOP_l_l，表明此时后向散射光中圆偏振光成分反而更多；对于入射圆偏振光情形[图 4.8(b)]，DOP_c 和 DOP_c_c 的变化规律相同，在 $\mu_s \approx 0.10\text{mm}^{-1}$ 这一点都存在极小值。DOP_c_l 仍按指数规律衰减，当 $\mu_s \geqslant 0.36\text{mm}^{-1}$ 时，DOP_c_c 始终大于 DOP_c_l，表明此时后向散射光中圆偏振光成分居多。

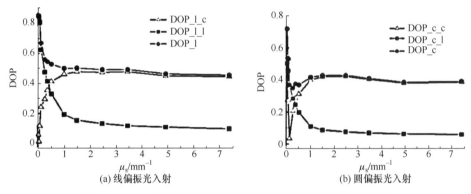

图 4.8　532nm 线偏振光和圆偏振光入射时偏振度的测量结果

当波长为 650nm 时，测量结果如图 4.9 所示。对于射线偏振光情形[图 4.9(a)]，DOP_l 和 DOP_l_l 随 μ_s 的增加仍呈 e 指数衰减，而 DOP_l_c 在当 $\mu_s = 0.15\text{mm}^{-1}$ 时存在极大值，散射光中的线偏振光与圆偏振光成分相差不多；对于入射圆偏振

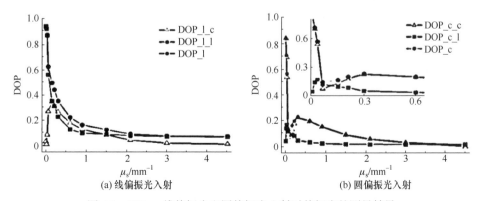

图 4.9　650nm 线偏振光和圆偏振光入射时偏振度的测量结果

光情形[图 4.9(b)], DOP_c 和 DOP_c_c 变化规律依然相同, 在当 0.06mm^{-1} 这一点存在极小值, DOP_c_1 不再呈现 e 指数衰减趋势, 而是在当 0.03mm^{-1} 出现了极大值, 并且当 $\mu_s > 0.10$mm^{-1} 时, DOP_c_c 大于 DOP_c_1, 表明此时后向散射光中的圆偏振光居多。

当波长为 780nm 时, 测量结果如图 4.10 所示。对于入射线偏振光[图 4.10(a)], DOP_1 和 DOP_1_1 随 μ_s 的增加呈 e 指数衰减, 且曲线十分接近。而 DOP_1_c 在 0.04mm^{-1} 这一点有极大值。DOP_1_1 始终大于 DOP_1_c, 表明散射光中的线偏振光占主导地位; 对于入射圆偏振光[图 4.10(b)], DOP_c 和 DOP_c_c 都服从 e 指数规律衰减, DOP_c_1 在 0.16mm^{-1} 这一点有极大值, 且始终小于 DOP_c_c, 表明散射光中的圆偏振光占主导地位。

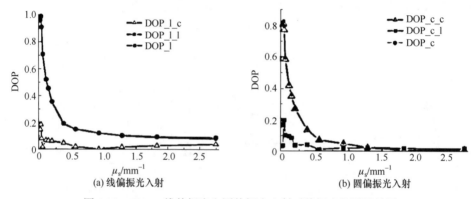

图 4.10　780nm 线偏振光和圆偏振光入射时偏振度的测量结果

图 4.11 是三个不同波长的总偏振度曲线。由曲线可知, 这三个波长都是线偏振光入射时的总偏振度大于圆偏振光入射时的总偏振度。另外, 不论以何种偏振光入射, 波长为 532nm 的总偏振度都要高于另外两个波长各自的总偏振度。

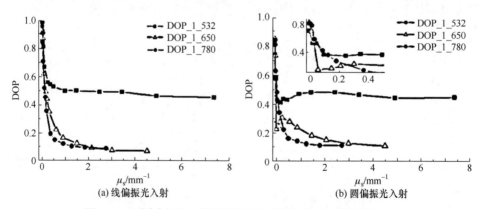

图 4.11　不同波长的入射线偏振光和圆偏振光的总偏振度曲线

由图 4.9～图 4.11 的结果可知，在散射系数较小时，后向散射光中圆偏振光的偏振度会发生由小到大的变化，或者存在极小或极大值，并且圆偏振光成分在后向散射光中会居多。当一束圆偏振光入射到散射介质后，在介质中会形成三种类型的光：介质表面的旋向跃变光、靠近表面的保偏光和介质内部的退偏光。旋向跃变是指圆偏振光的旋向由原来的右旋变成了左旋，表现为后向散射光中的右旋圆偏振光强 I_R 与左旋圆偏振光强 I_L 发生变化，致使圆偏振光的偏振度曲线出现极值。线偏振光入射到散射介质后只有两种光，即表层的保偏光和内部的退偏光。线偏振光在介质中会改变偏振态，除了线偏振光之外，还有圆偏振光和部分偏振光，其中圆偏振光由介质表面散射出去时也会发生旋向的改变，致使后向散射光中的圆偏振光偏振度曲线由小到大变化或出现极值。线偏振光退偏仅表现为振动方向的随机性，但是，圆偏振光退偏却表现为方向和旋向两方面的随机性，而旋向比方向的保持性要强，因此，圆偏振光成分在后向散射光中会居多。圆偏振光的偏振度曲线出现极值时对应的散射系数较小，说明旋向的改变只在低浓度的散射介质中发生。

图 4.11 表明，当粒径小于波长时，发生前向散射和后向散射的概率相同，后向散射会使得圆偏振光的旋向发生改变，导致圆偏振光偏振态发生变化。但是，线偏振光的振动方向不受后向散射的影响，因此，线偏振光的偏振态不易改变，也就是说线偏振光比圆偏振光保偏性更好，因此线偏振光入射时的总偏振度要大于圆偏振光入射时的总偏振度。根据米氏散射理论计算 Intralipid 溶液的散射光强与散射角的关系表明，三个波长都是前向散射增强,后向散射减弱,但是,在 90°(接收角)的后向散射方向上，532nm、650nm、780nm 三个波长的光强之比为 15：13：1。如图 4.12 所示，532nm 的后向散射光强大，那么散射光中所含的偏振光多，总偏振度就高一些。

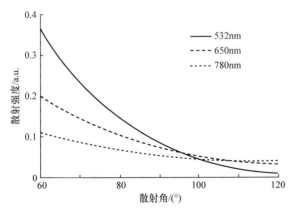

图 4.12 根据米氏散射理论计算得到不同波长散射光强与散射角度关系曲线

4.3　被动水下偏振成像

水下偏振成像技术主要分为主动水下偏振成像技术与被动水下偏振成像技术，其中主动成像探测方法在深海区域可以有效去除背景散射，获取清晰水下图像，但在浅海地区，主动光源与自然光叠加后将导致水下散射光复杂性增大，影响成像效果。本节介绍适用于浅海区域的被动水下偏振成像探测方法，该方法从水体中背景散射光的传输特性出发，通过分析场景深度信息与散射光的物理关系，建立基于深度信息的水下朗伯反射模型。该模型描述了能量相同、波长不同的目标辐射光经水中传输后到达探测器的能量不同，能够在不增加任何先验条件的前提下，实现无色彩畸变的水下目标场景清晰成像探测。

4.3.1　基于偏振信息的散射光去除技术

研究表明，造成水下图像质量差的因素主要是光在水体中传播时，水体对光的吸收作用和水中微粒对光的散射作用。水体对光的吸收使光在水体中传播距离有限，而且这种吸收具有波长选择性：波长越长吸收越明显。因此波长不同的光波在水中的穿透距离不同，红光在海水中只能传播5m左右，而蓝光可以传播60m。当在水下一定深度进行探测时，由于海水具有选择吸收特性，图像整体会呈现颜色失真，视觉效果差。同时背景散射光使探测器接收到的图像蒙上一层"帷幔"，掩盖了部分目标信息，缩短成像距离[9-10]。

在自然光照射的水下环境中，场景中的光来自场景上方，并且由于光线在经过海水与空气的表面时会发生折射效应，所以场景中某一点的光是由该点上方一个有限圆锥体中的光线会聚而成的。如图 4.13 所示，探测器接收到的信息包含

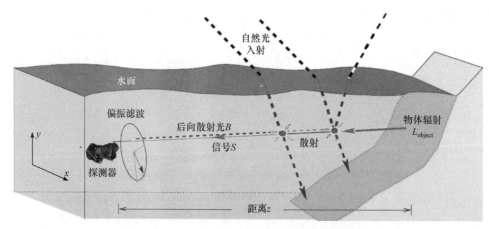

图 4.13　自然光照射下的水下偏振成像模型

两部分,其中一部分为物体辐射信息经过海水的衰减以及前向散射后到达探测器,将这一部分信息用 S 表示;另一部分为场景中的光被介质中的粒子反射,从而朝着探测器传播,将这一部分光称为场景的后向散射光,用 B 表示[11-12]。

图 4.13 表示了自然光照射下的水下偏振成像模型。探测器接收到的物体辐射主要包含两部分,一部分为经过衰减后到达探测器的光强,称为直接传输,用 E_{object} 表示,则有

$$E_{\text{object}} = L_{\text{object}}\, \text{e}^{-\eta z} \tag{4.27}$$

式中,η 为衰减系数;L_{object} 表示将要恢复的物体辐射。衰减系数 η 可由下式得到:

$$\eta = \alpha + \beta \tag{4.28}$$

式中,α 表示海水的吸收系数;β 表示海水的散射系数。散射系数 β 表示无穷小的水体积在各个方向散射通量的能力。对所有立体角 Θ 进行积分可得

$$\beta = \int_{\Theta} \beta(\Theta)\,\text{d}\Omega = 2\pi \int_0^{\pi} \beta(\theta)\sin\theta\,\text{d}\theta \tag{4.29}$$

式中,θ 为相对于传播方向的散射角;$\beta(\theta)$ 为角散射系数,它是波长 λ 的函数。

另一部分与直接传输类似,但是它是由物体辐射经过海水前向散射后到达探测器的这部分光组成的,用 F 表示,前向散射会造成图像模糊,因此 F 可以表示为

$$F = E_{\text{object}} * g_z \tag{4.30}$$

式中,g_z 表示点扩散函数,它是物体到达探测器距离 z 的函数,距离越远,点光源经过介质所成像的模糊半径越大。对于水下点扩散函数的形式,其依赖于悬浮在水中的水合物,模型通常用各种经验常数参数化,如下所示:

$$g_z = \left(\text{e}^{-\gamma z} - \text{e}^{-\eta z}\right) F^{-1}\{G_z\} \tag{4.31}$$

式中,

$$G_z = \text{e}^{-Kz\omega} \tag{4.32}$$

式中,$K > 0$;γ 是经验常数;F^{-1} 表示傅里叶逆变换;ω 表示图像平面上的空间频率。G_z 为低通滤波器,它的有效截止频率宽度与 z 成反比,这表示对远处物体空间模糊的增加。常数 γ 被限制为 $|\gamma| \leqslant \eta$。

因此,探测器接收到的物体辐射可以表示为

$$S = E_{\text{object}} + F \tag{4.33}$$

定义有效物体辐射为 $L_{\text{object}}^{\text{effective}}$,它可以表示为

$$L_{\text{object}}^{\text{effective}} = L_{\text{object}} + L_{\text{object}} * g_z \tag{4.34}$$

这样探测器接收到的物体辐射可以表示为

$$S = \mathrm{e}^{-\eta z} L_{\text{object}}^{\text{effective}} \tag{4.35}$$

后向散射光并不来源于探测场景中的物体，而来自于照明光源。具体定义如下：照明光源的光被水中悬浮粒子散射后，一部分朝着探测器方向传播，并被探测器接收，这部分光称为后向散射光。对于一个点光源来说，其与探测器位于水下场景的同一侧，沿着探测器视场照亮水中粒子，光源强度为 I_{source}。该光源对后向散射光的贡献为

$$B(r) = \int_0^z \beta(\theta) I^{\text{source}}(r) \mathrm{e}^{-\eta l} \left[1 - f / (l + l_0) \right]^2 \mathrm{d}l \tag{4.36}$$

式中，r 表示照射到散射粒子上的光线传播方向；f 为相机的焦距；l_0 为相机镜头到水下密封箱窗口的距离。式(4.36)中的指数在水中的典型衰减距离为 $l \sim \eta^{-1}$。对式(4.36)进行简化，一般情况下 $f / \left(\eta^{-1} + l_0 \right) \ll 1$，这使 $f / (l + l_0)$ 的影响非常小。将典型值的范围考虑为 $\eta^{-1} \in [3\mathrm{m}, 10\mathrm{m}]$，$f \in [20\mathrm{mm}, 50\mathrm{mm}]$，$l_0 \approx 80\mathrm{mm}$。将式(4.36)进行简化可得

$$B(r) \approx k(f) \beta(\theta) I^{\text{source}}(r) \int_0^z \mathrm{e}^{-\eta l} \mathrm{d}l \tag{4.37}$$

式中，$k(f)$ 是相机镜头焦距参数化的常数。焦距 $f = 20\mathrm{mm}$ 对应的 $k = 1.06$。将上式进行转化可得

$$B(r) = B_\infty(r) \left(1 - \mathrm{e}^{-\eta z} \right) \tag{4.38}$$

式中，

$$B_\infty(r) = k I^{\text{source}}(r) \beta(\theta) / \eta \tag{4.39}$$

其代表无穷远处后向散射光的强度，将各个方向光源的贡献加起来，可以得到总的后向散射为

$$B = \int B(r) d(r) = B_\infty \left(1 - \mathrm{e}^{-\eta z} \right) \tag{4.40}$$

式中，

$$B_\infty = \int B(r) \mathrm{d}r \tag{4.41}$$

因此，探测器接收到的总光强 I_{total} 可以表示为

$$I_{\text{total}} = S + B = \mathrm{e}^{-\eta z} L_{\text{object}}^{\text{effective}} + B \tag{4.42}$$

由于物体表面具有粗糙性，物体辐射光不带有偏振信息，而自然光经过海水的散射后会带有一定的偏振信息，因此通过调整偏振片的不同位置，可以得到两幅正交的偏振子图像。其中一幅所包含的后向散射光的光强最大，图像质量最

差，称为 $I_{\max}$ ，另一幅图像所包含的后向散射光的光强最小，图像质量最好，称为 $I_{\min}$ ，其表达式为

$$\begin{cases} I_{\max} = S/2 + B_{\max} \\ I_{\min} = S/2 + B_{\min} \end{cases} \tag{4.43}$$

探测器获得的总光强为

$$I_{\text{total}} = I_{\max} + I_{\min} \tag{4.44}$$

因此，场景的后向散射光可以表示为

$$B = (I_{\max} - I_{\min})/p \tag{4.45}$$

式中，p 表示后向散射光的偏振度，在图像中选取一块没有物体的区域，设为 $I_{\max}(x,y)$ 和 $I_{\min}(x,y)$ ，此时有

$$\begin{cases} I_{\max}(x,y) = B_{\max}(x,y) \\ I_{\min}(x,y) = B_{\min}(x,y) \end{cases} \tag{4.46}$$

则后向散射光的偏振度可以表示为

$$p = \frac{I_{\max}(x,y) - I_{\min}(x,y)}{I_{\max}(x,y) + I_{\min}(x,y)} \tag{4.47}$$

联合以上公式，可以得到清晰场景的表达式为

$$L_{\text{object}}^{\text{effective}} = (I_{\text{total}} - B)/t \tag{4.48}$$

式中，

$$t = 1 - B/B_{\infty} \tag{4.49}$$

t 为估计的水的透过率，它是物体与探测器距离 z 的函数，表达式为

$$t = \exp(-\eta z) \tag{4.50}$$

图 4.14 为利用上述偏振成像模型对在地中海拍摄的真实强度图像进行重建的结果，其中图 4.14(a)和(b)分别为光强最大偏振子图像 $I_{\max}$ 和光强最小偏振子图像 $I_{\min}$ 。相比其他探测结果，图 4.14(d)图像对比度得到有效提升，表明利用该估计模型能够有效去除背景散射光对成像质量的影响。但最终成像结果中存在明显的颜色失真现象，图像整体呈现蓝色基调，视觉效果差。通过统计图像 R、G、B 三个色彩通道的像素强度值分布情况能够更清晰地了解图像色彩的动态范围，图 4.14(e)和(f)分别为原始的水下强度图像和通过被动水下偏振成像模型获得的图像的 R、G、B 三个色彩通道的像素度分布。图 4.14(e)中 R、G、B 三通道像素灰度的分布范围分别为 0~20、0~100 和 0~220。图 4.14(f)中 R、G、B 三通道像素强度值的分布范围分别为 0~80、0~190 和 0~250，其分布情况相比于图 4.14(f)

有明显提高，对应图像动态范围增大，表明偏振成像方法对各彩色通道均起到了拉伸作用，增强了图像层次感。但图 4.14(f)的三通道像素强度统计图中 B 通道明显占优。表明探测结果色彩并未得到有效复原，存在明显的颜色失真问题，导致图像视觉效果受限。

图 4.14　真实场景重建的结果

4.3.2　高保真图像复原技术

被动水下偏振成像方法能够有效解决背景散射光影响造成的成像结果对比度降低的问题，但在浅海区域，除了散射会影响图像质量外，水体对不同波长的自然光的吸收以及散射的差异性也会造成重建图像存在严重的色彩失真。海水对光波的吸收与光波的波长成正比，与此相反，海水中粒子对光波的散射与光波的波长成反比[13]。成像过程中，目标信息光与背景散射光经海水衰减后，波长较短的蓝光由于吸收较小而被探测器大量接收；同时海水对波长较短的蓝光散射最大，造成散射光中蓝光占主导地位[14]。本节从水下成像中的图像颜色失真问题出发，分析造成颜色失真的物理原因，结合浅海地区自然光的偏振散射特性和朗伯反射模型，设计新型浅海被动水下偏振成像探测方法，用以获取无色彩畸变的水下目标清晰场景。

由朗伯反射模型可知，探测场景中物体表面上某一点颜色 $f(x)$ 可由整个可见光范围内对光源的分布、物体表面的反射率以及相机感光系数积分所得，

如式(4.51)所示:

$$f(x) = \int_{\omega} e(\lambda)s(x,\lambda)c(\lambda)\mathrm{d}\lambda \tag{4.51}$$

式中, λ 为光波波长; ω 表示光谱范围; x 为场景中的像素点位置; $e(\lambda)$ 为光源的分布; $s(x,\lambda)$ 表示空间中的某一点对某一波长的反射率; $c(\lambda)$ 为相机的感光系数。

在水下偏振成像中, 探测器接收到的光波与其传输距离 z 的关系如式(4.52)所示:

$$E_{\mathrm{object}} = E_{\mathrm{in}}\mathrm{e}^{-\alpha z} \tag{4.52}$$

式中, E_{in} 和 E_{object} 分别表示入射光波和衰减后光波的强度; a 表示光波的衰减系数, 其大小与光波波长有关。根据式(4.52)可知, 对于反射光能量相同、波长不同的物体, 探测器接收到的能量随光波波长的增大而减小, 这一现象造成水下图像中同一物体不同程度的颜色失真。本节将由波长不同导致相机接收到能量不同的原因假设为照射物体的光源强度不同, 而此时光源的分布如式(4.53)所示:

$$\tilde{e}(\lambda) = a(x)e(\lambda) \tag{4.53}$$

联立式(4.51)、式(4.52)可得基于深度信息的朗伯水下反射模型如式(4.54)所示:

$$f(x) = \int_{\omega} a(x)e(\lambda)s(x,\lambda)c(\lambda)\mathrm{d}\lambda \tag{4.54}$$

式中, $a(x)e(\lambda)$ 表示场景中光源在不同位置的强度分布, $a(x)$ 表示场景中不同位置的深度信息。由水下偏振成像模型可知, 背景散射光强度与探测距离成正比, 因此, 可以通过背景散射光强度表征场景中不同位置的深度信息, 如式(4.55)所示:

$$a(x) = \beta z = -\ln\left(1 - \frac{B}{B_{\infty}}\right) \tag{4.55}$$

根据 Gevers 提出的水下灰度世界(gray world)算法可知, 场景中所有物体表面的平均反射是无色差的, 如式(4.56)所示:

$$\frac{\int a(x)s(x,\lambda)\mathrm{d}x}{\int a(x)\mathrm{d}x} = g(\lambda) = k \tag{4.56}$$

式中, k 为取值范围在[0,1]之间的一个常数。联立式(4.55)和式(4.56)可得场深度信息、光源强度以及探测器响应率之间的关系, 如式(4.57)所示:

$$\frac{\int f(x)\mathrm{d}x}{\int a(x)\mathrm{d}x} = \frac{1}{\int a(x)\mathrm{d}x}\int a(x)e(\lambda)s(x,\lambda)c(\lambda)\mathrm{d}x \tag{4.57}$$
$$= e(\lambda)c(\lambda)k$$

式中，$s(x,\lambda)$为所求的目标反射光能量，而光源强度与探测器响应率的乘积可以根据式(4.58)来求解，水下图像颜色失真校正模型如式(4.59)所示。

$$e(\lambda)c(\lambda)=\frac{\int f(x)\mathrm{d}x}{\int a(x)\mathrm{d}x}\cdot k^{-1} \tag{4.58}$$

$$\begin{bmatrix} s(x,R) \\ s(x,G) \\ s(x,B) \end{bmatrix} = \begin{bmatrix} \left[e(R)c(R)\right]^{-1} & 0 & 0 \\ 0 & \left[e(G)c(G)\right]^{-1} & 0 \\ 0 & 0 & \left[e(B)c(B)\right]^{-1} \end{bmatrix} \begin{bmatrix} f_R(x) \\ f_G(x) \\ f_B(x) \end{bmatrix} \tag{4.59}$$

式中，$\left[e(R)c(R)\right]^{-1}$，$\left[e(G)c(G)\right]^{-1}$，$\left[e(B)c(B)\right]^{-1}$分别表示 R、G、B 三通道中光源强度与探测器响应率的乘积。根据式(4.59)建立水下朗伯反射模型，结合式(4.48)对水下目标场景进行无色彩畸变的清晰成像探测。

　　为了分析被动水下偏振成像的效果，根据所提方法搭建水下实验平台，其处理结果如图 4.15 所示，图 4.15(a)为原始水下强度图像，由于水体吸收的影响，图像整体呈现偏蓝特性，对比度低，视觉效果差。图 4.15(b)为重建后的图像，图中背景散射光被移除，对比度提升，目标真实色彩得到有效复原。图 4.15(c)和(d)分别为原始图像与重建后图像的 R、G、B 三通道中第 200 行像素强度值分布曲线，对比发现，原始强度图中 B 通道强度明显高于 R 与 G 通道，图像存在严重的色彩畸变。而浅海被动水下偏振成像探测结果中目标信息光与背景散射光的差异明

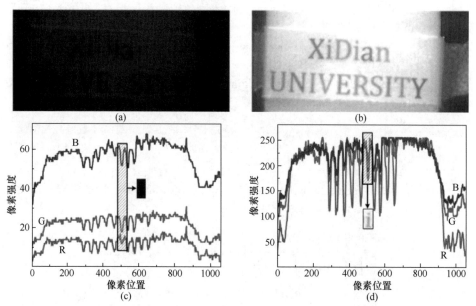

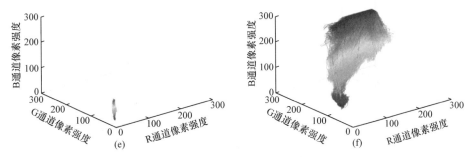

图 4.15　被动水下偏振成像的效果图

显增大，图像对比度提升，并且 R、G、B 三通道中像素强度值分布均匀，不存在某一通道占优情况，图像质量得到极大提升。图 4.15(e)和(f)分别为原始水下图像和重建图像 R、G、B 三通道像素强度统计值。原始强度图中 R、G、B 三通道的像素强度分布在极小的范围内，并且 B 通道的像素强度分布范围明显优于 R 通道与 G 通道。而重建后图像中像素分布不仅优于原始强度图像，相对于传统被动偏振成像方法也有明显提升，图像的动态范围增大，层次感增强。图 4.15(f)中图像各个颜色通道的像素强度分布范围相等，原始图像中存在的颜色畸变问题得到有效复原，视觉效果增强。

　　魔方的每一面有九个区域，每个区域带有不同的颜色信息，适用于验证被动水下偏振成像算法在色彩复原方面的有效性。图 4.16 为实验结果图，其中图(a)和图(b)为光强最大偏振子图像和光强最小偏振子图像，图(c)为移除的背景散射光图像，图(d)为重建后的图像，相比于原始图像，重建后图像中不仅背景散射光被移除，而且颜色信息得到有效复原。图 4.17 为魔方的三通道强度立体图，重建后图像三通道立体图与魔方真实图像分布趋势近似，进一步证明了本算法的优越性。

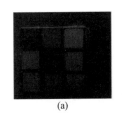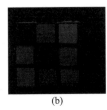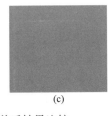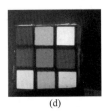

(a)　　　　　　　(b)　　　　　　　(c)　　　　　　　(d)

图 4.16　重建前后结果比较

　　图 4.18 为对真实水下场景处理结果。图 4.18(a)所示的原始强度图中，目标信息光被背景散射光淹没，图像清晰度不足，远处的礁石几乎不可见；同时图像色彩失真严重，视觉效果差。图 4.18(b)为传统偏振成像处理结果，图中背景散射光被去除，图像对比度提高，但最终成像结果中存在明显的颜色失真现象，图像整

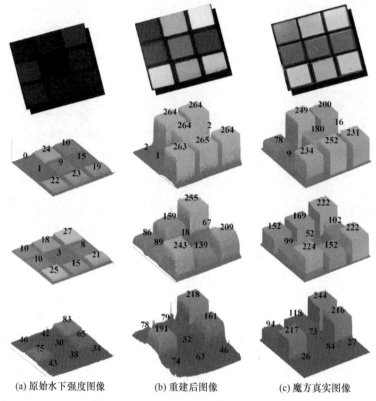

(a) 原始水下强度图像   (b) 重建后图像   (c) 魔方真实图像

图 4.17   R、G、B 三通道强度立体图

体呈现蓝色基调，视觉效果差。相比之下，图 4.18(c)中颜色畸变问题得到有效复原，物体颜色鲜艳，其真实色彩得以显露，同时图像的高频信息得到修复，且消除了背景散射光和水体吸收导致的模糊现象，使远处的礁石能直接辨识，视觉效果更加自然。

(a) 原始强度图   (b) 传统偏振成像方法   (c) 被动水下偏振方法

图 4.18   真实水下场景处理结果

背景散射光和场景深度有关，因此可根据背景散射光的强度估计场景中目标的相对位置。以重建前后相同对比度的相似目标为可视距离的评判标准。图4.19(a)和(b)所标记区域对比度相同，且包含有近似目标，可认为此时两区域对应深度信息比为重建前后场景的可视距离之比。把对应区域标记在深度信息图[图4.19(c)]中，通过运算可知，重建后图像中标记区域距离约为重建前图像中标记距离的 2 倍。

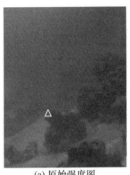

(a) 原始强度图　　　　　(b) 被动水下偏振方法　　　　　(c) 深度信息图

图 4.19　重建前后可视距离分析

4.4　主动水下偏振成像技术

主动水下偏振成像技术适用于深海等太阳光难以照射到的区域，通过对主动光源进行调制，利用散射光与目标信息光的差异获取清晰水下图像。本节首先介绍典型的主动水下偏振成像模型以及目标信息估计方法，之后在该模型的基础上，针对不同场景介绍不同的主动成像方法。

4.4.1　主动水下偏振成像模型

基于偏振散射模型的水下成像技术由两部分构成：一部分为介质散射模型中所表征的经水体和水中粒子散射后返回探测器的背景散射光；另一部分为经场景中目标反射回的信息光[15]。如式(4.60)所示：

$$I\left(x_{\mathrm{object}}\right)=T\left(x_{\mathrm{object}}\right)+B\left(x_{\mathrm{object}}\right) \tag{4.60}$$

式中，$I(x_{\mathrm{object}})$、$T(x_{\mathrm{object}})$ 和 $B(x_{\mathrm{object}})$ 分别是探测器所接收到的总光强、目标信息光和背景散射光。在此假设 L_{object} 为未经散射的目标清晰场景图像，则目标信息光如式(4.61)所示：

$$T\left(x_{\mathrm{object}}\right)=L_{\mathrm{object}}F\left(x_{\mathrm{object}}\right) \tag{4.61}$$

式中，$F(x_{\text{object}})$ 为场景退化函数，如式(4.62)所示：

$$F\left(x_{\text{object}}\right) = \frac{\exp\left\{-c\left[R_{\text{source}}\left(x_{\text{object}}\right) + \left\|x_{\text{object}}\right\| - r\right]\right\}}{R_{\text{source}}^2\left(x_{\text{object}}\right)} Q(x_{\text{object}}) \tag{4.62}$$

式中，R_{source} 表示光波传输的距离，探测器所接收到的强度随 $1/R_{\text{source}}^2$ 的变化而减小；$Q(x_{\text{object}})$ 表征光源对场景照明的不均匀性。对于单一照明光源模型来说，退化场景中背景散射光的表示方式如式(4.63)所示：

$$\begin{cases} B(x_{\text{object}}) = \displaystyle\int_{R_{\text{cam}}=0}^{R_{\text{cam}}(x_{\text{object}})} b[\theta(x)]I^{\text{source}}(x)\exp[-cR_{\text{cam}}(X)]\mathrm{d}R_{\text{cam}} \\ R_{\text{cam}}(X) = \|X\| - r \end{cases} \tag{4.63}$$

式中，$\theta \in [0,\pi]$ 是光波在介质中的散射角；b 为介质的散射系数，它表征了介质在某一角度 θ 方向上的后向散射饱和度。

在得到场景的退化函数以及后向散射光的表达式之后，就可以求出清晰场景，其表达式如式(4.64)所示：

$$L_{\text{object}} = \frac{I(x_{\text{object}}) - \displaystyle\int_{R_{\text{cam}}=0}^{R_{\text{cam}}(x_{\text{object}})} b[\theta(x)]I_{\text{source}}(x)\exp[-cR_{\text{cam}}(X)]\mathrm{d}R_{\text{cam}}}{Q(x_{\text{object}})\exp\{-c[R_{\text{source}}(x_{\text{object}}) + \|x_{\text{object}}\| - r]\}} \tag{4.64}$$

综上所述，水下清晰场景 L_{object} 的表达式如式(4.64)所示，在入射光强度和散射介质特性确定之后，水下清晰场景重建效果的决定性因素为背景散射光分布情况。因此，若能通过水下退化图像准确估算出背景散射光强度及分布，则可以重建原始清晰场景图像。

水下偏振散射成像模型如图 4.20 所示。通过调整检偏器的不同位置，可得两幅正交的偏振子图像 $I_{\|}(x,y)$ 与 $I_{\perp}(x,y)$，结合光的偏振特性，易得背景光和目标信息光的强度关系如式(4.65)所示[16]：

$$\begin{cases} T(x,y) = \dfrac{1}{p_{\text{b}} - p_{\text{t}}}\left[I_{\perp}(x,y)(1 + p_{\text{b}}) - I_{\|}(x,y)(1 - p_{\text{b}})\right] \\ B(x,y) = \dfrac{1}{p_{\text{b}} - p_{\text{t}}}\left[I_{\|}(x,y)(1 - p_{\text{t}}) - I_{\perp}(x,y)(1 + p_{\text{t}})\right] \end{cases} \tag{4.65}$$

式中，$I_{\|}(x,y)$ 为背景散射光偏振方向与检偏器偏振方向平行时探测到的强度；$I_{\perp}(x,y)$ 为背景散射光偏振方向与检偏器偏振方向垂直时探测到的强度；p_{b} 和 p_{t} 分别为背景散射光与目标信息光的偏振度估计值，由式(4.65)可知，若对 p_{b} 和 p_{t} 进行准确估算，便可将背景光强度 $B(x,y)$ 与信息光强度 $T(x,y)$ 完全分离，重建清晰场景图像。

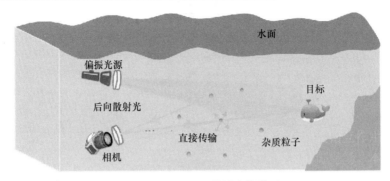

图 4.20　水下偏振散射成像模型

场景中目标的偏振度只与目标自身特性有关，并不影响背景散射光的偏振特性，因此假设 p_b 为一常数，即场景中背景散射光 $B(x,y)$ 的偏振度 p_b 在场景中各处大致相等[17]。因此选择场景中的一个空旷区域 B_∞，且假设该区域背景散射光强度达到饱和，结合式(4.66)计算其偏振度，用来代表整个场景中的背景散射光偏振度 p_b。

$$p_\mathrm{b} = \frac{B_\|(x,y) - B_\perp(x,y)}{B_\|(x,y) + B_\perp(x,y)} \tag{4.66}$$

在获得背景散射光偏振度 p_b 后，使用体现两幅图像相关性的图像互信息 (mutual information, MI)来对背景散射光和目标信息光进行分离，如式(4.67)所示：

$$\mathrm{MI}(B,T) = \sum_{b \in B}\sum_{t \in T} \mathrm{prob}(b,t)\log\left[\frac{\mathrm{prob}(b,t)}{\mathrm{prob}(b)\mathrm{prob}(t)}\right] \tag{4.67}$$

式中，b 和 t 分别为图像 $B(x,y)$ 和 $T(x,y)$ 的灰度级；$\mathrm{prob}(b,t)$ 为联合概率分布函数，表示 $B(x,y)$ 灰度为 m 且 $T(x,y)$ 的灰度为 n 时的概率；$\mathrm{prob}(b)$ 和 $\mathrm{prob}(t)$ 为边缘分布函数。当互信息 MI 取最小值时，目标的细节信息将不在分离出的背景散射光估计 $B(x,y)$ 中出现，此时 $B(x,y)$ 和 $T(x,y)$ 分离效果最好，理论上能够获取最好的场景中目标信息光的偏振度 p_t 和场景中背景散射光的偏振度 p_b。图 4.21 为利用互信息估计目标信息光偏振度的实例。在获取场景偏振度之后，可以有效解出背景散射光和目标物信息光强度，重建原始清晰场景图像。

为验证所述方法的普遍适用性和有效性，对不同环境以及不同目标进行实验，如图 4.22 所示，其中第 1，2，3 组实验为在散射粒子浓度较低的地中海拍摄的水下图像，第 4 组为在散射粒子浓度较高的加利利海拍摄的水下图像。从实验结果可以看出，与原始强度图像相比，经过重建后的图像清晰度及对比度都明显增强，目标物清晰可见，消除后向散射光对图像质量的影响，改善了图像的视觉信息，增强了图像的色彩信息，使图像质量得到提升。有效地抑制了后向散射光对图像的影响，图像中的目标物均得到凸显，清晰可见。

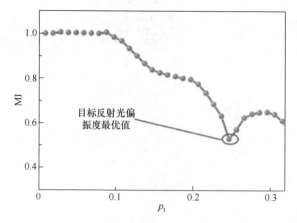

图 4.21　互信息随目标信息光偏振度的变化

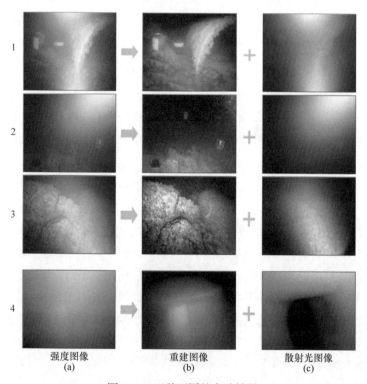

强度图像	重建图像	散射光图像
(a)	(b)	(c)

图 4.22　四种不同的实验结果

4.4.2　多尺度水下偏振成像方法

　　水中悬浮的微小粒子、可溶性有机物等混沌介质及气泡等非均匀性因素对光波产生严重的散射作用，背景散射光叠加在目标弹道光上形成噪声，使得图像产生一层"雾"的感觉，对比度大幅降低，细节信息严重丢失。针对这种水下环境中水体自身及悬浮粒子对光波的强散射作用造成的"帷幔效应"，利用图像的双域特性建立多尺度清晰化成像模型，以重建清晰场景，去除散射影响，并能够同时抑制重建算法所引入的噪声放大问题。

水下偏振成像方法中图像重建效果依赖于两幅相互正交的偏振子图像 $I_{\parallel}$ 和 $I_{\perp}$。在获取后向散射光偏振度后，基于偏振散射模型的浑浊水体成像技术的关键就在于精确估计目标反射光的偏振度。具体来讲，假设偏振图像 $I_{\parallel}$ 和 $I_{\perp}$ 是统计上相互独立的量，探测器在采集图像时，受成像系统本身、物体所在环境等因素的影响，在采集图像过程中不可避免地会引入噪声。设这两幅图像的噪声方差分别为 $\sigma_{I_{\parallel}}^2$ 和 $\sigma_{I_{\perp}}^2$，假设变量 V 是偏振图像 $I_{\parallel}$ 和 $I_{\perp}$ 的函数，将其进行一阶泰勒展开，可得变量 V 的噪声方差：

$$\sigma_V^2 = \left(\frac{\partial V}{\partial I_{\perp}}\right)^2 \sigma_{I_{\perp}}^2 + \left(\frac{\partial V}{\partial I_{\parallel}}\right)^2 \sigma_{I_{\parallel}}^2 \tag{4.68}$$

目标信号光 T 的噪声方差为

$$\sigma_T^2 = \left(\frac{1+p_b}{p_t - p_b}\right)^2 \sigma_{I_{\perp}}^2 + \left(\frac{1+p_b}{p_t - p_b}\right)^2 \sigma_{I_{\parallel}}^2 \tag{4.69}$$

为简便起见，假设噪声与成像过程中的其他因素无关，主要是由成像系统引入的，则有 $\sigma_{I_{\parallel}} = \sigma_{I_{\perp}} = \sigma$ 成立，假设成像系统采集的两幅偏振图像均服从正态分布 $N(\mu, \sigma^2)$，则正交探测方法恢复的水下图像引入的噪声方差为

$$D_{\text{orth}}(T) = \sigma_T^2 = 2\left[\frac{1+p_b^2}{(p_t - p_b)^2}\right]\sigma^2 \tag{4.70}$$

由(4.63)可以看出，噪声方差的大小与后向散射光 p_b 与目标信号 p_t 的值有关。由图 4.23 可知，水下偏振成像过程中，重建所得的清晰目标图像中的噪声方差 σ_T 是恒被放大的。

本节采用图像分层处理的思想建立多尺度水下偏振成像方法，重建高对比度、高信噪比的水下图像。水下偏振图像主要分为包含目标但与背景差异较明显的高对比度区域，以及目标本身对比度较低但含有丰富细节信息的低对比度区域。基于这两部分信息的差异性，在高对比度的基础层，利用联合双边滤波法来对噪声进行相应抑制；而在低对比度细节层，结合小波变换的多分辨率特性，对其进行多尺度小波收缩处理，最后结合小波逆变换对水下退化图像进行高质量重建。

清晰的目标场景图像 E_{TI} 可以表示为

$$E_{\text{TI}} = B_{\text{TI}} + D_{\text{TI}} \tag{4.71}$$

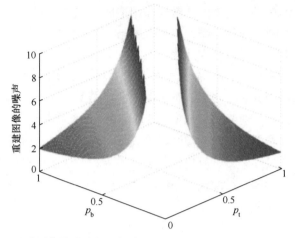

图 4.23　重建图像的噪声与目标偏振度 p_t 和后向散射光偏振度 p_b 的关系

式中，B_{TI} 为图像基础层；D_{TI} 为图像细节层。基础层利用

$$B_{TI}(x) = \frac{\sum\limits_{\xi \in N_p} E_{TI}(\xi) w(x, \xi)}{\sum\limits_{\xi \in N_p} w(x, \xi)} \tag{4.72}$$

所示的联合双边滤波来进行提取，式中，$E_{TI}(\xi)$ 表示目标场景图像 E_{TI} 在 ξ 处的像素值；$w(x, \xi)$ 为双边滤波的内核函数：

$$
\begin{aligned}
w(x, \xi) &= \exp\left\{-\frac{1}{2}\left[\frac{d(x, \xi)}{\sigma_s}\right]^2\right\} \exp\left\{-\frac{1}{2}\left[\frac{\delta\big(E_{TI}(x), E_{TI}(\xi)\big)}{\sigma_r}\right]^2\right\} \\
&= \exp\left(-\frac{x - \xi}{2\sigma_s^2}\right) \exp\left\{-\frac{\big[g(x) - g(\xi)\big]^2}{\sigma_r^2}\right\}
\end{aligned}
\tag{4.73}
$$

式中，σ_s 和 σ_r 分别表示空间域和变换域的核尺寸，通过控制核尺寸的变化来获取图像基础层；g 为导向图，由于双边滤波综合考虑了图像空间域核和变换域核的信息，当图像中像素点 x 与 ξ 的欧氏距离或像素值距离增大时，双边滤波内核函数都会随之改变，进而影响图像基础层的提取精度。因此，为保证在基础层的良好保边去噪效果，同时有效保留原始图像的纹理信息，通过导向图 g 实现对原始图像的迭代处理，以精确提取图像基础层。

通过式(4.71)～式(4.73)对图像基础层进行处理后，结合小波变换的能量集中性和多分辨时频特性，对细节层图像进行小波变换处理：

$$
\begin{aligned}
T_W(a,b) &= \int_{-\infty}^{+\infty} D_{\mathrm{TI}}(t)\overline{\psi_{a,b}(t)}\mathrm{d}t \\
&= |a|^{-1/2}\int_{-\infty}^{+\infty} D_{\mathrm{TI}}(t)\psi\left(\frac{t-b}{a}\right)\mathrm{d}t \\
&= \left\langle D_{\mathrm{TI}},\psi_{a,b}\right\rangle
\end{aligned}
\tag{4.74}
$$

式中，a 为尺度因子；b 为反应因子。通过改变尺度因子和反应因子可以获得任意中心频率、任意带宽和任意时间所对应的信号。此外，小波变换后的小波系数中幅值较大的部分包含了图像的重要信息，而幅值较小的部分被认为是噪声变换后的系数，故通过选择双边滤波器的核函数 $w(x,f)$ 作为窗口函数对导向图和细节层图像进行变换，保留或收缩小波变换系数，去除图像噪声，得

$$
\begin{cases}
G^T(x,f)=\displaystyle\sum_{\xi\in N_p}|a|^{-1/2}\psi\left(\frac{f-b}{a}\right)w(x,f)\left[g(\xi)-\tilde{g}(x)\right] \\
G_{\mathrm{TI}}^T(x,f)=\displaystyle\sum_{\xi\in N_p}|a|^{-1/2}\psi\left(\frac{f-b}{a}\right)w(x,f)D_{\mathrm{TI}}(x)
\end{cases}
\tag{4.75}
$$

式中，$\tilde{g}(x)$ 为导向图的频谱分布图：

$$
\tilde{g}(x)=\frac{\displaystyle\sum_{\xi\in N_p}g(\xi)w(x,\xi)}{\displaystyle\sum_{\xi\in N_p}w(x,\xi)}
\tag{4.76}
$$

ψ 为小波基函数；$G^T(x,f)$ 与 $G_{\mathrm{TI}}^T(x,f)$ 是定义在时频窗口 F_x 中频率 f、尺度因子 a 及反应位移 b 的函数；窗口 F_x 的大小和 N_p 的大小相同。此外，直接使用变换域内核会保留均值为零的噪声信号，丢弃频率幅值较大的有用信号。而与无用的噪声信号相比，有用的目标信号在某些频谱处的幅值比较高。因此，为实现丢弃噪声信号、保留目标信号的目的，对频谱系数距离取倒数，定义收缩因子：

$$
w(x,f)=\exp\left[-\frac{\gamma_f\sigma_{x,f}^2}{|G(x,f)|^2}\right]
\tag{4.77}
$$

式中，γ_f 主要用来调控变换域像素值核形状，而在式(4.74)所示的收缩因子中，导向谱 $G(x,f)$ 主要起引导作用。对于幅值较高的频谱(对应原图像有用的目标信息)，导向谱会引导收缩因子保留该部分变换系数；而对于幅值较低的频率(对应的噪声信号)，导向谱就会引导收缩因子丢弃该信号。通过在变换域窗口 F_x 内平均所有收缩变换后的小波系数，并通过逆变换获得低对比度细节层信号 $\tilde{D}_{\mathrm{TI}}(x)$，结合高对比度基础层信号 B_{TI}，获取下次迭代的导引图像：

$$g = B_{\text{TI}} + \tilde{D}_{\text{TI}}(x) \tag{4.78}$$

通过对导引图像的迭代更新，修正小波变换系数，在有效抑制目标场景图像噪声的同时对受损细节信息进行不断完善，使最终图像逐渐逼近原始清晰目标场景图像。

图 4.24 为实验结果，其中图 4.24(a)为实验采集的原始水下图像，图 4.24(b)为传统偏振成像结果，相比原始图像，图 4.24(b)背景散射光得到有效移除，对比度明显提高。但图 4.24(h)中的图像频谱图频谱波动较大，说明处理结果中图像细节信息增加的同时，噪声信息也被放大。图 4.24(c)所示的多尺度水下偏振成像结果中不仅视觉效果明显改善，而且对比度显著提升，细节信息增加，图 4.24(i)所示频谱图表明图像噪声得到明显抑制，图 4.24(d)、(e)和(f)所示的局部放大结果进一步对图像细节进行了直观展示。

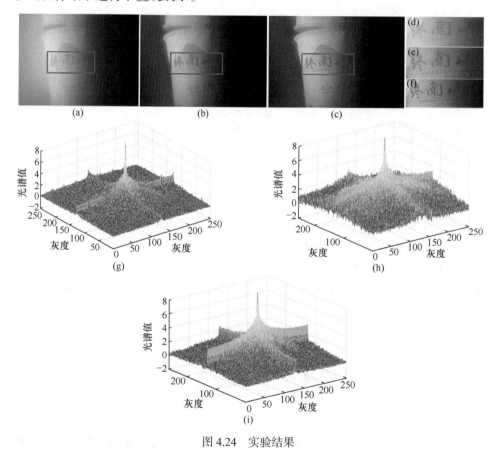

图 4.24　实验结果

图 4.25 对应原始水下图像[图 4.24(a)]、传统水下偏振重建图像[图 4.24(b)]和多尺度水下偏振方法处理图像[图 4.24(c)]的 R、G、B 三个色彩通道的像素强度统

计值。对比发现，图 4.25(c)中像素强度统计分布较其他两组结果均有明显提高，对应图像动态范围增大，即对各色彩通道均起到了一定的拉伸作用，增强了图像的层次感。此外，图 4.25(d)分别选取图 4.24(a)、(b)、(c)中穿过背景和目标的第210 行(由上至下)像素的强度分布曲线,该曲线直观地表征了成像场景中背景散射光和目标信息光之间的差异情况及图像对比度变化情况。经多尺度水下偏振成像方法重建结果与传统水下偏振成像结果在背景区域强度的像素强度(接近于 0)基本相当，均小于原始强度图像的像素强度(约为 130)。与此同时，三幅图像在目标位置的像素强度大小相近(约为 180),说明传统偏振成像结果对比度较原始强度图像得到有效提升。此外，如图 4.25(d)右上角局部放大图所示，在目标位置处，经多尺度水下偏振成像方法重建后图像的像素强度曲线波动明显增大，说明图像的细节轮廓及纹理信息得到了凸显。

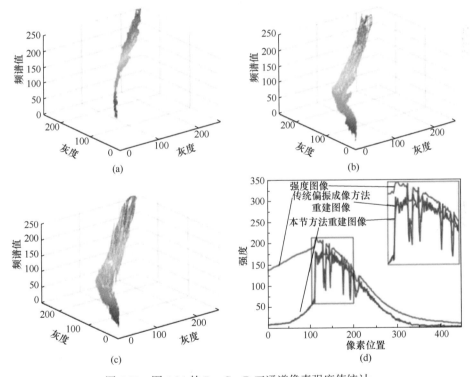

图 4.25　图 4.24 的 R、G、B 三通道像素强度值统计

　　为验证所述方法的普遍适用性和有效性，实验选取了多个不同类型的目标，结果如图 4.26 所示。以图 4.26(a)为例，目标物体上"我们 d"几个字受光波强散射的影响，细节不易分辨；而重建图像中同一目标上"e 一辈"几个字却能直接辨识。图 4.26(e)所示的书签左侧强度图像中三列汉字几乎完全无法被识别，但经多尺度水下偏振成像方法处理之后，图 4.26(e)右侧三列汉字清晰可见。图 4.26 中其

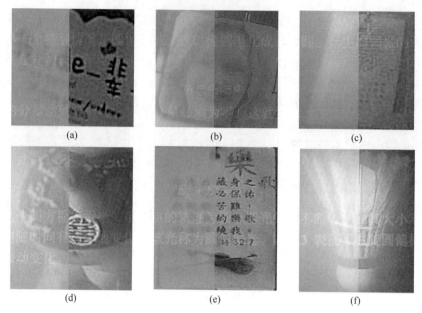

图 4.26　不同目标的多尺度水下偏振成像方法重建图像

余图像存在类似的结论，也充分证明本节所述方法的普遍适用性。

　　表 4.1 所列为四种常用的图像质量客观评估参数计算数据，其中平均梯度可以反映图像的边缘和细节等高频信息，其值越大，表明图像边缘越清晰，细节越明显；标准差反映图像灰度等级的离散程度，其值越大，表明图像反差越大，图像越清晰；图像对比度则表示图像整体亮暗区域之间的比例，其值越大，亮暗渐变层次越多，图像信息越丰富；而峰值信噪比则直观地反映出了图像信噪比的变化情况。总体来看，多尺度水下偏振成像图像的质量显著提升。这表明经多尺度水下偏振成像方法重建后，图像质量尤其在图像对比度、图像细节以及噪声抑制方面有显著提升，且与图像主观评价和分析结果一致。

4.4.3　高浑浊度水体清晰化成像

　　江河湖泊等较浑浊的自然水体中悬浮粒子浓度大，水体对光波的散射作用强烈，极易导致目标场景信息被淹没，无法实现目标探测。如 2015 年的"东方之星"客轮翻船事故，受事发水域水体影响，搜救过程中水下能见度一度不超过20cm，严重影响搜救进程，造成了人民生命财产的重大损失。2014 年韩国"世越号"沉船事故的搜救过程中同样遭遇了事发水域能见度低，搜救严重受阻等问题，搜救工作一度依靠潜水员徒手摸索进行。因此，改善高浑浊度水体中的成像距离和成像效果能够为内河、浑浊海域的搜救提供重要支持，对保障人民生命财产安全具有重大意义。

表 4.1　水下偏振成像结果的客观评估参数

图像	平均梯度		图像标准差		图像对比度		峰值信噪比	
	原始强度图像	多尺度偏振处理图像	原始强度图像	多尺度偏振处理图像	原始强度图像	多尺度偏振处理图像	原始强度图像	多尺度偏振处理图像
图 4.26(a)	0.5283	2.7164	20.9597	33.4549	2.2686	11.0832	7.4586	9.5843
图 4.26(b)	0.5495	2.0296	25.9154	28.9336	1.9182	7.1127	8.1536	8.7728
图 4.26(c)	0.5823	3.3617	24.0080	31.2465	2.0341	6.0672	9.2860	9.8516
图 4.26(d)	0.7603	3.6098	32.0291	39.4347	4.4931	18.6037	7.4883	8.8354
图 4.26(e)	0.5701	2.8013	30.0570	33.3047	1.7164	6.3465	8.6649	9.9264
图 4.26(f)	1.5216	5.3492	26.9837	29.5631	1.9795	7.0707	8.4924	10.1540

　　浑浊度能够表现光线在水体传播过程中受阻碍程度，说明水体对光线散射和吸收的能力，其与水体中悬浮物的含量及其成分、颗粒大小、形状等有关。浑浊度的单位为 NTU，表示每升蒸馏水中含有 1mg 硅藻土时的浑浊情况。通常情况下，自然界中平静江河水的浑浊度量级为几十 NTU。一般将浑浊度在 50NTU 以上水体视为高浑浊度水体，本节主要针对高浑浊度水体中的偏振成像探测。在高浑浊度水体中，相比于对光波的吸收作用，水体以及水中粒子对光波的散射才是影响成像质量的关键因素。在该环境中，大量的散射光会使成像质量迅速降低。在近距离成像环境中，水体对光波的散射与吸收是影响光波传播能力的关键因素，随着水中粒子浓度增大，散射对光传播距离的影响逐渐增大，当粒子浓度增加到某一程度时，红光会表现出更佳的传播能力。如图 4.27 所示，随着粒子浓度的增加，红光的传输性能逐渐优于蓝光。

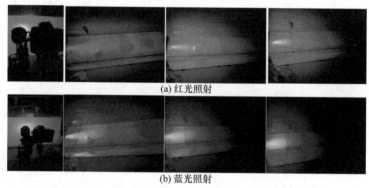

图 4.27　随着粒子浓度增加红光与蓝光的传输性能比较

　　图 4.28 给出了随着水体浑浊度增加，红光与蓝光传输相同距离时光强变化曲线。通过分析可知，在清水中，蓝光衰减系数小，其传输特性优于红光；随着水体浑浊度的增加，当 NTU 为 3 时，红光传输性能超过蓝光，随着水体浑浊度增加，红光与蓝光传输性能的差异逐渐增大。

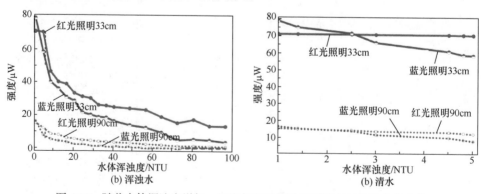

图 4.28　随着水体浑浊度增加，红光与蓝光传输相同距离时光强变化曲线

根据以上分析,本节根据光波在高浑浊度介质中的传播特性,设计出高浑浊度水下偏振成像技术。首先,根据光波在高浑浊度水中的散射和吸收情况,选择散射系数较小的短波长光作为光源,其次,利用图像相关性获取目标偏振度。传统偏振水下成像方法使用图像 MI 来估计目标反射光偏振度。然而随着水体浑浊度增加,尤其是在高浑浊度水体中,通过互信息求解出来的目标偏振度与后向散射光偏振度将逐渐接近,重建后图像的噪声也逐渐增大。图 4.29 表示当水体浑浊度增加时 p_t 和 p_b 的变化,可以看出随着水体浑浊度增加,p_t 和 p_b 的值逐渐接近,重建图像噪声也在无限放大,当 $p_t = p_b$ 时,清晰场景图像无法复原。因此在高浑浊度水体中,采用传统偏振水下成像方法会使重建图像噪声放大,信噪比降低。

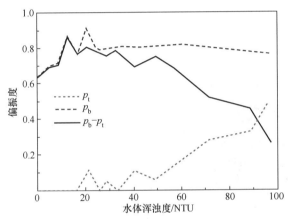

图 4.29　目标偏振度 p_t 和后向散射光偏振度 p_b 随着水体浑浊度增加的变化

目标偏振度的估计精度会直接影响着重建图像的质量。为了在高浑浊度水体中精确估计出目标偏振度,通过研究目标反射光和后向散射光在高浑浊度水体中的变化,提出使用表征两幅图像相似程度的图像相关性来精确估计目标偏振度。图像相关性不仅能够有效表征目标信息光和后向散射光之间所含有的信息的相关程度,而且能够全局性地表示出两幅图像的相似程度及差异性,因此能够为目标信息光偏振度的计算提供依据。

根据光学相关原理,场景中目标信息光图像为 $T(x,y)$,后向散射光图像为 $B(x,y)$,其中 (x,y) 为其空域坐标,二者经傅里叶变换后可表示为

$$\begin{cases} T(u,v) = \mathrm{FT}\{T(x,y)\} \\ R(u,v) = \mathrm{FT}\{B(x,y)\} \end{cases} \tag{4.79}$$

式中,$T(u,v)$ 和 $R(u,v)$ 分别表示目标信息光图像和后向散射光图像的频谱分布,(u,v) 为图像的频域坐标。将后向散射光图像作为参考图像,可定义式(4.74)所示

的频域滤波器为

$$H(u,v) = \frac{R^*(u,v)}{|R(u,v)|} \tag{4.80}$$

利用式(4.74)所示的滤波器在频域实现对目标信息光图像的运算,再利用傅里叶逆变换获取两幅图像的相关平面分布情况。相关平面中的相关峰形状和大小与目标信息光和后向散射光的相似度密切相关。相似度越高,相关峰越细长,说明目标信息光中含有的背景散射光信息越多,重建效果越差;与之相反,两幅图像相似度越低,相关峰形状越低,目标信息光中含有的背景散射光越少,重建效果越好。通过求取相关平面的相关峰值(peak-to-correlation energy, PCE)来更好地表征图像相似性:

$$PCE = \sum_{i-1}^{i+1} \sum_{j-1}^{j+1} \left[I(i,j)/9 \right] \tag{4.81}$$

光强图像　　传统算法　　本节
　　　　　处理结果　　算法结果

其中,I 表示相关平面,$I(i,j)$ 表示相关平面峰值处的像素值。当相关峰值取最小值时,目标的细节信息不在分离出的背景散射光估计中出现,此时分离效果最好,理论上此时能够获取最好的场景中目标信息光的偏振度。在获取场景偏振度之后,可以有效解出背景散射光和目标物信息光强度,重建清晰场景图像。

图 4.30 为本节算法与传统偏振水下成像处理结果对比图,通过分析可得,相比于传统水下偏振成像,本节算法不仅能够去除背景散射光,恢复出目标清晰场景,而且能够实现由"看不见"到"看得见"的过程。

为了验证算法的普适性,采用不同的目标进行水下实验,实验证明本节方法能够在去除背景散射光的同时恢复目标细节以及纹理信息。图 4.31 为本节方法与一般图像

图 4.30　不同算法处理结果对比

处理结果对比图,其对比结果表明了方法的优越性。

为了验证本节方法能够提升的成像距离,在不同浓度以及不同距离下进行了实验,实验结果如图 4.32 所示。在介质浑浊度为 46.95NTU 时,利用传统光源进行照明时可以成像的极限距离约为 20cm,经过本节方法处理后所能成像的极限距离大约为 60cm。随着介质浑浊度的增加,传统光源照明时,目标在 20cm 处的

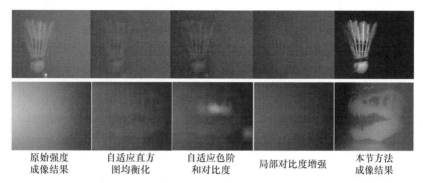

| 原始强度
成像结果 | 自适应直方
图均衡化 | 自适应色阶
和对比度 | 局部对比度增强 | 本节方法
成像结果 |

图 4.31   图像增强方法与本算法的对比结果

成像质量逐渐变差，本节方法在 60cm 处的成像质量也随之减少，当介质浑浊度为 75.62NTU 时，本系统的成像距离为 50cm。因此，根据以上分析可得，本节方法在高浑浊度介质中可以有效提升成像距离 1~2 倍。

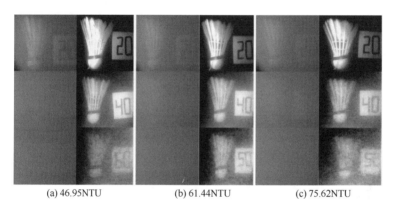

(a) 46.95NTU   (b) 61.44NTU   (c) 75.62NTU

图 4.32   不同浓度以及不同距离下的水下图像处理结果

4.4.4   基于偏振度特征参量估算的水下成像方法

本节介绍对于偏振特性不均匀的目标，如何利用获取的偏振图像重建目标信息。首先介绍一般的水下成像模型。探测器获取的信息由两部分组成，其中一部分为目标信息光，其表达式为

$$T(x,y) = L(x,y)t(x,y) \tag{4.82}$$

式中，(x,y) 表示图像中像素的坐标；$L(x,y)$ 是没有被水中粒子衰减的物体辐射光；$t(x,y)$ 是指介质透过率，可以表示为

$$t(x,y) = \mathrm{e}^{-\beta(x,y)\rho(x,y)} \tag{4.83}$$

式中，$\beta(x,y)$ 表示衰减系数，一般情况下衰减系数 $\beta(x,y)$ 是空间不变的，可以表示为 $\beta(x,y) = \beta_0$，所以透射率只取决于传播距离 $\rho(x,y)$，ρ 是指物体和探测器之

间的距离。

第二部分为后向散射光强度，其表达式为

$$B(x,y) = A_\infty[1 - t(x,y)] \tag{4.84}$$

式中，A_∞ 表示无穷远处散射光强度值。根据上述成像理论，探测器获得的图像可以表示为

$$I(x,y) = T(x,y) + B(x,y) \tag{4.85}$$

基于上述方程，物体辐射信息 $L(x,y)$ 可以推导为

$$L(x,y) = \frac{I(x,y) - A_\infty[1 - t(x,y)]}{t(x,y)} \tag{4.86}$$

从式(4.86)可以看出，A_∞ 和 $t(x,y)$ 是恢复 $L(x,y)$ 的两个关键未知参数。估计 A_∞ 可以通过选取无目标的一块区域估计。因此，估计透射率 $t(x,y)$ 是求解清晰场景的关键。

在传统偏振水下成像技术中，通过在探测器前放置偏振片获取正交偏振态的两幅偏振图像 $I_\parallel(x,y)$ 与 $I_\perp(x,y)$，其中，$I_\parallel(x,y)$ 为光强最大偏振图像，$I_\perp(x,y)$ 为光强最小偏振图像。因此有 $I_\parallel(x,y) \geqslant I_\perp(x,y)$。$I_\parallel(x,y)$ 和 $I_\perp(x,y)$ 可以表示为

$$I_\parallel(x,y) = T_\parallel(x,y) + B_\parallel(x,y) \tag{4.87}$$

$$I_\perp(x,y) = T_\perp(x,y) + B_\perp(x,y) \tag{4.88}$$

探测器获取的总强度可以表示为

$$I(x,y) = I_\parallel(x,y) + I_\perp(x,y) \tag{4.89}$$

结合上述方程，后向散射光的强度可以表示为

$$B(x,y) = \frac{[I_\parallel(x,y) - I_\perp(x,y)] - [T_\parallel(x,y) - T_\perp(x,y)]}{p_{sca}} = \frac{\Delta I(x,y) - \Delta T(x,y)}{p_{sca}} \tag{4.90}$$

式中，$\Delta I(x,y)$ 和 $\Delta T(x,y)$ 分别代表总强度的偏振差图像和目标信号的偏振差图像。根据式(4.80)，可以将透射率 $t(x,y)$ 表示为

$$t(x,y) = 1 - \frac{\Delta I(x,y) - \Delta T(x,y)}{p_{sca} A_\infty} \tag{4.91}$$

从式(4.91)可以看出。要获取透射率 $t(x,y)$。首先需要估计全局参数 A_∞ 和 p_{sca}，它们是水下成像条件的内在参数。假设 A_∞ 和 p_{sca} 在空间上是恒定的，这两个全局参数可以直接从选定的背景区域测量。因此，求解清晰场景的关键是估计目标信号 $\Delta T(x,y)$，本节通过提出一种估计 $\Delta T(x,y)$ 的方法来推导透射率 $t(x,y)$ 和 $L(x,y)$，以改进图像恢复算法。

在我们的研究中，物体辐射的偏振性是不可忽视的。代入式(4.91)到式(4.86)，得

$$L(x,y) = \frac{p_{\text{sca}}A_\infty I(x,y) - A_\infty[\Delta I(x,y) - \Delta T(x,y)]}{p_{\text{sca}}A_\infty - [\Delta I(x,y) - \Delta T(x,y)]} \tag{4.92}$$

式(4.92)考虑了后向散射光和物体辐射的偏振效应。总强度辐照度 $I(x,y)$ 和总强度 $\Delta I(x,y)$ 的偏振差图像可以根据等式从和 $I_\parallel(x,y)$ 和 $I_\perp(x,y)$ 获得。

因此，为了适当地推导透射率 $t(x,y)$ 和 $L(x,y)$，关键问题是估计 $\Delta T(x,y)$。本节提出了一种曲线拟合的方法，在没有太多先验知识(比如物体的位置和几何形状)的情况下，推导出透射率 $t(x,y)$ 和 $L(x,y)$。光强最大和光强最小偏振图像可以表示为

$$I_\parallel(x,y) = T_\parallel(x,y) + A_\parallel^\infty[1 - t(x,y)] \tag{4.93}$$

$$I_\perp(x,y) = T_\perp(x,y) + A_\perp^\infty[1 - t(x,y)] \tag{4.94}$$

基于式(4.93)和式(4.94)，引入一个中间图像 $K(x,y)$，它表示为

$$K(x,y) = \frac{I_\parallel(x,y)}{A_\parallel^\infty} - \frac{I_\perp(x,y)}{A_\perp^\infty} = \frac{T_\parallel(x,y)}{A_\parallel^\infty} - \frac{T_\perp(x,y)}{A_\perp^\infty} \tag{4.95}$$

$K(x,y)$ 的表达式类似于 $\Delta T(x,y)$ 的表达式，$K(x,y)$ 和 $\Delta T(x,y)$ 表达式之间唯一的区别是 $T_\parallel(x,y)$ 和 $T_\perp(x,y)$ 的系数。在本节所描述的方法中，图像的强度取值范围为 0~1。从式(4.93)式(4.94)中可知 $T_\parallel(x,y)$ $T_\perp(x,y)$ 低于 $I_\parallel(x,y)$ 和 $I_\perp(x,y)$ 的值，因此 $T_\parallel(x,y)$ 和 $T_\perp(x,y)$ 的值必须在 0~1 之间。根据以上分析可得，$T_\parallel(x,y)$ 和 $T_\perp(x,y)$ 应满足以下不等式组：

$$\begin{cases} 0 \leqslant T_\parallel(x,y) \leqslant 1 \\ 0 \leqslant T_\perp(x,y) \leqslant 1 \\ T_\perp(x,y) \leqslant T_\parallel(x,y) \end{cases} \tag{4.96}$$

根据式(4.95)，图像 $K(x,y)$ 和 $\Delta T(x,y)$ 之间的关系可以表示为

$$\begin{aligned} \Delta T(x,y) &= A_\parallel^\infty K(x,y) + T_\perp(x,y)\frac{A_\parallel^\infty - A_\perp^\infty}{A_\infty^\perp} \\ &= A_\perp^\infty K(x,y) + T_\parallel(x,y)\frac{A_\parallel^\infty - A_\perp^\infty}{A_\infty^\infty} \end{aligned} \tag{4.97}$$

因为 $A_\parallel^\infty \geqslant A_\perp^\infty$，所以式(4.97)总是正的，$\Delta T(x,y) \geqslant A_\parallel^\infty K(x,y)$。另外，根据 $T_\parallel(x,y) \leqslant 1$ 可得 $\Delta T(x,y) \leqslant A_\perp^\infty K(x,y) + \dfrac{A_\parallel^\infty - A_\perp^\infty}{A_\parallel^\infty}$。因此，$\Delta T(x,y)$ 的范围定义为

$$\begin{cases} \Delta T(x,y) \geqslant 0, & \dfrac{A_\perp^\infty - A_\parallel^\infty}{A_\parallel^\infty A_\perp^\infty} \leqslant K(x,y) \leqslant 0 \\[3mm] \Delta T(x,y) \geqslant A_\parallel^\infty K(x,y), & 0 < K(x,y) < \dfrac{1}{A_\infty^\parallel} \\[3mm] \Delta T(x,y) \leqslant A_\parallel^\infty K(x,y) + \dfrac{A_\parallel^\infty - A_\perp^\infty}{A_\parallel^\infty}, & \dfrac{A_\perp^\infty - A_\parallel^\infty}{A_\parallel^\infty A_\perp^\infty} \leqslant K(x,y) \leqslant \dfrac{1}{A_\parallel^\infty} \end{cases} \tag{4.98}$$

假设在 $K(x,y)$ 和 $\Delta T(x,y)$ 之间有一个数学关系，应该满足方程中讨论的不等式。如图 4.33 所示的三角形区域，其对应于 $\Delta T(x,y)$ 和 $K(x,y)$ 之间的可能关系。该区域的几何形状由式(4.98)中的不等式定义。该区域为钝角三角形，可用指数函数拟合 $\Delta T(x,y)$ 和 $K(x,y)$ 的关系。

根据上面的分析，$K(x,y)$ 和 $\Delta T(x,y)$ 之间的关系可以用下式给出的指数函数来粗略拟合：

$$\Delta \hat{T}(x,y) = a \cdot \exp[bK(x,y)] \tag{4.99}$$

式中，a 和 b 是要优化的两个系数，a 和 b 应大于 0，以确保 $\Delta T(x,y)$ 随 $K(x,y)$ 增加的趋势特性。a 的作用是调整尺度，b 的作用是调整指数函数的基值。根据图 4.33 中的关系来估计参数 a 和 b，之后根据式(4.99)求解清晰场景。

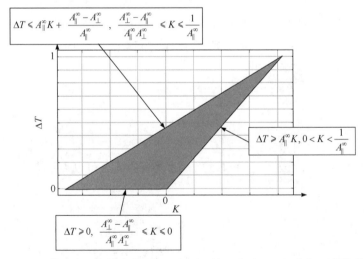

图 4.33　由等式中的不等式定义的三角形区域，表示 T 和 K 之间可能的关系

为了验证该方法的鲁棒性，本节进行两组实验(图 4.34)，其中第一组实验的目标区域由一枚金属硬币组成，它被粘贴在一个塑料立方体上；第二组实验目标区域由一个金属尺和一个上面有文字的圆盘组成。从图中可以看出，原始强度图像

[图 4.34(a)与(c)]中的目标细节信息模糊，而恢复后的图像[图 4.34(b)与(d)]中目标被凸显出来，细节更加清晰，证明了所提方法的有效性。

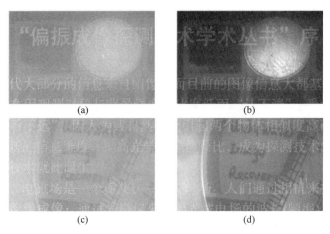

(a)　　　　　　　　　　　(b)

(c)　　　　　　　　　　　(d)

图 4.34　两组实验的原始强度图像与重建图像

4.5　基于图像相关性的偏振图像获取技术

本章所述各种水下成像方法在利用偏振信息复原目标光信息，恢复水下清晰场景时，均需要采集一组偏振状态互相垂直的偏振方位角图像。采集图像的过程中，通过旋转偏振片(检偏器)至不同的位置并观察相机中的水下场景光信号的变化情况来采集图像。当场景光的信号最强，即偏振片透光轴方向与光矢量的振动方向平行时，停止旋转偏振片并采集图像，即可获取理论上光强最大的图像，记此图像为最好偏振图像，反之，将偏振片旋转至与之前位置成 90°夹角，此时场景光信号最弱，记为最差偏振图像[18]。从上述图像获取过程可见，整个过程主要依靠人眼主观判断获取偏振图像，可操作性差，人为因素对获取图像的准确性有很大影响，并最终会影响水下场景的恢复效果。为解决上述图像获取方式存在的技术缺陷，本节结合光学相关技术提出了一种偏振图像获取方法，旨在提高偏振图像获取的准确性，并最终提升水下场景的恢复效果。

光学相关技术就是利用光学相关方法实现参考图像与目标图像间的相关运算，根据相关输出结果，判断二者间的相似程度。其实现过程主要依赖于卷积运算及傅里叶变换。由于在空域实现相关运算比较困难，将图像进行傅里叶变换得到其频谱进行相关运算。假设目标图像为 $t(x, y)$，参考图像为 $r(x, y)$，则上述图像经过透镜的傅里叶变换的频谱分别为 $T(x, y)$ 和 $R(x, y)$，之后采用光学方法实现频谱乘积 $T(x, y) * R(x, y)$，最后，对此结果执行傅里叶逆变换即可得到输出结果

$FT^{-1}\{T(x,y)*R(x,y)\}$。光学相关技术 Vander Lugt 相关器(Vander Lugt correlator, VLC)主要以频域匹配滤波为原理。VLC 信噪比高，原理简便易于实现，且能快速准确地从相关平面获取有用信息的优势。

图像相关的核心是对比目标图像和参考图像，采用光学相关技术计算图像的相关性，得到相关平面上形状各异的相关峰。通常情况下，相关峰的峰值可用于检测匹配程度。一定程度上，相关峰的尖锐程度表征了参考图像与目标图像间的相似程度，称为相关输出峰值强度，是评价相关平面输出结果的重要指标，其定义式如下：

$$CPI = |c(0,0)|^2 = |\iint H(u,v)S(u,v)\mathrm{d}u\mathrm{d}v|^2 \tag{4.100}$$

虽然相关平面的输出强度能够反映目标图像和参考图像相关程度的大小，但图像的灰度变化及尺度变化对其有影响，因而评价标准有一定局限性。获取最优偏振方位角的实现可分为以下四步。

1. 获取各组正交偏振方位角图像的相关平面

水下偏振成像场景恢复算法的主要实现过程是通过分离出目标光信息，达到恢复清晰场景的目的。因此采集正交偏振方位角图像的准确与否与最终场景的恢复效果密切相关。本节方法在实现最优偏振方位角图像获取，记录场景偏振信息的过程中，具体做法是：选取任意方向为偏振片的参考方向，记为 0°方向，每隔一定的角度记录场景的偏振信息，最终获得多幅偏振方位角图像，将这些图像中每两幅偏振状态互相垂直的偏振图像分为一组，得到多组偏振图像，并结合光学相关技术计算每组偏振图像的相关平面。其具体实现过程如下。

(1) 将每组偏振图像中的一幅作为参考图像，另一幅作为目标图像，并对目标图像进行傅里叶变换，得到多个傅里叶频谱图像。

(2)利用每组偏振图像中的参考图像构建滤波器，将每组偏振图像中的参考图像对应的滤波器与目标图像对应的频谱图像进行相应的运算，得到相关平面。

2. 水下偏振成像复原

在获取了多组偏振方位角图像之后，对其进行分组，即可采用水下偏振成像算法分离出目标光信息，抑制后向散射光对水下场景清晰度的影响，恢复清晰场景并评价参数衡量多组清晰场景的恢复效果。

3. 衡量各组正交偏振方位角图像的相似性

步骤 1 得到了多组正交偏振方位角图像的相关平面，采用相关性评价参数衡量图像的相关结合，其具体实现过程为：根据相关性评价参数的定义式，计算每

组偏振图像中参考图像和目标图像间的相关性评价指标。因为在采集用于恢复水
下清晰场景的两幅原始偏振图像时，其中一幅图像光信号电矢量的振动方向与检
偏器的透光轴垂直，到达探测器的光强度最弱；另一幅图像与检偏器的透光轴平
行，到达探测器的光强度最强。因而理想的用于水下场景复原的正交偏振方位角
图像相关程度应最小，即相似程度最小。

4. 分析确定最优正交偏振方位角图像

将步骤 2 清晰场景的恢复效果评价参数与步骤 3 获得的多组偏振方位角图像
的相似性参数对比分析，根据恢复出场景的细节信息与对比度等特征的效果，确
定最优正交偏振方位角图像，此方法建立了采集的原偏振方位角图像间的相似性
与最优正交偏振方位角图像的获取间的关系。

通过模拟水下场景进行实验，验证最优偏振方位角图像获取方法技术的可行
性和处理结果的有效性。实验为主动光偏振探测实验，以 LED 手电筒作为光源，
其电功率为 50W，为模拟水的散射特性，溶液中溶质为脱脂牛奶，稀释的牛奶用
于模拟水下浑浊环境。采用带偏振片的 OLYMPUS TG-4 相机采集图像，并用 B+W
67 CIRCULAR-POL MRC 偏振片作为起偏器，将照明光源变为偏振光。为了确定
在偏振片旋转过程中的最优正交偏振方位角图像，将偏振片旋转半圈、每隔 5° 采
集一幅偏振方位角图像，共获得 36 幅偏振方位角图像，分成 18 组图像。其中每
组包含两幅偏振状态互相垂直的偏振图像。图 4.35 为选取的目标物的原始图像及
处理结果。虽然两幅图像之间没有明显的差异，但最终的恢复结果有很大的不同。
例如，一些最终重建的图像甚至比最初拍摄的图像更糟糕。这种差异也证明了选
择最优 I_{max} 和 I_{min} 的重要性。

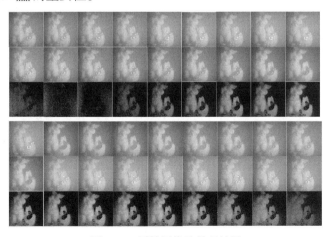

图 4.35 原始图像及处理结果

图 4.36 为图 4.35 中 18 个相关峰的排序，从分布上可以清楚地找到相关峰的

最小值在第 12 组,这一结果与图 4.35 中恢复效果最好的结果相对应。在第 1 组~第 3 组中,相关峰值很高,但是重建结果几乎不能提供目标信息,这一现象再次证明了选择最优 I_{max} 和 I_{min} 的重要性。

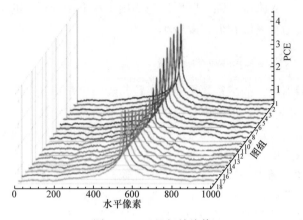

图 4.36　18 组相关峰值

相关峰为水下偏振成像中 I_{max} 和 I_{min} 的确定提供了确定的参考,但相关峰值可能会受到噪声的干扰,为了分析这一情况,分别在图 4.35 所示的 18 组图像中加入四种不同程度的高斯噪声,观察鲁棒性。这四种高斯噪声的期望和方差分别为 $\mu=0$,$\delta^2=0$;$\mu=0.05$,$\delta^2=0.002$;$\mu=0.1$,$\delta^2=0.004$;$\mu=0.15$,$\delta^2=0.006$。在这四种情况下,相关峰值分布如图 4.37 所示。噪声的存在改变了峰值的分布,尤其是在第 10 组~第 15 组中,理论上最优偏振图像为第 12 组,但是在噪声的影响下,相关峰值提供了错误的参考。此外,第 2 组和第 4 组也与不加噪声的相关峰值存在差异。因此,仅依据相关峰值选择 I_{max} 和 I_{min} 不具有鲁棒性。

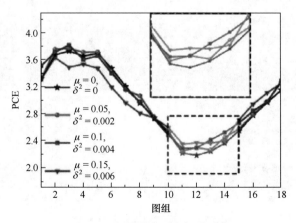

图 4.37　不同噪声下的相关峰值

为了克服利用相关峰值选取 I_{max} 和 I_{min} 的缺陷，采用如式(4.101)所示的相关峰能量 PCE 来提供整体和稳健的参考：

$$PCE = \frac{\sum\limits_{i,j}^{M} E_{\text{peak}}(i,j)}{\sum\limits_{i,j}^{N} E_{\text{correlation plane}}(i,j)} = \frac{\iint_{P} \left| Cp(x,y) \right|^2 dxdy}{\iint \left| Cp(x,y) \right|^2 dxdy} \tag{4.101}$$

式中，E 为相关平面的强度；N 为相关平面的大小；M 为相关平面最大值及其周围八个像素组成的平面。与相关峰相似，PCE 越高，两幅图像之间的相似性越强。

图 4.38 显示了四种噪声水平下 PCE 的变化，与相关峰值相比，总体趋于稳定，曲线没有突然上升或下降，所有数据表明相同的结论：第 3 组是最不理想的，虚线矩形框下的恢复结果也给出了有力的证明，几乎没有有价值的信息被重建，这也证明了寻找 I_{max} 和 I_{min} 的必要性。第 12 组图组对应的是最优 I_{max} 和 I_{min}，利用这两幅图像可以得到最好的重建结果。

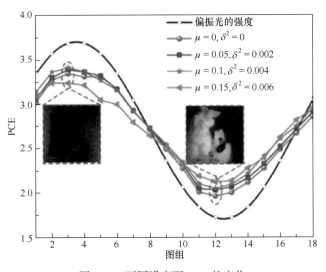

图 4.38　不同噪声下 PCE 的变化

在偏振成像过程中，当在探测器前安装一个线偏振片时，探测器接收到的图像的亮度随偏振片的旋转角度而发生变化。根据马吕斯定律，图像的亮度为偏振片旋转角度的余弦函数，如图 4.38 所示。假设偏振片从光强最亮方向开始旋转，旋转角度为 0° 和 90° 的两幅图像分别表示 I_{max} 和 I_{min}，这两幅图像与其他图像相比相似性最小，PCE 也最小。相反，当旋转角度为 45° 和 135° 时，探测器获取的两幅图像相似性最大，PCE 也最大。当偏振片从光强最大方向转到光强最小方向时，探测器接收到的后向散射光强度也从最大变到最小。这种现象解释了 PCE

呈正弦变化的原因。

对 PCE 的鲁棒性进行进一步分析，如图 4.39 所示，实验中选取图像对比度、图像锐度和图像边缘强度三个参数进行论证。经过计算可得，所有评价参数都在 PCE 的值最低时达到最高值，再一次表明 PCE 可以辅助获取最优 I_{max} 和 I_{min}。

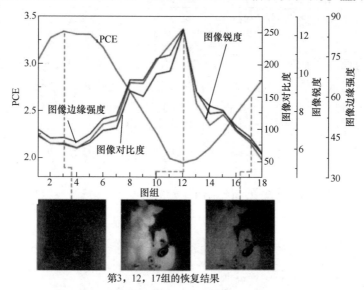

第3，12，17组的恢复结果

图 4.39　PCE 与图像对比度、图像锐度和图像边缘强度的关系

4.6　基于目标结构和特征的水下偏振成像技术

基于偏振成像模型的水下偏振成像技术核心是利用目标与背景偏振信息的差异性移除后向散射光，获取清晰场景图像。在实际应用场景中，目标与背景在其他方面(如结构、特征以及统计特性等)的差异也能够提供清洗场景的求解方法，本节在对目标与背景其他方面的特性进行研究的基础上，介绍基于深度学习的水下偏振成像技术以及基于稀疏低秩特性的水下非均匀光场偏振成像技术。

4.6.1　基于深度学习的水下偏振成像技术

深度学习是一种基于神经网络的技术，随着网络层的增加，该技术具有越来越丰富的功能，在包含散射介质成像在内的许多领域具有重要应用。许多应用表明，基于学习的方法在提取图像结构和特征的基础上能够找到输入与标签之间的关系，与其他特征提取方法相比具有明显优势。因此将深度学习与偏振信息相结合在水下环境，尤其是高浑浊度水体中进行成像具有很大潜力[19]。

本节介绍一种基于深度学习的偏振水下成像技术。首先建立一个包含大量偏振图像对的数据集,该图像对是由偏振相机在清澈或浑浊的水中拍摄的。然后采用基于多个密集块的密集连接神经网络对数据集进行训练,该神经网络能够融合所有的局部特征并将其连接起来,以获取丰富的层次信息。最后针对不同场景在浑浊水中进行了多组实验,验证了该算法的优越性和有效性。

图像复原的目标是去除后向散射光,恢复物体的真实辐射信息。传统图像恢复方法仅针对图像的强度信息进行复原,效果有限。由 4.1 节可知后向散射光是部分偏振的,其偏振状态只与介质的性质有关,可以利用偏振信息对后向散射光进行去除,恢复清晰场景。根据这一关系可知清晰场景图像是偏振成像仪获取的偏振信息的函数。为了从偏振信息中恢复清晰图像,本节介绍一种端到端的神经网络——偏振密集网络(polarimetric dense network,PDN),具有三维输入,如图 4.40 所示。

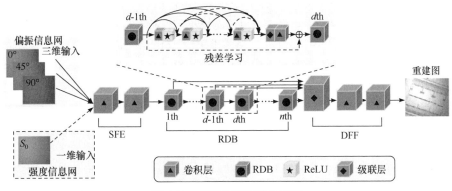

图 4.40 偏振密集网络的结构

该网络结构包括三个主要部分:浅层特征提取(shallow feature extraction,SFE)、剩余密集块(residual dense block,RDB)和密集特征融合(dense feature fusion,DFF)。在实际应用中,SFE 包括两个卷积层:第一层用于从三幅偏振图像中提取偏振信息的浅层特征,卷积核的大小为 $3 \times 3 \times 3$,从第一层提取的浅层特征被扔进第二层卷积,第二层卷积的输出被认为是 RDB 的输入,所有 RDB 如图 4.40 中含图形标记的正方体所示串联在一起,每个 RDB 由卷积、校正线性单元(rectified linear unit,ReLU)、特征融合和剩余学习操作组成,第 d 层 RDB 对应的 F_d 与从前面 RDB 中提取的特征相关:

$$F_d = H_{\mathrm{RDB}\text{-}(d)}(H_{\mathrm{RDB}\text{-}(d-1)}(...(H_{\mathrm{RDB}\text{-}(1)}(F_0)))) \tag{4.102}$$

式中,$H_{\mathrm{RDB}\text{-}(d)}$ 表示第 d 层 RDB 的复合操作过程;F_0 为 SFE 中第二层提取的浅层特征。每个 RDB 中都有密集的连接层,这意味着 RDB 可以充分利用所有卷积层的层次特征,这是本节所提出的网络的关键步骤,RDB 中的所有特征通过级联层连接,并通过 DFF 中的下一个 1×1 卷积层进行融合:

$$I_{\mathrm{out}} = H_{\mathrm{DFF}}(F_n, F_{n-1}, \cdots, F_1, F_0) \tag{4.103}$$

之后由第二个 3×3 卷积层输出。此外，为了验证偏振信息有利于图像恢复的质量，采用相同的网络结构来训练强度图像，仅基于一个强度输入来恢复物体的辐射度，将其命名为强度信息网(intensity net)。

在所提出的网络中，损耗函数定义为

$$l(\Theta) = \frac{1}{2N} \sum_{i=1}^{N} \left\| I_{(i)}^{\text{pred}}(x, y; \Theta) - I_{(i)}^{\text{gt}}(x, y) \right\|_{\text{F}}^{2} \tag{4.104}$$

式中，N 表示训练集的数目；$I_{(i)}^{\text{pred}}(x, y; \Theta)$ 表示由可训练参数 Θ 学习到的第 i 个图像；$I_{(i)}^{\text{gt}}(x, y)$ 表示相应的基本事实；$\| \cdot \|_{\text{F}}$ 表示 Frobenius 矩阵范数。

为了建立数据集，设计水下成像实验，在 LED 光源前面放置一个线性偏振器来提供偏振照明，使拍摄的图像包含更明显的偏振信息，这有助于偏振算法，把物体放在装满水的玻璃缸里，在水中加牛奶使水变得浑浊，采用商用分焦平面偏振相机(LUCID, PHX055S-PC)拍摄包含线偏振信息的偏振图像。该相机的像素数为 2048×2448，像素阵列表面覆盖由 0°、45°、90°和 135°四种不同偏振方向的微偏振器组成的偏振阵列。因此可以得到四个偏振图像对应这四个偏振角，分别称为 $I_0(x, y)$、$I_{45}(x, y)$、$I_{90}(x, y)$、$I_{135}(x, y)$，由于其中三个已经包含了完整的线偏振信息，在本节中，仅使用三个方向($I_0(x, y)$、$I_{45}(x, y)$、$I_{90}(x, y)$)的偏振图像进行图像恢复。

利用 DoFP 成像仪拍摄的 140 组图像对作为数据集，其中 90 组作为训练集，其余 50 组分为验证集和测试集，此外，为了扩展数据集的规模，采用 64 × 64 像素窗口，以 32 像素为步长水平或垂直翻转该窗口，最终得到约 10.3 万的训练数据集。

将三个方向的偏振图像 $I_0(x, y)$、$I_{45}(x, y)$、$I_{90}(x, y)$组合为三维输入，这样就可以保持偏振的相关性。实际所接收到的物体辐射度可作为斯托克斯矢量的第一个元素 S_0，也可由在清水中拍摄的偏振图像导出，计算公式如下：

$$I^{\text{gt}}(x, y) = I_0^{\text{gt}}(x, y) + I_{90}^{\text{gt}}(x, y) \tag{4.105}$$

在神经网络中，采用 MSRA 方法[20]对 RDB 的权重进行初始化，而其他网络层则随机进行初始化，标准偏差设置为 0.01，并利用最小批量为 32，学习速率为 5×10^{-5}，指数速率衰减为 0.6 的 Adam 优化器更新神经网络中的参数。最后，利用 Nvidia RTX 2080Ti GPU 对模型进行 24 个阶段的训练。RDB 的块数也会影响实验结果，当块数设置为 16 时，神经网络的性能和训练速度可以得到较好的平衡。此外，在上述训练好的 PDN 中，对测试集中的图像还需进行基于偏振网和强度网的图像重建。

引入 EME(measurement of improvement)量化图像质量从而定量评价图像质

量，计算公式如下：

$$\text{EME} = \left| \frac{1}{m \times n} \sum_{l=1}^{n} \sum_{k=1}^{m} 20 \log \frac{I_{\max;k,l}^{\omega}(x,y)}{I_{\min;k,l}^{\omega}(x,y) + q} \right| \tag{4.106}$$

即将图像在二维平面上分成以序列号为(k,l)的 $m \times n$ 个块，$I_{\max;k,l}^{\omega}(x,y)$ 和 $I_{\min;k,l}^{\omega}(x,y)$ 为图像块序列中的最大值和最小值，为了避免被零除，将参数 q 设置为 0.0001。在式(4.106)中 EME 值越高，图像质量越好。

　　水下成像的图像重建结果如图 4.41 所示，从图 4.41(a)可以看出，实验所用的水体是浑浊的，这造成水下成像时图像质量和场景细节的严重退化，而基于 PDN 方法重建出来的图像如图 4.41(b)所示，图像变得更加清晰，一些场景的细节，甚至连标尺的尺度都可以清晰地识别出来。此外，图 4.41(c)是强度信息网方法训练的相应结果，其输入仅包含单强度图像，在重建过程中不涉及偏振信息，对比图 4.41(b)和图 4.41(c)，可以看出图 4.41(b)的重建效果在视觉上更好，这些结果都可表明，深度学习与偏振信息的结合有利于图像重建。

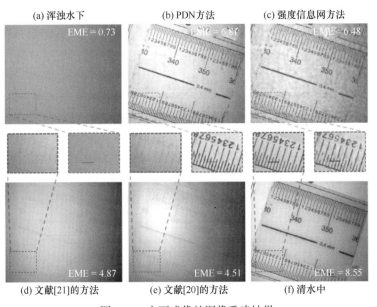

图 4.41　水下成像的图像重建结果

　　此外，本节还基于 PDN 方法重建的图像分别与经过偏振方法和图像处理方法重建的图像进行了比较，其中，图 4.41(d)是文献[21]提出的基于偏振角的偏振图像的重建方法，图 4.41(e)是文献[20]提出的暗通道先验方法，图 4.41(f)是清水中的图像，可以看出，这两种方法都没有很好地抑制住后向散射光，使得图像显得"朦胧"，而本节所述的方法可以克服这一问题，因此重建出来的图像比其他方法所重建的图像更清晰。

图 4.42 表示为图 4.41 中放大区域的强度分布, 由图可知, 原始图像的曲线几乎是平坦的, 这意味着场景信息几乎全部丢失, 而基于 PDN 方法的方法重建的图像强度曲线变化幅度较大, 比其他方法(包括基于强度信息网方法)都要大, 因此可以表明 PDN 方法比其他方法有着更高的图像对比度。

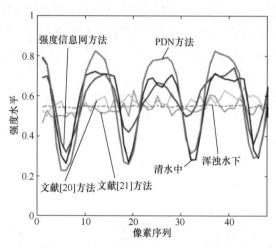

图 4.42　图 4.41 所示水平线的强度水平

图 4.42 为在高浑浊度水中进行的两组水下图像重建实验, 从图中可以看出, PDN 方法重建的结果可以清晰地反映场景信息, 结果中的细节与真实情况接近, 效果优于其他方法, 因而进一步证明了该方法的有效性和优越性。

表 4.2 是使用局部图像对比度(image contrast, IC)、EME、峰值信噪比(peak signal-noise rate, PSNR)和结构相似性(structural similarity, SSIM)这四种图像评价方法分别对图 4.43 的图像质量进行评估的结果, 其中, IC、EME、PSNR 和 SSIM 值越高, 图像质量就越好。从表 4.2 可以看出, PDN 方法具有最高的 EME、IC、PSNR 和 SSIM 值, 这意味着此方法的性能优于其他方法。

表 4.2　不同重建方法的对比分析

评价标准	场景 1			场景 2		
	文献[21]方法	文献[20]方法	PDN 方法	文献[21]方法	文献[20]方法	PDN 方法
IC	0.65	0.59	0.82	0.83	0.75	0.85
EME	4.86	5.63	9.10	5.17	6.81	8.07
PSNR	12.62	12.15	20.52	13.97	13.66	15.49
SSIM	0.36	0.31	0.77	0.39	0.31	0.66

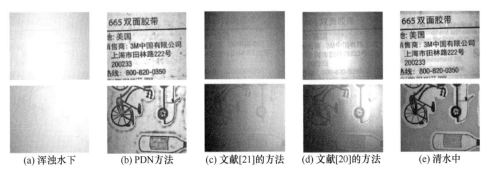

| (a) 浑浊水下 | (b) PDN 方法 | (c) 文献[21]的方法 | (d) 文献[20]的方法 | (e) 清水中 |

图 4.43 不同方法重建图像的比较

综合上述以及实验结果可得出,在深度学习中,基于偏振信息的图像复原效果优于仅基于强度信息的图像复原效果,说明偏振信息的加入有利于提高图像复原质量,而且此方法在浑浊水体的情况下也能很好地重建出清晰的图像。

4.6.2 基于稀疏低秩特性的水下非均匀光场偏振成像技术

在水下成像过程中,随着传输距离的增加光波散射程度剧增,受浑浊水体中的强散射作用,背景散射光与目标信息光严重混叠,使得强度图像目标信息完全被淹没于背景中,且散射场开始呈非均匀分布特征(图 4.44),进而造成偏振成像中背景散射光与目标信息光难以解译,水下成像距离大幅缩短。

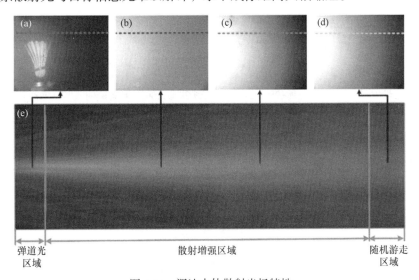

图 4.44 浑浊水体散射光场特性

受强散射影响的浑浊水下图像呈现明显的非均匀分布特性,但在视觉上却具有高度冗余性,背景纹理单一,所包含信息相关性高,符合图像的低秩性特点,

因此水下成像时的单一成像背景可视为存在于一个低秩子空间。而目标信息一般在整个水下场景中占比较小，符合稀疏性的特点，因此可将目标视为存在于一个稀疏的子空间。结合浑浊水下图像中散射光的低秩性和目标信息的稀疏性特点，采用光场矩阵稀疏-低秩特性对图像进行处理，可提高成像质量，如式(4.107)所示：

$$\begin{cases} \min\limits_{I_{\text{sca}}, I_{\text{object}}} \{\text{rank}(I_{\text{sca}}(x,y)) + \lambda \|I_{\text{object}}(x,y)\|_0\} \\ \text{s.t.}\ I_{\text{total}}(x,y) = I_{\text{sca}}(x,y) + I_{\text{object}}(x,y) \end{cases} \tag{4.107}$$

式中，$I_{\text{sca}}(x,y)$ 和 $I_{\text{object}}(x,y)$ 分别表示探测器接收到的背景散射光强度和目标信息光强度；$I_{\text{total}}(x,y)$ 为探测器接收到的强度信息；$\text{rank}(\cdot)$ 表示矩阵的秩函数，即非零奇异值的个数；l_0 范数 $\|\cdot\|_0$ 用来衡量矩阵的稀疏性；λ 为正则化参数，用来平衡低秩矩阵和稀疏矩阵对优化问题的影响。在实际成像过程中，背景散射强度的非均匀分布导致场景图像中背景散射光图像的低秩性大幅下降。因此，利用偏振共模抑制原理对图像进行均匀化处理，使得式(4.105)所示的优化函数易获得最优解。

偏振共模抑制分解过程表示为

$$\begin{bmatrix} \text{PSI}_{\text{total}}(x,y) \\ \text{PDI}_{\text{total}}(x,y) \end{bmatrix} = \begin{bmatrix} 1 & 1 \\ 1 & -1 \end{bmatrix} \begin{bmatrix} I_{\text{total}}^{\parallel}(x,y) \\ I_{\text{total}}^{\perp}(x,y) \end{bmatrix} \tag{4.108}$$

式中，$I^{\perp}(x,y)$ 和 $I^{\parallel}(x,y)$ 为探测器上每个像元 (x,y) 进行正交分解所得的两个正交线偏振分量；PDI 为偏振差分图像；PSI 表示偏振求和图像；$\text{PSI}_{\text{total}}(x,y)$ 和 $\text{PDI}_{\text{total}}(x,y)$ 图像通道就是具有均匀分布的偏振方位角图像中的两个主成分。由马吕斯定律可知，通过偏振差分图像的共模抑制特性在滤除非均匀光强信息的同时能够有效保留目标信息光，因此可有效提升场景图像的低秩性。

以 $\text{PDI}_{\text{total}}(x,y) \in R^{m \times n}$ 图像作为输入数据，则式(4.108)所示表征方式可分解为一个低秩空间矩阵 $\text{PDI}_{\text{sca}}(x,y) \in R^{m \times n}$ 和一个稀疏空间矩阵 $\text{PDI}_{\text{object}}(x,y) \in R^{m \times n}$，其中两者均未知。由式(4.107)所示秩函数 $\text{rank}(\cdot)$ 的非凸不连续性和 l_0 范数的离散特性可知，式(4.108)所示优化问题为病态问题，难以求解，故采用优化的矩阵截断核范数：

$$\|z\|_r = \sum_{i=r+1}^{\min(m,n)} \sigma_i(z) = \|z\|_* - \max_{AA^{\text{T}}=I, BB^{\text{T}}=I} \text{tr}(AZB^{\text{T}}) \tag{4.109}$$

来代替秩函数，并引入离散余弦变换对低秩矩阵进行稀疏化优化处理，如式(4.110)所示：

$$
\begin{cases}
\min\limits_{\mathrm{PDI_{sca}},\mathrm{PDI_{object}}} \left\{ \left\| \mathrm{PDI_{sca}} \right\|_* - \max\limits_{AA^{\mathrm{T}}=I_{r\times r},BB^{\mathrm{T}}=I_{r\times r}} \mathrm{tr}\!\left(A\left(\mathrm{PDI_{sca}}\right)B^{\mathrm{T}}\right) + \lambda \left\| \mathrm{PDI_{obj}} \right\|_1 + \gamma \left\| G\!\left(\mathrm{PDI_{sca}}\right) \right\|_1 \right\} \\
\text{s.t.}\quad \mathrm{PDI_{total}}=\mathrm{PDI_{sca}}+\mathrm{PDI_{object}}, \quad W = \left\| G\!\left(\mathrm{PDI_{sca}}\right) \right\|
\end{cases}
$$

$$(4.110)$$

式中，$G(\bullet)$ 表示正向变换算子；利用 W 替换变量 $\mathrm{PDI_{sca}}$，即 $W=\left\| G\!\left(\mathrm{PDI_{sca}}\right) \right\|$；$l_1$ 正则化用于提升 $\mathrm{PDI_{sca}}$ 的稀疏性；参数 λ 和 γ 分别用于平衡低秩分量与空间域稀疏分量和变换域低秩分量；对矩阵 $\mathrm{PDI_{sca}}$ 进行奇异值分解 (singular value decomposition，SVD) 得到左奇异值矩阵和右奇异值矩阵，再进行截断得 A 和 B，构建如式(4.111)所示的增广拉格朗日函数对式(4.110)所示的优化问题进行迭代求解：

$$
\begin{aligned}
L(\mathrm{PDI_{sca}},\mathrm{PDI_{object}},W,Y,P,\mu) &= \left\| \mathrm{PDI_{sca}} \right\|_* - \mathrm{tr}\!\left(A\left(\mathrm{PDI_{sca}}\right)B^{\mathrm{T}}\right) + \lambda \left\| \mathrm{PDI_{object}} \right\|_1 \\
&+ \gamma \left\| W \right\|_1 + \left\langle Y, \mathrm{PDI_{total}} - \mathrm{PDI_{sca}} - \mathrm{PDI_{object}} \right\rangle + \frac{\mu}{2} \left\| \mathrm{PDI_{total}} - \mathrm{PDI_{sca}} - \mathrm{PDI_{object}} \right\|_F^2 \\
&+ \left\langle P, W - G\!\left(\mathrm{PDI_{sca}}\right) \right\rangle + \frac{\mu}{2} \left\| W - G\!\left(\mathrm{PDI_{sca}}\right) \right\|_F^2
\end{aligned}
$$

$$(4.111)$$

式中，Y 和 P 是拉格朗日乘子；$\mu>0$ 为惩罚参数；算符 $\langle\cdot,\cdot\rangle$ 表示矩阵内积；$\|\bullet\|_F$ 表示矩阵的 Frobenius 范数。根据交替方向迭代法，利用式(4.112)所示形式进行变量控制依次迭代式中变量：

$$
\begin{cases}
\mathrm{PDI_{sca}}^{k+1} = \arg\min\limits_{\mathrm{PDI_{sca}}} L(\mathrm{PDI_{sca}}^{k},\mathrm{PDI_{object}}^{k},W_k,Y_k,P_k,\mu_k) \\
\mathrm{PDI_{object}}^{k+1} = \arg\min\limits_{\mathrm{PDI_{object}}} L(\mathrm{PDI_{sca}}^{k+1},\mathrm{PDI_{object}}^{k},W_k,Y_k,P_k,\mu_k) \\
W_{k+1} = \arg\min\limits_{W} L(\mathrm{PDI_{sca}}^{k+1},\mathrm{PDI_{object}}^{k+1},W,Y_k,P_k,\mu_k) \\
Y_{k+1} = Y_k + \mu_k\left(I - \mathrm{PDI_{sca}}^{k+1} - \mathrm{PDI_{object}}^{k+1}\right) \\
P_{k+1} = P_k + \mu_k\left[W_{k+1} - G\!\left(\mathrm{PDI_{sca}}^{k+1}\right)\right] \\
\mu_{k+1} = \min(\rho\mu_k,\mu_{\max})
\end{cases}
$$

$$(4.112)$$

　　联立式(4.111)和式(4.112)，结合矩阵的奇异值阈值(singular value thresholding，SVT)算法和逐元素软阈值(soft thresholding，ST)算法对上述优化问题的封闭解进行求取，如式(4.113)所示：

$$
\begin{cases}
\mathrm{PDI}_{\mathrm{sca}}^{k+1} = \mathrm{SVT}_{\frac{1}{2\mu_k}}\left\{\frac{1}{2}\left[I - \mathrm{PDI}_{\mathrm{object}}^{k} + \frac{1}{\mu_k}\left(A_l^{\mathrm{T}}B_l + Y_k\right) + S\left(W_k + \frac{P_k}{\mu_k}\right)\right]\right\} \\[3mm]
\mathrm{PDI}_{\mathrm{object}}^{k+1} = \mathrm{ST}_{\frac{\lambda}{\mu_k}}\left(I - \mathrm{PDI}_{\mathrm{sca}}^{k+1} + \frac{Y_k}{\mu_k}\right) \\[3mm]
\mathrm{s.t.}\ \ \mathrm{SVT}_{\frac{1}{2\mu_k}}(Q) = U\cdot\mathrm{diag}\left[\max\left(\sigma - \frac{1}{2\mu_k}, 0\right)\right]V^{\mathrm{T}} \\[3mm]
\qquad \mathrm{ST}_{\frac{\lambda}{\mu_k}} = \mathrm{sgn}(x)\cdot\max\left(|x| - \frac{\lambda}{\mu_k}, 0\right)
\end{cases}
\tag{4.113}
$$

式中，$\sigma = (\sigma_1, \sigma_2, \cdots, \sigma_r)^{\mathrm{T}}$ 为矩阵 SVD 后的特征值，即 $Q = U\cdot\mathrm{diag}(\sigma)V^{\mathrm{T}}$。通过上述稀疏低秩分解方法及迭代更新模型的计算，偏振差分 $\mathrm{PDI}_{\mathrm{total}}(x,y)$ 图像得到稀疏低秩最终解 $\mathrm{PDI}_{\mathrm{sca}}^{k+1}$ 和 $\mathrm{PDI}_{\mathrm{object}}^{k+1}$，将偏振差分图像有效分解为背景散射光图像和目标信息光图像，实现水下清晰化成像。

图 4.45 所示为实验结果，图 4.45(a)为原始水下强度图像，其背景散射光呈现明显的非均匀分布特性，且目标信息光几乎被背景散射光完全淹没。图 4.45(b)所示为利用散射光场偏振共模抑制特性校正后的图像，该结果表明偏振共模抑制不仅能够有效去除背景散射光的非均匀性，而且有效滤除掉了一定的强散射背景，凸显出了目标信息。图 4.45(c)和(d)为对图(b)采用稀疏低秩特性分解所得的背景散射光与目标信息光，其中目标信息显著增强，视觉效果明显改善，图像对比度显著提升，细节信息增加，如图 4.45(d)中字母"OEI"清晰可见，且边缘细节明显。

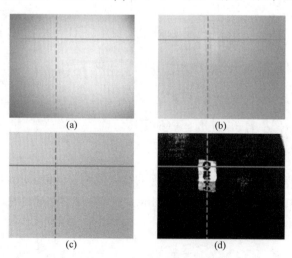

图 4.45　水下偏振成像实验结果

图 4.46 为图 4.45 沿直线和虚线标出位置的像素强度统计分布。原始强度图像中像素强度呈现近似光滑的变化趋势,其中的目标与背景差异不明显,难以从中获取目标信息。其强度由 135 到 245 的缓慢变化则直接表明了图像中散射光的非均匀分布。图 4.46(a)中代表图 4.45(a)和(b)中横向第 196 行像素强度分布的曲线,其表明偏振共模抑制明显消除了图像的非均匀性。图 4.46(a)中重建图像曲线取自图 4.45(d),像素位置在 200～310 之间存在明显起伏,表明实验中目标信息(字母 "O")得到了恢复,背景散射被有效去除。图 4.46(b)为纵向第 253 列像素强度的统计图,可以看到,偏振共模抑制处理方法能够有效解决非均匀强背景问题,提升场景图像低秩性,从而提升背景信息与目标信息的分离效果。重建图像曲线中的明显起伏表明该方法有效抑制了非均匀强散射背景,使目标细节信息得到有效恢复。

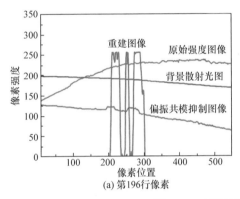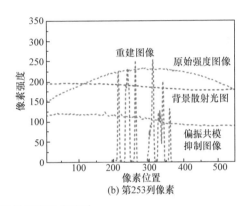

图 4.46　实验结果图像像素强度统计

为验证该方法的普遍适用性和有效性,在不同浑浊度水体中开展实验,图 4.47 第一行为原始强度图像,图 4.47 第 2 行为不同浓度下的重建结果,由图可见,虽然水体浑浊度不断增加,但重建结果中的目标信息整体得到清晰复原,目标物上的细节信息均清晰可辨。表明所述方法具有较强鲁棒性和普遍适应性。

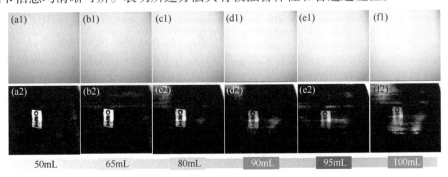

图 4.47　不同浓度溶液中实验结果

从客观评价指标定量分析(图 4.48)，经过基于稀疏低秩特性的水下非均匀光场偏振成像方法重建后的图像平均梯度值提升 4 倍左右，图像标准差提升了 1.5 倍左右，反映视觉效果的图像对比度提升了 10 倍左右。总体看来，在经基于稀疏低秩特性的水下非均匀光场偏振成像方法重建后，水下退化图像的质量，尤其是图像对比度和细节信息均得到显著改善和提升。

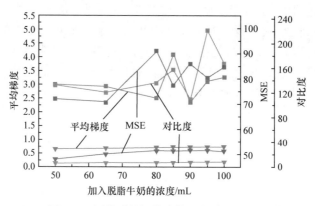

图 4.48　图像质量评价参数的客观评价结果

4.7　基于非均匀散射光场的水下偏振成像技术

现有基于目标反射光和后向散射光偏振信息差异的水下成像技术往往假设目标反射光是非偏振的，或者假设目标反射光的偏振度是一个常数，并且没有考虑光波的偏振角[22-23]。但是在实际应用中，目标反射光是部分偏振光，其偏振度和偏振角与后向散射光不同，并且目标表面每一点的偏振信息也存在差异。在这种情况下，通过旋转偏振片无法获取传统偏振成像方法所需要的偏振方位角图像，因此此类方法存在较大的误差。基于以上问题，本节介绍一种基于非均匀散射光场的水下偏振成像技术。通过利用斯托克斯矢量包含光波偏振度和偏振角的特性，用由斯托克斯矢量导出的偏振信息来描述光波的传输，建立水下目标偏振特性分析模型；以该模型为基础，分析水下环境散射光和目标信息光的偏振特性，利用独立成分分析方法，设计能够有效对场景目标反射光和后向散射光的强度信息和偏振信息进行准确估算的偏振图像重建算法；利用散射光强度与探测距离的关系，实现非均匀光场环境下目标深度信息重建。最后，通过利用不同的偏振成像算法对材料特性不同的目标进行重建，验证所提算法的保真度。

4.7.1　非均匀散射光场中目标偏振特性分析模型

为了精确估计非均匀散射光场中目标信息，需要建立非均匀散射光场中目标偏振特性分析模型。该模型需要同时考虑目标反射光和后向散射光偏振度和偏振角的空间变化特性，通过求解该模型，可以计算出目标反射光和后向散射光的强度信息以及偏振信息，模型如图 4.49 所示。

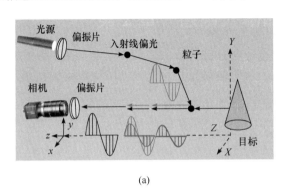
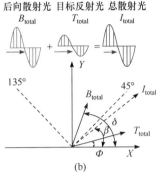

图 4.49　目标偏振特性分析模型

探测器接收到的总光强 I_{total} 由后向散射光 B_{total} 和目标信息光 T_{total} 叠加而成，且二者均为部分偏振光。设目标反射光中非偏振部分为 T_n，偏振部分为 T_p，后向散射光中非偏振部分和偏振部分分别为 S_n 和 S_p，则探测器接收到的总光强为

$$I_{\text{total}} = S_n + S_p + B_n + B_p = B_{\text{total}} + T_{\text{total}} \tag{4.114}$$

式中，场景中后向散射光和目标信息光的偏振度为

$$\begin{cases} p_{\text{obj}} = \dfrac{T_p}{T_n + T_p} \\[3mm] p_{\text{sca}} = \dfrac{B_p}{B_n + B_p} \end{cases} \tag{4.115}$$

通过旋转安装在探测器前面的偏振片，探测器接收到的光强变化可表示为

$$\hat{I} = \frac{B_n}{2} + B_p \cos^2(\psi - \omega) + \frac{T_n}{2} + T_p \cos^2 \omega \tag{4.116}$$

式中，$\hat{I}$ 和 ω 为探测器获取到的强度和偏振片旋转的角度；$\psi = \delta - \phi$ 表示目标反射光与后向散射光振动方向之间的夹角。偏振片的初始旋转角度与 T_p 的振动方向相同。利用式(4.116)可以得到重建所需的偏振图像。在以往的研究中，这些偏振图像用 $I_{\max}$ 和 $I_{\min}$ 表示，其表达式为

$$\begin{cases} I_{\max} = \dfrac{B_n}{2} + B_p + \dfrac{T_n}{2} + T_p \\[3mm] I_{\min} = \dfrac{B_n}{2} + \dfrac{T_n}{2} \end{cases} \tag{4.117}$$

　　为了避免使用 $I_{\max}$ 和 $I_{\min}$ 进行图像重建时产生的误差，利用斯托克斯矢量包含光波偏振度和偏振角的特性建立非均匀散射光场中目标偏振特性分析模型。根据光波的偏振理论，总光强的偏振特性是目标信息光和后向散射光的完全偏振部分叠加的结果。因此如图 4.49(b)所示，假设总光强、后向散射光和目标信息光完全偏振部分的光矢量振动方向与水平方向的夹角为 β、δ 和 Φ。根据斯托克斯探测理论，以 X 轴正方向为初始方向按逆时针旋转依次获取 0°、45°、90°和 135°偏振子图像。则场景中目标信息光、后向散射光及总光强的斯托克斯矢量表示如式(4.118)～式(4.120)所示：

$$
\begin{cases}
I_{\text{target}} = \dfrac{T_{\text{n}}}{2} + T_{\text{p}}\cos^2\phi + \dfrac{T_{\text{n}}}{2} + T_{\text{p}}\sin^2\phi = T_{\text{n}} + T_{\text{p}} \\[2mm]
Q_{\text{target}} = \dfrac{T_{\text{n}}}{2} + T_{\text{p}}\cos^2\phi - \dfrac{T_{\text{n}}}{2} - T_{\text{p}}\sin^2\phi \\[2mm]
\qquad\;\; = T_{\text{p}}\cos^2\phi - T_{\text{p}}\sin^2\phi \\[2mm]
U_{\text{target}} = \dfrac{T_{\text{n}}}{2} + T_{\text{p}}\cos^2\left(45° - \phi\right) - \dfrac{T_{\text{n}}}{2} - T_{\text{p}}\sin^2\left(45° - \phi\right) \\[2mm]
\qquad\;\; = 2T_{\text{p}}\cos\phi\sin\phi
\end{cases}
\tag{4.118}
$$

$$
\begin{cases}
I_{\text{back}} = \dfrac{B_{\text{n}}}{2} + B_{\text{p}}\cos^2\delta + \dfrac{B_{\text{n}}}{2} + B_{\text{p}}\sin^2\delta = B_{\text{n}} + B_{\text{p}} \\[2mm]
Q_{\text{back}} = \dfrac{B_{\text{n}}}{2} + B_{\text{p}}\cos^2\delta - \dfrac{B_{\text{n}}}{2} - B_{\text{p}}\sin^2\delta \\[2mm]
\qquad\;\; = B_{\text{p}}\cos^2\delta - B_{\text{p}}\sin^2\delta \\[2mm]
U_{\text{back}} = \dfrac{B_{\text{n}}}{2} + B_{\text{p}}\cos^2\left(45° - \delta\right) - \dfrac{B_{\text{n}}}{2} - B_{\text{p}}\sin^2\left(45° - \delta\right) \\[2mm]
\qquad\;\; = 2B_{\text{p}}\cos\delta\sin\delta
\end{cases}
\tag{4.119}
$$

$$
\begin{cases}
I_{\text{total}} = T_{\text{n}} + T_{\text{p}} + B_{\text{n}} + B_{\text{p}} \\[2mm]
Q_{\text{total}} = T_{\text{p}}\cos 2\phi + B_{\text{p}}\cos 2\delta \\[2mm]
U_{\text{total}} = 2T_{\text{p}}\cos\phi\sin\phi + 2B_{\text{p}}\cos\delta\sin\delta
\end{cases}
\tag{4.120}
$$

式中，$I_{\text{total}}, Q_{\text{total}}, U_{\text{total}}$ 及 δ 可通过探测器获取的偏振子图像求解，将式(4.115)代入式(4.118)～式(4.120)，易得目标偏振特性分析模型：

$$\begin{cases} I_{\text{total}} = T_{\text{n}} + T_{\text{p}} + S_{\text{n}} + S_{\text{p}} \\ Q_{\text{total}} = T_{\text{p}} \cos 2\phi + S_{\text{p}} \cos 2\delta \\ 0 = p_{\text{obj}} T_{\text{n}} + (p_{\text{obj}} - 1) T_{\text{p}} \\ 0 = p_{\text{sca}} S_{\text{n}} + (p_{\text{sca}} - 1) S_{\text{p}} \end{cases} \Rightarrow$$

$$\begin{bmatrix} I \\ Q \\ 0 \\ 0 \end{bmatrix} = \begin{bmatrix} 1 & 1 & 1 & 1 \\ 0 & \cos 2\phi & 0 & \cos 2\delta \\ p_{\text{obj}} & p_{\text{obj}} - 1 & 0 & 0 \\ 0 & 0 & p_{\text{sca}} & p_{\text{sca}} - 1 \end{bmatrix} \begin{bmatrix} T_{\text{n}} \\ T_{\text{p}} \\ S_{\text{n}} \\ S_{\text{p}} \end{bmatrix} = W_{\text{T}} \begin{bmatrix} T_{\text{n}} \\ T_{\text{p}} \\ S_{\text{n}} \\ S_{\text{p}} \end{bmatrix} \tag{4.121}$$

式中，传输矩阵 W_{T} 表征了混沌介质中后向散射光和目标信息光的分布特性。因此，反解传输矩阵 W_{T} 就成为求解该模型，获取场景偏振分布特性的核心。

4.7.2　后向散射光偏振特性分析及其估计

传统基于偏振信息的水下成像方法假设后向散射光的偏振度和偏振角恒定不变。但是在实际环境中，特别是在主动光源照明下，后向散射光的偏振信息并非常数，其值随着场景分布的变化而逐渐变化[25]。如图 4.50 所示，图 4.50(a)为原始水下强度图像，受散射光的影响，视觉效果差，对比度低。选择图中方框标记的偏振度均值作为整个场景后向散射光的偏振度，则传统偏振水下成像方法的检测结果如图 4.50(b)所示。图 4.50(c)显示了图 4.50(b)中所选区域的放大图。虽然传统方法在图 4.50(c)中得到了较好的结果，但是图 4.50(b)右侧的羽毛球仍然被后向散射光覆盖，视觉效果较差。这是因为后向散射光的偏振信息在整个场景中并不均匀。

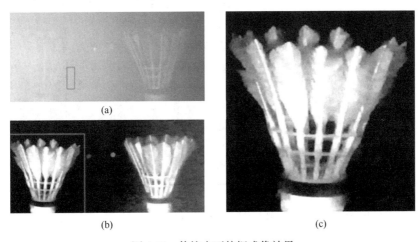

图 4.50　传统水下偏振成像效果

　　为了准确估算后向散射光的偏振度和偏振角，需要分析后向散射光在散射介质中的变化。在水下成像过程中，探测器和光源的接收面相对于散射介质在同一侧，一般垂直于入射光的方向。后向散射光的偏振特性与两个因素有关。第一个是接收点到入射光束中心的垂直距离，称为横向距离。第二个是不同区域散射介质的厚度，称为纵向距离(也指观测点到探测器的距离)。

　　基于以上两个因素设计水下实验如图 4.51 所示。其中光源型号为 THORLABS M660L4，光源与探测器前的线偏振片的型号为 THORLABS LPVISE200-A，水槽的容积为 50cm × 70cm × 40cm，其中加入 120L 自来水。为了模拟不同的散射环境，分别在水槽中加入 40ml 和 60ml 的脱脂牛奶。探测器的型号为佳能 EOS 77D，其与光源放置在水槽的同一侧。采用控制变量法研究横向距离和纵向距离对后向散射光的影响。首先，将吸光材料固定在某个位置以确保散射介质的厚度保持稳定，之后将探测器的位置逐渐从 A 点移动到 C 点，在移动过程中每移动 1cm 记录后向散射光的偏振信息的变化。其次，固定探测器位置，将吸光材料逐渐向后移动，每移动 1cm 记录后向散射光偏振信息的变化。实验结果如图 4.52 所示。可以看出，纵向距离对后向散射光偏振特性的影响远小于横向距离的影响。Schechner 在 2009 年提出，当探测距离大于 1m 时，同一位置的后向散射光的偏振信息将不发生改变，这一结论与本节所述一致。在实际应用中，目标到探测器的距离一般在 1m 以上，因此本节忽略后向散射光在纵向方向偏振特性的变化。相反，后向散射光的偏振度和偏振角在横向距离上存在显著的空间变化，可以认为测量的后向散射光的偏振度和偏振角是不均匀的。

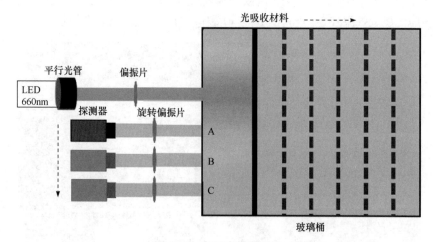

图 4.51　水下成像原理图

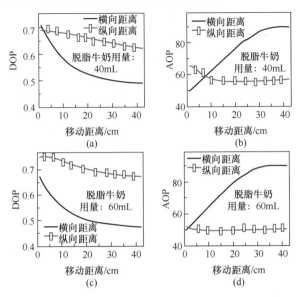

图 4.52　不同浓度水中后向散射光的偏振度和偏振角随距离的变化

本节采用外推法估计后向散射光偏振度和偏振角的空间分布。该方法假定整个场景中后向散射光的偏振度和偏振角可以表示为图像中像素坐标的函数。首先，利用没有目标的背景区域所对应的像素值来估计局部 $\hat{p}_{\text{sca}}(x,y)$ 和 $\hat{\delta}(x,y)$ 的表达式。通过对已知背景区域的后向散射光 $\hat{p}_{\text{sca}}(x,y)$ 和 $\hat{\delta}(x,y)$ 的实测分布进行多项式拟合，可以得到 $p_{\text{sca}}(x,y)$ 和 $\delta(x,y)$ 在整个场景中的空间分布。之后利用多项式函数对 $\hat{p}_{\text{sca}}(x,y)$ 和 $\hat{\delta}(x,y)$ 进行拟合。

$$\begin{cases} p_{\text{sca}}^{n_1}(x,y) = \sum_{i,j=0}^{n_1} p_{ij} x^i y^j \\ \delta^{n_2}(x,y) = \sum_{i,j=0}^{n_2} q_{ij} x^i y^j \end{cases} \qquad (4.122)$$

式(4.122)所示的多项式函数由多个交叉项组成。(x,y) 表示图像中像素的坐标，n_1 和 n_2 分别表示 $p_{\text{sca}}(x,y)$ 和 $\delta(x,y)$ 的多项式函数的阶次。p_{ij} 和 q_{ij} 是多项式函数的系数，该系数通过利用最小二乘法将背景区域内 $\left\| \hat{p}_{\text{sca}}(x,y) - p_{\text{sca}}^{n_1}(x,y) \right\|^2$ 和 $\left\| \hat{\delta}(x,y) - \delta^{n_2}(x,y) \right\|^2$ 的差值最小化得到。

4.7.3　基于独立成分分析的目标信息估计

根据式(4.117)和式(4.120)可知，本节所提出的成像模型可以由五个方程表示，但是式中未知量有八个，无法通过传统的公式运算求解出所有参数。根据上一节可以计算出散射光的偏振度和偏振角。此时未知量减少为六个。本节将介绍如何利用独立成分分析的方法计算散射光偏振部分，使未知量减少为五个。通过旋转偏振片获取的 0°、45°、90° 和 135° 偏振子图像可以表示为

$$
\begin{cases}
I'\left(0^\circ\right) = f_\mathrm{T}\left(0^\circ\right)T_\mathrm{p} + f_\mathrm{B}\left(0^\circ\right)B_\mathrm{p} + T_\mathrm{n}/2 + B_\mathrm{n}/2 \\
I'\left(45^\circ\right) = f_\mathrm{T}\left(45^\circ\right)T_\mathrm{p} + f_\mathrm{B}\left(45^\circ\right)B_\mathrm{p} + T_\mathrm{n}/2 + B_\mathrm{n}/2 \\
I'\left(90^\circ\right) = f_\mathrm{T}\left(90^\circ\right)T_\mathrm{p} + f_\mathrm{B}\left(90^\circ\right)B_\mathrm{p} + T_\mathrm{n}/2 + B_\mathrm{n}/2 \\
I'\left(135^\circ\right) = f_\mathrm{T}\left(135^\circ\right)T_\mathrm{p} + f_\mathrm{B}\left(135^\circ\right)B_\mathrm{p} + T_\mathrm{n}/2 + B_\mathrm{n}/2
\end{cases}
\tag{4.123}
$$

式中，$f_\mathrm{T}(\cdot)$ 和 $f_\mathrm{B}(\cdot)$ 表示当偏振片透光轴处于不同角度时偏振片对目标反射光和散射光偏振部分的调制系数。根据马吕斯定律，调制系数是偏振片透光轴和入射光偏振角的函数。因此 $f_\mathrm{B}(\cdot)$ 可以表示为

$$
\begin{cases}
f_\mathrm{B}\left(0^\circ\right) = \cos^2\left(0^\circ - \delta\right) \\
f_\mathrm{B}\left(45^\circ\right) = \cos^2\left(45^\circ - \delta\right) \\
f_\mathrm{B}\left(90^\circ\right) = \cos^2\left(90^\circ - \delta\right) \\
f_\mathrm{B}\left(135^\circ\right) = \cos^2\left(135^\circ - \delta\right)
\end{cases}
\tag{4.124}
$$

将式(4.123)进行变化可得

$$
\begin{aligned}
& I'\left(0^\circ\right) - I'\left(45^\circ\right) = \left[f_\mathrm{B}\left(0^\circ\right) - f_\mathrm{B}\left(45^\circ\right)\right]B_\mathrm{p} + \left[f_\mathrm{T}\left(0^\circ\right) - f_\mathrm{T}\left(45^\circ\right)\right]T_\mathrm{p} \\
& \Rightarrow \frac{I'\left(0^\circ\right) - I'\left(45^\circ\right)}{f_\mathrm{B}\left(0^\circ\right) - f_\mathrm{B}\left(45^\circ\right)} = B_\mathrm{p} + \frac{f_\mathrm{T}\left(0^\circ\right) - f_\mathrm{T}\left(45^\circ\right)}{f_\mathrm{B}\left(0^\circ\right) - f_\mathrm{B}\left(45^\circ\right)}T_\mathrm{p} \\
& \Rightarrow e_1 = B_\mathrm{p} + f\left(\alpha_{0\_45}\right)T_\mathrm{p}
\end{aligned}
\tag{4.125}
$$

式中，

$$
e_1 = \frac{I'\left(0^\circ\right) - I'\left(45^\circ\right)}{f_\mathrm{B}\left(0^\circ\right) - f_\mathrm{B}\left(45^\circ\right)}
\tag{4.126}
$$

$$
f\left(\alpha_{0\_45}\right) = \frac{f_\mathrm{T}\left(0^\circ\right) - f_\mathrm{T}\left(45^\circ\right)}{f_\mathrm{B}\left(0^\circ\right) - f_\mathrm{B}\left(45^\circ\right)}
\tag{4.127}
$$

同理，对式(4.123)后两项进行变化可得

$$\begin{cases} e_2 = B_p + f\left(\alpha_{0\_90}\right)T_p \\ e_3 = B_p + f\left(\alpha_{0\_135}\right)T_p \end{cases} \tag{4.128}$$

式中,

$$\begin{cases} e_2 = \dfrac{I'\left(0^\circ\right)-I'\left(90^\circ\right)}{f_B\left(0^\circ\right)-f_B\left(90^\circ\right)} \\[2mm] e_3 = \dfrac{I'\left(0^\circ\right)-I'\left(135^\circ\right)}{f_B\left(0^\circ\right)-f_B\left(135^\circ\right)} \\[2mm] f\left(\alpha_{0\_90}\right) = \dfrac{f_T\left(0^\circ\right)-f_T\left(90^\circ\right)}{f_B\left(0^\circ\right)-f_B\left(90^\circ\right)} \\[2mm] f\left(\alpha_{0\_135}\right) = \dfrac{f_T\left(0^\circ\right)-f_T\left(135^\circ\right)}{f_B\left(0^\circ\right)-f_B\left(135^\circ\right)} \end{cases} \tag{4.129}$$

式(4.125)和式(4.128)可以表示为矩阵形式:

$$E = AM \tag{4.130}$$

式中,

$$\begin{cases} E = \begin{bmatrix} e_1 \\ e_2 \\ e_3 \end{bmatrix} \\[4mm] A = \begin{bmatrix} 1 & f\left(\alpha_{0\_45}\right) \\ 1 & f\left(\alpha_{0\_90}\right) \\ 1 & f\left(\alpha_{0\_135}\right) \end{bmatrix} \\[6mm] M = \begin{bmatrix} B_p \\ T_p \end{bmatrix} \end{cases} \tag{4.131}$$

根据式(4.131)可知,T_p 和 B_p 的分离问题等价于将一个给定的观察矩阵 E 分解成两个矩阵 A 和 M 的乘积。将矩阵 E 进行奇异值分解可得

$$E = UWW^{-1}DV^T \tag{4.132}$$

式中,W 是任意 2×2 非奇异矩阵。由该表达式可知,对 A 和 M 的估计如下:

$$\begin{cases} A = UW \\ M = W^{-1}DV^T \end{cases} \tag{4.133}$$

将矩阵 W 表示为

$$W = \begin{bmatrix} a & c \\ b & d \end{bmatrix} \tag{4.134}$$

由式(4.134)可知，A 的第一个列项量是一个元素都为 1 的常数向量，并且求解 W 的条件之一是使 A 的第一个列项量尽可能接近这个常数向量。因此需要将下列公式最小化：

$$J_1 = \left\| U \begin{bmatrix} a \\ b \end{bmatrix} - \begin{bmatrix} 1 \\ 1 \\ 1 \end{bmatrix} \right\|^2 \tag{4.135}$$

因为 U 的列项量是标准正交的，最小化问题的解为

$$\begin{bmatrix} a \\ b \end{bmatrix} = U^T \begin{bmatrix} 1 \\ 1 \\ 1 \end{bmatrix} \tag{4.136}$$

将矩阵 W 进行转换可得

$$W = \begin{bmatrix} a & c \\ b & d \end{bmatrix} = \begin{bmatrix} r_1 \cos\alpha & r_2 \cos\theta \\ r_1 \sin\alpha & r_2 \sin\theta \end{bmatrix} \tag{4.137}$$

式中，r_1 和 r_2 是正数并且 r_1 和 α 已知。矩阵 W 的行列式可以表示为

$$\Delta = ad - bc = r_1 r_2 \sin(\theta - \alpha) \tag{4.138}$$

式中，Δ 的绝对值对应 T_p 的缩放。因此，设 $\Delta=1$ 而不失一般性。由式(4.138)可知，如果 $\theta, r_2 > 0$ 已知，可以求解出 W，基于这一特性，本节用互信息对矩阵 W 散射光偏振部分进行求解。首先对 θ 设一初始值，根据式(4.138)求解 r_2，之后求解出目标反射光和散射光的偏振部分。在 θ 的取值范围内逐渐改变其值，根据正确分离出的目标反射光和散射光的互信息最小这一原理求解真实 θ 的值，进而求解出散射光的偏振部分。互信息的表达式为

$$\mathrm{MI}\left[B_p(\theta), T_p(\theta)\right] = \sum_{b \in B_p} \sum_{t \in T_p} \mathrm{prob}(b,t) \log\left[\frac{\mathrm{prob}(b,t)}{\mathrm{prob}(b)\mathrm{prob}(t)}\right] \tag{4.139}$$

式中，$\mathrm{prob}(b, t)$ 表示 T_p 和 B_p 的联合概率分布函数；$\mathrm{prob}(t)$ 和 $\mathrm{prob}(b)$ 分别表示 T_p 和 B_p 的边缘分布函数。

在估计目标和后向散射光的偏振信息后，可以得到目标信息。结果如图 4.53 所示。以金属游标卡尺为原料，在某些区域覆盖一层粗糙的防水纸，并在防水纸上写上一些字母。传统方法在粗糙表面上具有较好的目标重建性能，因为目标 DOP 很小，这与其假设一致。但金属游标卡尺具有高的保偏性能，因此对金属游标卡尺的重建效果不佳。另外，由于假设后向散射光具有均匀的偏振特性，整个场景中的后向散射光无法被去除，如图 4.53(b) 左侧区域所示。考虑到后向散射光偏振信息的空间变化特性，本节方法可有效地恢复目标信息，并完全去除后向散射光。

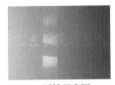 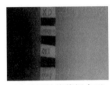 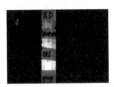

(a) 原始强度图　　　　(b) 基于传统偏振水下　　　(c) 基于本节模型的检测结果
　　　　　　　　　　　　成像技术的检测结果

图 4.53　三种实验结果图

为了验证所提方法的通用性，图 4.54 给出了将该方法应用于水下环境下三种不同实验的结果。图 4.54(a)、(b)、(c) 分别显示原始强度图像、目标光和估计的后向散射光。实验结果表明，该方法可以有效地提高水下图像的质量，特别是在目标光的偏振度和偏振角都对偏振有贡献的情况下，如第一组实验。

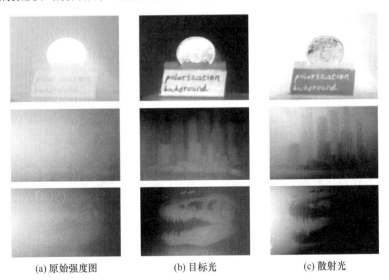

(a) 原始强度图　　　　　　　(b) 目标光　　　　　　　(c) 散射光

图 4.54　水下不同目标的实验结果图

在实际应用中，需要检测的目标表面具有不同偏振特性。同一目标反射光的偏振度的值可能在 0～1 之间变化。类似地，偏振角的值可能在 0～2π 之间变化。虽然现有基于偏振的方法对去除后向散射光是有效的，但这些方法的假设与实际情况相反，会损失部分目标能量。因此，有必要对现有方法和本节方法的保真度进行分析和比较。为此，我们模拟了目标在散射介质中所有可能的偏振度和偏振角下的成像过程，不同方法的处理结果如图 4.55 所示。

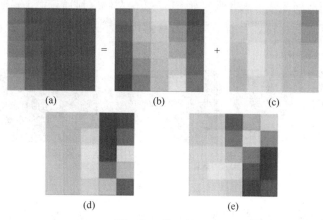

图 4.55　模拟结果

如图 4.55 所示，模拟目标有 5×5 个偏振特性不同的区域，其中图(a)为带有后向散射光的感知场景，图(b)为模拟的目标信息，图(c)为后向散射光分量。图(a)、图(d)、图(e)分别表示总散射光的斯托克斯矢量。目标反射光的强度范围为 0(蓝色)到 1(红色)。为简单起见，假设目标偏振度的值分布在 0～1 之间，目标偏振角的值分布在 0～2π 之间。对于后向散射光而言，目标与检测器之间的距离可能有多个值，因此对目标图像中每个强度区域设置不同的探测距离，在此距离下产生的后向散射光强度如图 4.55(c)所示。本节将后向散射光的偏振度和偏振角分别设置为 0.6 和 0。在确定这些初始参数后，根据现有的偏振成像方法的原理确定图像重建所需的偏振图像，然后利用这些方法计算出清晰的场景。最后，利用式(4.140)中的均方误差(mean square error，MSE)来测量这些方法的保真度。MSE 越小，恢复的目标信息越接近真实目标信息，图像质量越好。

$$\text{MSE} = \sum_{i=1}^{m}\sum_{j=1}^{n}\frac{\left[T(i,j)-T'(i,j)\right]^2}{mn} \tag{4.140}$$

式中，T' 表示通过不同方法重建后的清晰图像；(i, j) 表示图像中的像素坐标；m 和 n 分别表示图像中的行数和列数。不同方法重建图像的 MSE 如表 4.3 所示。重建结果表明本节所提的方法保真度最好。

表 4.3　不同方法重建图像的 MSE

方法		MSE
利用光强最大和光强最小偏振图像 处理	假设目标偏振度为 0	0.3436
	通过互信息计算偏振度	0.4268
利用斯托克斯矢量处理	假设目标偏振度为 0	0.3720
	通过互信息计算偏振度	0.3991
偏振差分	—	0.2526
本节方法	—	0.1518

4.8　小　　结

本章研究了光波在水中的散射特性以及衰减特性，分析了水下图像退化的原因，并设计出一套完善的水下成像体系——水下偏振成像技术。水下偏振成像技术主要分为主动水下偏振成像技术与被动水下偏振成像技术：主动偏振成像技术在深海区域可以有效去除背景散射，获取清晰水下图像；被动偏振成像技术主要用在浅海区域，可以有效解决内背景散射光造成的成像结果对比度降低的问题，且可以解决水体对不同波长自然光的吸收以及散射的差异性所造成的重建图像存在的严重色彩失真问题。在高浑浊度水体中采用红光光源进行清晰化成像探测，得出了当粒子浓度增加到某一程度时红光会表现出更佳传播能力的结论。多尺度偏振成像技术采用的是图像分层处理的思想，在高对比度的基础层，利用联合双边滤波法来对噪声进行相应抑制，而在低对比度细节层，结合小波变换的多分辨率特性，对其进行多尺度小波收缩处理，最后结合小波逆变换对水下退化图像进行高质量重建。基于图像相关性的偏振图像获取技术是结合光学相关技术提出的一种偏振图像获取方法，可以提高偏振图像获取的准确性，并最终提升水下场景的恢复效果。基于深度学习的水下偏振成像技术是将深度学习与偏振信息相结合应用于水下环境中，其图像复原效果优于仅基于强度信息的图像复原效果，而且此方法在浑浊水体的情况下也能很好地重建出清晰的图像。

参 考 文 献

[1] Sheinin M, Schechner Y Y. The next best underwater view[C]//Proceedings of the IEEE Conference on Computer Vision and Pattern Recognition,Las Vegas,2016.

[2] Demos S G, Alfano R R. Temporal gating in highly scattering media by the degree of optical polarization[J]. Optics Letters, 1996, 21(2): 161-163.

[3] Smith R C, Baker K S. Optical properties of the clearest natural waters (200-800nm). Applied

Optics, 1981,20(2):177-184.

[4] Stedmon C A, Osbum C L, Kragh T.Tracing water mass mixing in the Baltic-North Sea transition zone using the optical properties of colored dissolved organic matter[J]. Estuarine, Coastal and Shelf Science, 2010, 87(1): 156-162.

[5] Chang J, Graber H L, Barbour R L. Imaging of fluorescence in highly scattering media[J]. IEEE Transactions on Biomedical Engineering, 1997, 44(9): 810-822.

[6] Izatt J A, Hee M R, Owen G M, et al. Optical coherence microscopy in scattering media[J]. Optics Letters, 1994, 19(8): 590-592.

[7] Treibitz T, Schechner Y Y. Active polarization descattering[J]. IEEE Transactions on Pattern Analysis and Machine Intelligence, 2008, 31(3): 385-399.

[8] Lotsberg J K, Stamnes J J. Impact of particulate oceanic composition on the radiance and polarization of underwater and backscattered light[J]. Optics Express, 2010, 18(10): 10432-10445.

[9] Liang J, Ren L Y, Ju H J, et al. Visibility enhancement of hazy images based on a universal polarimetric imaging method[J]. Journal of Applied Physics, 2014, 116(17): 173107.

[10] Rowe M P, Pugh E N, Tyo J S, et al. Polarization-difference imaging: A biologically inspired technique for observation through scattering media[J]. Optics Letters, 1995, 20(6): 608-610.

[11] Schechner Y Y, Narasimhan S G, Nayar S K. Polarization-based vision through haze[J]. Applied Optics, 2003, 42(3): 511-525.

[12] Narasimhan S G, Nayar S K, Sun B, et al. Structured light in scattering media[C]//The 10th IEEE International Conference on Computer Vision,Beijing, 2005.

[13] Treibitz T, Schechner Y Y. Active polarization descattering[J]. IEEE Transactions on Pattern Analysis and Machine Intelligence, 2008, 31(3): 385-399.

[14] Demos S G, Alfano R R. Temporal gating in highly scattering media by the degree of optical polarization[J]. Optics Letters, 1996, 21(2): 161-163.

[15] Kocak D M, Caimi F M. The current art of underwater imaging: With a glimpse of the past and vision of the future[J]. Marine Technology Society Journal, 2005, 39(3):5-26.

[16] Tian H, Zhu J, Tan S, et al. Rapid underwater target enhancement method based on polarimetric imaging[J]. Optics & Laser Technology, 2018, 108: 515-520.

[17] Dubreuil M, Delrot P, Leonard I, et al. Exploring underwater target detection by imaging polarimetry and correlation techniques[J]. Applied Optics, 2013, 52(5): 997-1005.

[18] Huang B, Liu T, Hu H, et al. Underwater image recovery considering polarization effects of objects[J]. Optics Express, 2016, 24(9): 9826-9838.

[19] Hu H, Zhang Y, Li X, et al. Polarimetric underwater image recovery via deep learning[J]. Optics and Lasers in Engineering, 2020, 133: 106152.

[20] He K, Zhang X, Ren S, et al. Delving deep into rectifiers: Surpassing human-level performance on imagenet classification[C]//Proceedings of the IEEE International Conference on Computer Vision, Santiago, 2015.

[21] Liang J, Ren L, Ju H, et al. Polarimetric dehazing method for dense haze removal based on distribution analysis of angle of polarization[J]. Optics Express, 2015, 23(20): 26146-26157.

[22] Cariou J, le Jeune B, Lotrian J, et al. Polarization effects of seawater and underwater targets[J].

Applied Optics, 1990, 29(11): 1689-1695.

[23] Shashar N, Sabbah S, Cronin T W. Transmission of linearly polarized light in seawater: Implications for polarization signaling[J]. Journal of Experimental Biology, 2004, 207(20): 3619-3628.

[24] Hu Y, Zhang D, Ye J, et al. Fast and accurate matrix completion via truncated nuclear norm regularization[J]. IEEE Transactions on Pattern Analysis and Machine Intelligence, 2012, 35(9): 2117-2130.

[25] Hu H, Zhao L, Li X, et al. Underwater image recovery under the nonuniform optical field based on polarimetric imaging[J]. IEEE Photonics Journal, 2018, 10(1): 1-9.

第 5 章　基于缪勒矩阵的水下清晰化成像

传统的水下偏振清晰成像方法在其适用范围以及偏振信息的完全利用两方面存在困境。针对这些问题，本章通过引入缪勒矩阵成像概念，简述基于退偏效应的水下缪勒矩阵清晰成像方法和流程，展示了缪勒矩阵成像在水下清晰化成像方面的广阔前景。

5.1　传统水下偏振清晰成像的困境

水下偏振清晰成像技术以其结构和实现简单，提升效果明显而在水下成像方面备受关注。一般地，传统水下偏振清晰成像把水下成像简化为清晰目标图像受后向散射遮蔽和前向散射模糊双重影响而退化的衰减过程，清晰成像方法即是对这一过程的反演[1]。据此，一幅探测到的水下图像可视为清晰目标光和后向散射光的叠加。由于光在传播过程中的散射，水下成像时进入探测器的后向散射光具有明显的偏振特性[2]，可用偏振成像方法对其进行去除。传统水下偏振清晰成像的方法和过程在前文中已有详细的讨论，此处不再赘述。

虽然传统水下偏振清晰成像技术在水下成像方面以其独特的优势越来越引起人们的注意，但随着研究的深入，人们发现传统水下偏振清晰成像技术在对复杂偏振特性目标进行成像时具有明显的限制[3-4]。例如在浑浊水体中对表面同时存在金属和非金属部分的复杂目标进行清晰成像时，金属部分信息会完全消失，图像重建结果呈现显著缺陷。如图 5.1 中，图(a)和图(c)为浑浊水下待重建场景，图(b)和图(d)为有缺陷的重建结果。

传统水下偏振清晰成像方法除在成像目标上具有限制外，在圆偏振光和线偏振光的利用方面也不具有统一标准。对于主动照明光源的偏振态选择而言，虽然圆偏光在散射环境下比线偏光更具有保偏特性[5]，但是具体用圆偏光还是线偏光照明大多数情况下仍要通过实际的应用检测结果进行选择。在水下清晰图像重建的过程中，传统的水下偏振成像方法一般忽略圆偏成分的影响，只考虑线偏振成分。虽然已有研究对此进行了补充，但圆偏振分析和线偏振分析依然是割裂的过程。在水下清晰化成像分析领域，圆偏振和线偏振的选择和利用问题暂未实现理论和形式上的统一。这些都限制了传统水下清晰成像方法的进一步发展。

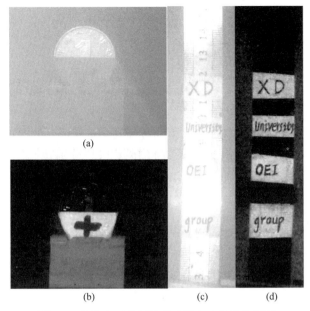

图 5.1　传统水下偏振清晰成像方法的缺陷展示

5.2　缪勒矩阵及其应用

光的偏振是用斯托克斯矢量来描述的。缪勒矩阵是描述斯托克斯矢量之间转化关系的 4×4 实数矩阵。因此，对于一个目标(或器件)而言，缪勒矩阵表征了其入射光偏振态和出射光偏振态之间的关系，是对其自身偏振调制能力的描述。

本节从缪勒矩阵的定义出发，先简介了斯托克斯矢量和缪勒矩阵与琼斯矢量和琼斯矩阵之间的关系，然后介绍了几种缪勒矩阵的测量和分析方法，最后列举了一些缪勒矩阵成像的应用实例简单对缪勒矩阵的实际应用进行说明。

5.2.1　斯托克斯矢量和缪勒矩阵

斯托克斯矢量是用来描述光的偏振状态的最通用的数学表示方法，它由一个 4×1 的向量表示，即

$$S=(s_0,s_1,s_2,s_3)^{\mathrm{T}} \tag{5.1}$$

式中，T 表示转置。在空间坐标系 $o\text{-}xyz$ 中，光沿 z 方向传播时，s_0、s_1、s_2 和 s_3 分别表示为

$$\begin{cases} s_0 = \langle I_x \rangle + \langle I_y \rangle = \langle I_{x'} \rangle + \langle I_{y'} \rangle = \langle I_{RC} \rangle + \langle I_{LC} \rangle \\ s_1 = \langle I_x \rangle - \langle I_y \rangle \\ s_2 = \langle I_{x'} \rangle - \langle I_{y'} \rangle \\ s_3 = \langle I_{RC} \rangle - \langle I_{LC} \rangle \end{cases} \tag{5.2}$$

式(5.2)中，光波被看作同时沿 z 方向传播两个正交成分的叠加。x' 和 y' 分别为 xoy 平面内一、三象限的角平分线方向，RC 和 LC 分别表示右旋和左旋的圆偏成分。$\langle I_u \rangle$ 表示在远大于一个光波周期的测量时间段 τ 内的光强平均值。

缪勒矩阵是一个 4×4 的实数矩阵，描述了物质对光偏振状态改变的特性[6]，其表示为

$$S_{out} = MS_{in} \tag{5.3}$$

式中，M 即为缪勒矩阵，其形式为

$$M = \begin{bmatrix} m_{00} & m_{01} & m_{02} & m_{03} \\ m_{10} & m_{11} & m_{12} & m_{13} \\ m_{20} & m_{21} & m_{22} & m_{23} \\ m_{30} & m_{31} & m_{32} & m_{33} \end{bmatrix} \tag{5.4}$$

对于相干光而言，其偏振状态和偏振状态改变情况还可分别用琼斯矢量和琼斯矩阵表示。琼斯矩阵 J 和缪勒矩阵 M 之间的转换关系为

$$M = T(J \otimes J^*)T^{-1} \tag{5.5}$$

式中，"$\otimes$"为克罗内克乘积；"*"表示复共轭；T 为转换矩阵，其具体形式为

$$T = \begin{bmatrix} 1 & 0 & 0 & 1 \\ 1 & 0 & 0 & -1 \\ 0 & 1 & 1 & 0 \\ 0 & i & -i & 0 \end{bmatrix} \tag{5.6}$$

5.2.2　缪勒矩阵的测量方法

本节介绍两种测量方法，分别为从缪勒矩阵定义出发的直接测量法和基于傅里叶级数分析的双旋波片法。

从缪勒矩阵定义出发的直接测量法使用不同偏振状态(一般为 0°线偏、45°线偏、90°线偏和圆偏四种偏振状态)的光入射，测量出射光斯托克斯矢量，然后根据式(5.3)即可求出待测缪勒矩阵。

基于傅里叶级数分析的双旋波片法测量结构如图 5.2 所示。

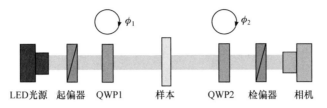

图 5.2 双旋波片法测量示意图

该方法在测量时固定线偏振片不动，以一定比例的旋转速度(通常 $\phi_1 = 5\phi_2$)分别旋转样品两侧的 1/4 波片，此时测量系统的缪勒矩阵为

$$M_{\text{system}} = M_{\text{P2}} M_{\text{QWP2}}^q M_{\text{sample}} M_{\text{QWP1}}^q M_{\text{P1}} \tag{5.7}$$

则第 q 次探测时得到的结果以傅里叶级数的形式可表示为

$$I^q = \left(s_{\text{out}}^q\right)_0 = a_0 + \sum_{n=1}^{12}\left(a_n \cos 2n\phi_1^q + b_n \sin 2n\phi_1^q\right) \tag{5.8}$$

式中，a_n 和 b_n 分别为傅里叶系数；ϕ_1^q 为 QWP1 在第 q 次测量时旋转的角度。联立式(5.7)和式(5.8)，样品的缪勒矩阵可以通过式(5.9)计算得出：

$$
M_{\text{sample}} =
\begin{bmatrix}
a_0 - a_2 + a_8 - a_{10} + a_{12} & 2a_2 - 2a_8 - 2a_{12} & 2b_2 - 2b_8 - 2b_{12} & b_1 - b_9 - b_{11} \\
-2a_8 + 2a_{10} - 2a_{12} & 4a_8 + 4a_{12} & 4b_{12} - 4b_8 & -2b_9 + 2b_{11} \\
-2b_8 + 2b_{10} - 2b_{12} & 4a_8 + 4b_{12} & 4a_8 - 4a_{12} & 2a_9 - 2a_{11} \\
b_3 - b_5 + b_7 & -2b_3 - 2b_7 & -2a_3 + 2a_7 & -a_4 + a_6
\end{bmatrix}
$$

$$
=
\begin{bmatrix}
m_{11} & m_{12} & m_{13} & m_{14} \\
m_{21} & m_{22} & m_{23} & m_{24} \\
m_{31} & m_{32} & m_{33} & m_{34} \\
m_{41} & m_{42} & m_{43} & m_{44}
\end{bmatrix}
$$

$$\tag{5.9}$$

5.2.3 缪勒矩阵的分解

按目标矩阵是否退偏，缪勒矩阵的分解可分为非退偏缪勒矩阵的分解和退偏缪勒矩阵的分解。按所获子矩阵的组合形式不同，缪勒矩阵的分解可分为和分解与乘积分解两种。缪勒矩阵分解的这两种划分方法相互交叉，各有侧重。第一种划分方法是更关注研究对象自身的性质所造成的影响，第二种分解方法侧重于数学原理的利用。

和分解描述了缪勒矩阵的物理可实现性问题，它导出了缪勒矩阵的矩阵滤波方法。乘积分解是把缪勒矩阵分解成多个基本光学元件缪勒矩阵的乘积，通过分解得到的子矩阵与实际物理意义对应起来对缪勒矩阵进行分析。以下从缪勒矩阵分解的基本概念出发，详细介绍缪勒矩阵分解的基本原理。

1. 缪勒矩阵分解的基本概念

一个非退偏介质的缪勒矩阵可通过极分解方法分解为两个基本偏振元件的串联序列，即二向衰减器和相位延迟器的串联组合。一个退偏介质的缪勒矩阵是光经介质退偏后剩余偏振特性的描述[7]，因为该缪勒矩阵 M 是一系列琼斯矩阵的数值平均，用公式表示为

$$M = T\left\langle J \times J^* \right\rangle T^{-1} \tag{5.10}$$

式中，$\langle\rangle$ 表示空间和时间上的平均；T 为转换矩阵。与非退偏情况相同，一个退偏介质的缪勒矩阵同样可以看作光学元件的串联序列，不同的是在基本的偏振元件之外增加了一个退偏器。对于退偏介质的缪勒矩阵来说，还有另外一种分解方法，即缪勒矩阵的和分解。和分解可以把一个退偏的缪勒矩阵分解为四个非退偏缪勒矩阵的和，这种分解方法在物理上对应着一个退偏介质等价于至多四个平行放置的非退偏元件的组合。

通常为方便表示，可把一个 4×4 的缪勒矩阵 M 写成分块矩阵的形式，即

$$M = m_{00} \begin{bmatrix} 1 & D^T \\ p & m \end{bmatrix} \tag{5.11}$$

式中，p 和 D 为偏振向量和二向衰减向量，m 是一个 3×3 的子矩阵。进行缪勒矩阵分解时，对基本偏振元件的缪勒矩阵的了解是必要的。我们在此处简要介绍三种基本的偏振元件，分别为二向衰减器、相位延迟器和退偏器。

二向衰减器是一个只改变光电场分量强度的光学元件，常见的二向衰减器即为偏振片。一个二向衰减器的缪勒矩阵 M_D 可以表示为

$$M_D = T_u \begin{bmatrix} 1 & D^T \\ D & m_D \end{bmatrix} \tag{5.12}$$

式中，3×3 的对称子矩阵 m_D 定义为

$$m_D = \sqrt{1-D^2}\, I + \left(1 - \sqrt{1-D^2}\right)\hat{D}\hat{D}^T \tag{5.13}$$

式中，I 是个 3×3 的单位矩阵；$\hat{D}$ 是 D 方向上的单位向量。

相位延迟器只改变光电场分量的相位量。波片就是常见的相位延迟器。相位延迟器可由一个旋转缪勒矩阵 M_R 来表示，即

$$M_R = \begin{bmatrix} 1 & 0^T \\ 0 & m_R \end{bmatrix} \tag{5.14}$$

式中，3×3 的子矩阵 m_R 是自正交矩阵，且其行列式为 1。

如果假定光传播方向的改变不会改变其偏振特性，那么很容易证明二向衰减器和相位延迟器满足这一原理。反向的缪勒矩阵 M^r 与原缪勒矩阵的关系为

$$M^r=OM^TO^{-1} \tag{5.15}$$

式中，$O=\mathrm{diag}(1,-1,1,1)$。实际上，$M_D$ 和 M_R 在转变方向后，依然分别保持着各自的二向衰减特性和相位延迟特性，即光的反向不变性原理。

退偏效应虽然至今尚未拥有在光学上被广为接收的严格定义，但通常认为，退偏效应是电场振幅或相位的解相干[8]。退偏常和无序的光学介质有关，例如悬浮的散射微粒、粗糙的表面以及不均匀的混合体等。实验上退偏的明显证据是完全偏振光与这类无序介质作用后偏振度的减小。

退偏器的缪勒矩阵 M_Δ 通常定义为

$$M_\Delta=\mathrm{diag}(1,a,b,c),\quad (a,b,c)<1 \tag{5.16}$$

显然，作为一个角对称矩阵，M_Δ 和二向衰减器和相位延迟器的缪勒矩阵一样，都满足如式(5.15)所示的光反向不变原理。

一个缪勒矩阵 M 的退偏能力可由退偏系数 Dep 来度量，退偏系数的计算公式为

$$\mathrm{Dep}=1-\sqrt{\frac{\mathrm{tr}(M^TM)-{m_{00}}^2}{3{m_{00}}^2}} \tag{5.17}$$

式中，tr 代表矩阵求迹；对于一个非退偏的缪勒矩阵，Dep$=0$；对于一个理想退偏器[即式(5.16)中，$a=b=c=0$]，Dep$=1$。

2. 非退偏缪勒矩阵的分解

在进行退偏缪勒矩阵的分解前，需要首先了解非退偏缪勒矩阵的分解法。这些分解法可对某些退偏的缪勒矩阵进行补充，因此允许对实验数据进行更好的参数化提取和更好的物理解译。

1) 极分解法

非退偏的缪勒矩阵 M 可以特征化为一个相位延迟器 M_R 和一个二向衰减器 M_{D1} 或 M_{D2}，表示为

$$M=M_{D1}M_R=M_RM_{D2} \tag{5.18}$$

由于矩阵乘积的不可交换性，两个二向衰减矩阵 M_{D1} 和 M_{D2} 是不可直接确定的，二者之间的关系为

$$M_{D2}=M_R^TM_{D1}M_R \quad 或 \quad M_{D1}=M_RM_{D2}M_R^T \tag{5.19}$$

M_{D2} 可由缪勒矩阵 M 中的二向衰减向量 D 通过式(5.12)和式(5.13)把 T_u 设为 m_{00} 来构建。相位延迟矩阵 M_R 可直接通过式(5.18)获得。分解时如果遇到 M 为奇异值的情况时，需对 M 进行修正。

2) 相位延迟器分解法

一个缪勒矩阵 M 可以分解为两个线性相位延迟器 M_{R1} 和 M_{R2} 与一个夹在二者中间的各向同性平面 $M_{\psi\Delta}$ 的乘积构成，即

$$M=M_{R1}M_{\psi\Delta}M_{R2}^{\mathrm{T}} \tag{5.20}$$

式中，

$$M_{\psi\Delta}=R\begin{bmatrix} 1 & -\cos 2\psi & 0 & 0 \\ -\cos 2\psi & 1 & 0 & 0 \\ 0 & 0 & \sin 2\psi \cos \Delta & \sin 2\psi \sin \Delta \\ 0 & 0 & -\sin 2\psi \sin \Delta & \sin 2\psi \cos \Delta \end{bmatrix} \tag{5.21}$$

式中，ψ 和 Δ 是椭偏角；R 是样品的平均反射率。

由于线性相位延迟器 M_{D1} 和 M_{D2} 对应于物理上的波片，该分解法把非退偏的缪勒矩阵 M 转换成有直接物理解释的光学元件序列，即两个波片和一个椭圆平面的组合[9]。与极分解不同，相位延迟分解法可用于当缪勒矩阵 M 是奇异矩阵的情况而不需要任何额外的修正。

3. 退偏缪勒矩阵的分解

本部分将介绍对更为一般的退偏缪勒矩阵的分解方法，分为乘积分解与和分解两部分内容。

1) 缪勒矩阵乘积分解

(1) Lu-Chipman 分解。

Lu-Chipman 分解是一种最常见的缪勒矩阵乘积分解方法。该方法认为，一个任意退偏的缪勒矩阵均可分解为一个依次通过二向衰减器、相位延迟器和退偏器的光路序列，其可表示为

$$M=M_\Delta M_R M_D \tag{5.22}$$

与非退偏的极分解相同，二向衰减缪勒矩阵 M_D 可通过式(5.12)和式(5.13)构建出来。退偏器的缪勒矩阵 M_Δ 可以表示为

$$M_\Delta=\begin{bmatrix} 1 & 0^{\mathrm{T}} \\ p_\Delta & m_\Delta \end{bmatrix} \tag{5.23}$$

式中，p_Δ 和 m_Δ 分别为

$$p_\Delta = \frac{p - mD}{1 - D^2}$$

$$m_\Delta = \varepsilon \Big[m'(m')^{\mathrm{T}} + \Big(\sqrt{\lambda_1\lambda_2} + \sqrt{\lambda_2\lambda_3} + \sqrt{\lambda_3\lambda_1}\Big)I \Big]^{-1}$$
$$\times \Big[\Big(\sqrt{\lambda_1} + \sqrt{\lambda_2} + \sqrt{\lambda_3}\Big)m'(m')^{\mathrm{T}} + \sqrt{\lambda_1\lambda_2\lambda_3}I \Big] \tag{5.24}$$

式中，m' 是矩阵 $M' = MM_{\mathrm{D}}^{-1}$ 的 3×3 子矩阵；λ_1、λ_2 和 λ_3 分别为 m' 的特征值；ε 是缪勒矩阵 M 的行列式符号。

相位延迟器缪勒矩阵 M_{R} 可通过 $M_{\mathrm{R}} = M_\Delta^{-1}M'$ 来获得。如式(5.23)所示，Lu-Chipman 定义的退偏器与经典的对角行退偏器定义式(5.16)不同。显然，M_Δ 不满足光的反向不变性原理。实际上，M_Δ 代表了那些能被进一步表征为基本偏振元件的"带有偏振的退偏器"。

(2) 反向分解。

反向分解(reverse decomposition)和 Lu-Chipman 分解类似，不同的是各偏振元件在等效光路序列中的次序。该分解中光路序列的次序为先是通过一个退偏器，然后是相位延迟器，最后是二向衰减器，用公式可表示为

$$M = M_{\mathrm{D}}M_{\mathrm{R}}M_{\Delta\mathrm{r}} \tag{5.25}$$

式中，$M_{\Delta\mathrm{r}}$ 表示退偏器的缪勒矩阵，其形式为

$$M_{\Delta\mathrm{r}} = \begin{bmatrix} 1 & D_\Delta^{\mathrm{T}} \\ 0 & m_\Delta \end{bmatrix} \tag{5.26}$$

反向分解也可以通过把 Lu-Chipman 分解作用于 M^{T} 矩阵上，然后转置最后的结果这种方式来得到。当然式(5.25)中的 M_{D} 和 M_{R} 与式(5.22)中的结果不同。与 Lu-Chipman 分解中的退偏矩阵 M_Δ 类似，反向分解中的退偏矩阵 $M_{\Delta\mathrm{r}}$ 与式(5.16)中定义的对角形式的退偏矩阵 M_{d} 相比，有着更为复杂的结构。实际上，$M_{\Delta\mathrm{r}}$ 表征了一种带有二向衰减特性的退偏器，因此可以继续分解为对角退偏矩阵与另一二向衰减矩阵的乘积。

(3) 范数形式分解。

范数形式分解(normal form decomposition)把一个退偏的缪勒矩阵分解为式(5.27)所示形式的乘积，即

$$M = d_0 M_1 M_{\mathrm{d}} M_2^{\mathrm{T}} \tag{5.27}$$

式中，M_1 和 M_2 是两个非退偏的缪勒矩阵；M_{d} 是对角退偏矩阵；d_0 为一正的系数。为保证式(5.27)所示形式的分解成功，需要计算两个辅助矩阵 N_1 和 N_2，二者分

别为

$$\begin{cases} N_1 = GMGM^T \\ N_2 = GM^T GM \end{cases}, \quad G = \mathrm{diag}(1, -1, -1, -1) \tag{5.28}$$

可以证明，对于一个物理可实现的缪勒矩阵 M，如式(5.11)所示，N_1 和 N_2 有着共同的特征值 μ_1、μ_2、μ_3 和 μ_4。这些特征值均是非负的，并且以降序顺序排列，即 $\mu_1 > \mu_2 > \mu_3 > \mu_4$。把 N_1 和 N_2 中特征列向量按照特征值从大到小的顺序排列，即可获得 M_1 和 M_2。需要注意的是，各特征列向量需要先进行洛伦兹规范化，一个向量 v 的洛伦兹规范化过程定义为

$$v^T G v = 1 \quad \text{或} \quad v^T G v = -1 \tag{5.29}$$

可以注意到，非退偏的缪勒矩阵 M_1 和 M_2 可通过根据式(5.18)的极分解方法进一步分解为二向衰减矩阵和相位延迟矩阵的乘积。

退偏矩阵 M_d 可以通过式(5.30)给出，即

$$M_d = \mathrm{diag}(1, \sqrt{\mu_2/\mu_1}, \sqrt{\mu_3/\mu_1}, \varepsilon\sqrt{\mu_4/\mu_1}) \tag{5.30}$$

式中，$\varepsilon = \pm 1$，正负号根据矩阵 M 的行列式值进行选择。同时式(5.27)中的系数 d_0 简化为 $d_0 = \sqrt{\mu_1}$。在 M 为奇异矩阵时，只需要把式(5.30)中第四个对角元素设置为 0，不需要进行其他特殊操作。

与 Lu-Chipman 分解和反向分解中的不同 M_Δ 和 $M_{\Delta r}$ 不同，范数形式分解得到的退偏矩阵 M_d 是如式(5.16)所示的经典对角形式，它满足光的反向不变性原理。

范数形式分解的理论缺陷在于该方法虽然从 M 中提取出了经典的对角退偏矩阵，但是对于一类特殊形式的缪勒矩阵该数值解不存在。尽管如此，对于绝大多数在实际中感兴趣的缪勒矩阵，该分解在理论和实验上的结果是存在的。

2) 缪勒矩阵和分解

和分解又称 Cloude 分解，该方法认为任意一个退偏缪勒矩阵 M 均可分解为四个非退偏缪勒矩阵 M_i 的加权之和，表示为

$$M = \lambda_1 M_1 + \lambda_2 M_2 + \lambda_3 M_3 + \lambda_4 M_4 \tag{5.31}$$

式中，$\lambda_i \geqslant 0, i = 1, 2, 3, 4$。为进行该分解，首先需要计算协方差矩阵 C_M，即

$$C_M = \sum_{i,j} M_{ij} \left(\sigma_i \times \sigma_j^* \right) \tag{5.32}$$

式中，σ_i 是泡利旋转矩阵，$i, j = 1, 2, 3, 4$ 对应于缪勒矩阵 M 中元素 M_{ij} 的下标。以 λ_i 和 e_i 分别代表协方差矩阵 C_M 的特征值和特征向量，则式(5.31)中各非退偏子矩阵 M_i 的协方差矩阵 C_i 可写为

$$C_i = e_i e_i^{\dagger} \tag{5.33}$$

式中，"$\dagger$"代表复共轭。最后把各协方差矩阵 C_i 代入式(5.32)中，反解该式可获得各非退偏子矩阵 M_i。

可以证明对于一个物理可实现的缪勒矩阵 M，其协方差矩阵 C_M 均为半正定的，因此其特征向量 λ_i 均为非负的，且一般满足 $\lambda_1 > \lambda_2 > \lambda_3 > \lambda_4$。与之相反，以 $\lambda_4 < 0$ 为例，那么原缪勒矩阵 M 是非物理可实现的，即 M 把一个有效的斯托克斯矢量输入转换成立一个无效的输出。需要注意的是各非退偏子矩阵 M_i 可通过极分解或相位延迟分解进一步表征为基本偏振元件二向衰减器和相位延迟器的乘积。如果以这种方式进行分析，那么可获得一个混合的分解方法，即求和-乘积联合分解。

一个和分解的特殊情况是把退偏的缪勒矩阵 M 分解为一个理想退偏缪勒矩阵 M_{id} 和一个非退偏缪勒矩阵 M_{nd} 的组合，即

$$M = M_{nd} + M_{id} \tag{5.34}$$

和分解对于任意的退偏缪勒矩阵都是适用的，但式(5.34)所示的特殊情况只有满足条件 $\lambda_2 = \lambda_3 = \lambda_4 \neq \lambda_1$ 时才成立。

4. 缪勒矩阵分解小结

1) 乘积分解

乘积分解是把一个退偏缪勒矩阵分解为了三个基本偏振元件(二向衰减器、相位延迟器和退偏器)的串联光路序列。Lu-Chipman 分解、反向分解和范数形式分解三者原理上的区别在于退偏器在分解子矩阵乘积序列中的位置不同。在 Lu-Chipman 分解中，退偏器的位置在最后；在反向分解中，退偏器的位置在最前；在范数形式分解中，退偏器的位置在中间。三种分解的另一个不同点在于各分解方法中定义的退偏器形式不同，Lu-Chipman 分解和反向分解中退偏器的形式远比范数形式分解的经典对角退偏矩阵复杂得多。乘积分解也因此更适合于对测得的退偏缪勒矩阵进行分解，而不是对测得的非退偏缪勒矩阵进行分解。

此外，上面指出的这种乘积分解中的非对称性是指在不知道额外先验信息的情况下，可通过乘积分解在一定程度获取光学系统的内部信息。例如，如果 Lu-Chipman 分解的退偏矩阵是经典的对角退偏矩阵形式，就说明退偏发生在测量系统的最后。

乘积分解的一个重要特点是能把一个任意的缪勒矩阵转换为退偏和非退偏的两部分，二者分别对应于介质的不同物理特性。因此，从上述各乘积分解中确定的各种退偏和非退偏的参量可用来在没有先验信息的条件下从不同角度对所研究的系统或介质的内部结构进行补充说明。

2) 和分解

和分解把任意一个退偏的缪勒矩阵分解为至多四个平行组合的非退偏缪勒矩阵的组合，出射光的退偏现象是由各偏振子成分的非相干叠加导致的。因此，这种分解的基本偏振元件中不包含退偏器。正因如此，和分解更适合描述光学系统的偏振特性而不是退偏特性。

理论上和分解的子矩阵均为非退偏矩阵，但实际中由于噪声和测量误差的影响，和分解所获得的子矩阵有时表现出退偏特性。此时可通过把该子矩阵对应的特征值置 0 来实现对非理想因素的剔除，即可通过和分解原理实现缪勒矩阵的矩阵滤波。

5.3　缪勒矩阵与水下清晰成像

缪勒矩阵成像含有丰富的偏振信息，在生物医学、癌症检测和维纳结构检测等方面获得应用。不论是直接观察缪勒矩阵本身还是观察从其中提取出的特性参量，都显示出缪勒矩阵在目标偏振信息的描述上具有无与伦比的优势。寻找一种合适的缪勒矩阵与水下清晰成像的结合方式，是解决缪勒矩阵在水下清晰成像问题中的关键。

成像过程的本质是寻找成像目标和背景之间的不同，水下清晰成像的目的就是通过特定的方法把遮蔽目标光的后向散射光部分去除，对目标光进行恢复[10]。总体上看，影响水下偏振清晰成像方法恢复质量的重点在于透射率图的估计。采用不同的透射率图估计过程，水下清晰成像方法的清晰图形恢复过程也相应存有差异。传统水下偏振清晰成像方法的透射率图估计依赖于探测场景的偏振度和一个光强相关的全局参量。在此基础上，基于缪勒矩阵的水下清晰成像方法的介绍安排如下：先从水下环境中显著的退偏特性出发，简介人造目标较自然背景相比退偏特性的差别；然后结合缪勒矩阵探测，利用退偏特性的差异，简述基于缪勒矩阵的水下清晰成像方法和流程；最后探讨了缪勒矩阵在水下成像领域的应用前景和发展方向。

5.3.1　水下人造目标的退偏特性

完全非偏振照明光源发出的光受水下粒子的散射作用影响，其后向散射光会体现出一定的偏振特性。相反地，完全偏振照明光源发出的光经水下散射作用后，其偏振度会下降，表现出退偏特性。由于缪勒矩阵探测使用的光源一般是完全偏振光，且关于水下缪勒矩阵的研究已有一定基础，这些研究显示该类缪勒矩阵表现出明显的退偏效应，故本章把退偏特性作为水下缪勒矩阵清晰化成像的研究方向。本节重点介绍人造目标的退偏特性。

首先以一个实验来介绍人造漫反射物体的退偏特性。实验装置如图 5.3(a)所示，采用双旋波片法测量样品不同入射角和散射角下的缪勒矩阵，然后计算退偏系数，实验结果如图 5.3(b)所示。

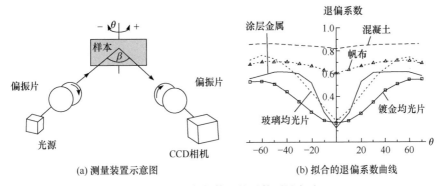

(a) 测量装置示意图　　　　　　(b) 拟合的退偏系数曲线

图 5.3　漫反射物体退偏系数测量实验

实验表明，对于散射光强度随散射角改变的漫反射物体，其退偏系数随角度的变化曲线可以很好地由一个倒置的高斯函数来近似，其形式为

$$f(x) = K - A \cdot \exp(-\theta^2 / \sigma^2) \tag{5.35}$$

式中，θ 为样品旋转角度，K、A 和 σ 为与样品自身偏振性质有关的拟合参量。退偏系数在发生镜面反射的角度最小，并随入射角和散射角的增大以高斯函数形式增大。

对于人造镜面反射物体，在不考虑物体自身吸收的前提下，可按菲涅耳定律对其出射光的偏振态进行计算，一般反射光与入射光的偏振状态相比相差很小。

在水下环境，尤其是浑浊水下环境中，场景的退偏系数受水体散射和人造目标的双重作用，显现出随散射粒子浓度和人造目标分布而变化的特异性，因此把退偏系数用于水下清晰成像方法的研究中。

5.3.2　基于缪勒矩阵的水下清晰成像方法概述

基于缪勒矩阵的水下清晰成像方法针对现有水下偏振成像技术仅使用线偏成分或圆偏成分、无法对光滑金属表面与粗糙非表面同时成像这一问题展开研究，以缪勒矩阵测量为探测方式，通过研究水体散射退偏效应与后向散射光传播中强度变化之间的关系，构建出使用缪勒矩阵的水下清晰成像模型，在图像重建过程中综合统一圆偏振成分和线偏振成分，达到对复杂偏振特性表面目标在浑浊水体中清晰成像的目的。

一般地，浑浊环境下探测到的图像 I 表示为清晰目标的衰减图像 S 和后向散射光的遮蔽图像 B 两部分的叠加，即

$$
\begin{aligned}
I &= S + B \\
&= S(x)t(x) + B_\infty[1 - t(x)]
\end{aligned}
\tag{5.36}
$$

式中，$t(x)$ 为透射率图；B_∞ 是一个与光强相关的全局常量，表示无穷远处后向散射光的光强度值，一般估计为图像中无目标区域的前 0.1% 最亮像素对应的光强平均值。为重建出清晰目标图像，上式变形为

$$
\begin{aligned}
S(x) &= \frac{I(x) - B_\infty[1 - t(x)]}{t(x)} \\
&= \frac{I(x) - B_\infty}{t(x)} + B_\infty
\end{aligned}
\tag{5.37}
$$

在探测到浑浊水下的模糊图像后，如果能够估计出其对应的 $t(x)$ 和 B_∞，那么清晰的目标图像就能重建出来。

缪勒矩阵提供了丰富的可利用的偏振信息，是对目标偏振特性的全面描述。当斯托克斯矢量为 $S_{\text{in}} = (1,0,0,0)^{\text{T}}$ 的自然光入射缪勒矩阵为 M 的目标后，其出射的斯托克斯矢量 S_{out} 表示为

$$
S_{\text{out}} =
\begin{bmatrix}
m_{00} & m_{01} & m_{02} & m_{03} \\
m_{10} & m_{11} & m_{12} & m_{13} \\
m_{20} & m_{21} & m_{22} & m_{23} \\
m_{30} & m_{31} & m_{32} & m_{33}
\end{bmatrix}
\begin{bmatrix}
1 \\ 0 \\ 0 \\ 0
\end{bmatrix}
=
\begin{bmatrix}
m_{00} \\ m_{01} \\ m_{02} \\ m_{03}
\end{bmatrix}
\tag{5.38}
$$

这表明，不论缪勒矩阵使用何种方法探测，其第一个元素始终可代表自然光照射下的探测到的强度图像。也就是说，在用缪勒矩阵进行水下清晰重建的过程中，可以用 m_{00} 代替式(5.36)中的强度图像 I。因此 B_∞ 可从 m_{00} 估计得到。

若想恢复出清晰的目标图像，仍需设法从测得的缪勒矩阵中获得 $t(x)$。利用人造目标和水下环境的退偏特性的差异，可以实现这一过程。根据现有缪勒矩阵的研究基础，此处使用退偏系数 Dep 作为退偏特性的度量，其定义为

$$
\text{Dep} = 1 - \frac{\sqrt{\text{tr}(M^{\text{T}}M) - m_{00}{}^2}}{\sqrt{3}\,m_{00}}
\tag{5.39}
$$

该式表示测量所得的缪勒矩阵与理想退偏器的差异程度。当 Dep 为 1 时，理想退偏器入射的完全偏振光出射时偏振度变为 0；当 Dep 为 0 时，理想非退偏器入射的完全偏振光出射时偏振度不会变化[11-12]。

实验表明，在浑浊水下环境中后向散射光强度 B 和退偏系数 Dep 之间存在一

定的关系，如图 5.4 所示。

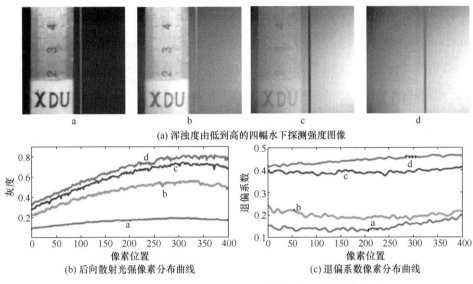

(a) 浑浊度由低到高的四幅水下探测强度图像

(b) 后向散射光强像素分布曲线　　　　　　　(c) 退偏系数像素分布曲线

图 5.4　不同浑浊度水下图像后向散射光与退偏系数展示

由图 5.4 可知，随着浑浊度的增大，图像质量逐渐恶化，后向散射光强度和退偏系数随之增大。以在 120L 清水中加入不同量(50～120mL)的脱脂牛奶为例，其后向散射光强度和退偏系数之间的具体关系见图 5.5。由图 5.5 可知，后向散射光强度和退偏系数之间可近似呈线性关系，随脱脂牛奶的浓度增加，数据点与拟合直线之间的方差逐渐增大，但仍显示出明确的正相关。据此，假设

$$B(x) = a \cdot \text{Dep}(x) + b \tag{5.40}$$

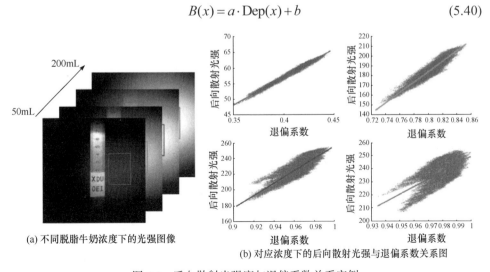

(a) 不同脱脂牛奶浓度下的光强图像

(b) 对应浓度下的后向散射光强与退偏系数关系图

图 5.5　后向散射光强度与退偏系数关系实例

式中，a 和 b 为拟合参数。因此透射率图可表示为

$$t(x) = 1 - \frac{B}{B_\infty} = 1 - \frac{a \cdot \mathrm{Dep}(x) + b}{B_\infty}$$

$$= 1 - \frac{b}{B_\infty} - \frac{a}{B_\infty} \cdot \mathrm{Dep}(x) \qquad\qquad (5.41)$$

$$= 1 - \lambda \cdot \mathrm{Dep}(x) - \sigma$$

把式(5.41)代入式(5.37)中，根据水下图像质量评价指标，通过估计 λ 和 σ 的最优解[13]，重建清晰的水下场景图像(图 5.6)[14]。可见，恢复后的图像与原强度图像相比，图像质量有了明显改善，且图像中金属高亮反光区域和纸带区域同时清晰地重建了出来，证明了该方法在对复杂表面偏振特性目标在浑浊水下进行清晰重建的能力和应用前景。

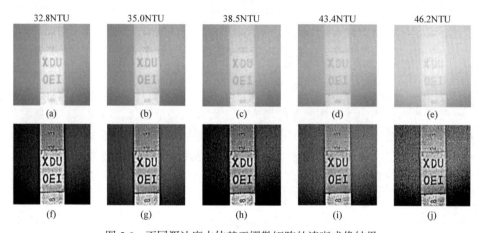

图 5.6　不同浑浊度水体基于缪勒矩阵的清晰成像结果

5.4　小　　结

基于缪勒矩阵的水下清晰化成像方法研究是偏振水下清晰化成像方法的延伸。本章所介绍的方法针对复杂偏振特性表面目标的浑浊水下成像问题，展示了缪勒矩阵与水下清晰成像相结合的一种方式。缪勒矩阵成像以独特的信息探测和获取方式，为水下成像领域新的成像方法的开发保留了无限的可能。

目前在缪勒矩阵和水下清晰成像相结合的过程中仍有以下几方面问题。

(1) 缪勒矩阵探测实时性问题。斯托克斯矢量测量虽然随着分振幅法、分孔径法和分探测器焦平面法的出现而达到实时探测，但是缪勒矩阵的探测需要多次改变入射光偏振状态，探测依然无法实现实时。近年来关于偏振器件的研究进展如

关于渐变折射率透镜(GRIN lens)的研究，已显示出解决该问题的可能，但其距离实用仍有一定距离。

(2) 缪勒矩阵各元素的解译。关于缪勒矩阵各元素物理意义的研究一直以来都是相关领域理论研究工作的重点之一。目前关于缪勒矩阵的各分析方法除矩阵分解外，大多是把缪勒矩阵中的某些或某几个特定元素作为整体重点观察的。缪勒矩阵中各元素物理意义的解析仍是困扰人们对缪勒矩阵进一步应用的一大障碍。

(3) 缪勒矩阵能提供信息的综合利用问题。本节所介绍的方法仅是对退偏这一特性而言的。除退偏特性外，缪勒矩阵还包含二向色性和相位延迟特性这两方面偏振信息及许多光强信息。对缪勒矩阵所能提供信息进行综合利用，有望进一步提高水下成像的质量，为新型光电探测成像设备的开发指明道路。

总之，本章中基于缪勒矩阵的水下清晰成像方法作为缪勒矩阵与水下成像相结合的开始，显示了缪勒矩阵水下清晰成像的优势，为后续研究提供了思路。

参 考 文 献

[1] Teribitz T, Schechner Y Y. Active polarization descattering[J]. IEEE Transactions on Pattern Analysis and Machine Intelligence, 2009, 31(3): 385-399.

[2] Liu T, Sun T, He H H, et al. Comparative study of the imaging contrasts of Mueller matrix derived parameters between transmission and backscattering polarimetry[J]. Biomedical Optics Express, 2018, 9(9): 4413-4428.

[3] Huang B J, Liu T G, Hu H F, et al. Underwater image recovery considering polarization effects of objects [J]. Optics Express, 2016, 24(9): 9826-9838.

[4] Gil J J. Polarimetric characterization of light and media [J]. European Physical Journal Applied Physics, 2008, 40(1): 1-48.

[5] van der Laan J D, Wright J B, Scrymgeour D A, et al. Evolution of circular and linear polarization in scattering environments[J]. Optics Express, 2015, 23(25): 31874-31888.

[6] Spandana K U, Mahato K K, Mazumder N. Polarization-resolved Stokes-Mueller imaging: A review of technology and applications [J]. Lasers in Medical Science, 2019, 34(8): 1283-1293.

[7] Cloude S. Conditions For the Physical Realisability of Matrix Operators in Polarimetry [M]. Bellingham: SPIE Press, 1990.

[8] Mannan S, Zaffar M, Pradhan A, et al. Measurement of microfibril angles in bamboo using Mueller matrix imaging [J]. Applied Optics, 2016, 55(32): 8981-8988.

[9] Hielscher A H, Eick A A, Mourant J R, et al. Diffuse backscattering Mueller matrices of highly scattering media [J]. Optics Express, 1998, 1(13): 441-453.

[10] Rakovic M J, Kattawar G W, Mehrubeoglu M, et al. Light backscattering polarization patterns from turbid media: Theory and experiment [J]. Applied Optics, 1999, 38(15): 3399-3408.

[11] Setala T, Shevchenko A, Kaivola M, et al. Degree of polarization for optical near fields [J]. Physical Review E, 2002, 66(1): 44-55.

[12] He C, Chang J T, Hu Q, et al. Complex vectorial optics through gradient index lens cascades [J]. Nature Communications, 2019: 10.

[13] Panetta K, Gao C, Agaian S. Human-visual-system-inspired underwater image quality measures [J]. IEEE Journal of Oceanic Engineering, 2015, 41(3): 541-551.

[14] Liu F, Zhang S, Han P, et al. Depolarization index from Mueller matrix descatters imaging in turbid water[J]. Chinese Optics Letters, 2022, 20(2): 022601.

第6章 针对透明目标的偏振三维成像

目标反射光偏振特性作为光波中重要的一维特征信息，能够为目标三维重建提供重要线索。本章主要对偏振三维成像技术的应用背景与光学原理进行介绍，对目前透明物体偏振三维技术中存在的问题进行分析，针对重建过程中存在的法向量多值性问题求解，总结概述目前国内外主要的几种对透明目标进行偏振三维重建的方法。

6.1 三维成像的特点

三维成像技术能够提供二维图像无法获取的深度信息，是信息时代获取数据的重要方式，可以满足众多领域应用需求，如在医疗领域，三维成像技术可以提供患者患处直观立体的信息，为医生观察诊断病症提供可靠有力的帮助，提高诊治效率，并能够在一定程度上降低患者在身体检查过程中的痛苦；在电商领域，三维成像技术能够提供商品的三维数据，并在互联网上全方位展示，让消费者能够清晰地了解商品；在军事领域，可建立作战环境和大型实验场景立体模型，为指挥员提供更加全面、直观的战场信息。随着计算机计算能力的快速发展和手机、互联网的普及，三维成像技术也在众多领域改变着人们的生产生活方式。

三维成像技术按照其数据获取方式可以分为接触式测量方法和非接触式测量方法，如图 6.1 所示。接触式测量方法利用机械探针、机械臂等仪器逐点扫描目标表面获取三维数据，具有精度高的特点，但该方法极易造成目标表面的损坏，且只能用于能接触到目标表面的场合。非接触式测量方法多采用光学成像技术，利用图像强度信息解译出目标三维数据，通过建立光波自身特性与目标三维表面信息的关系获取三维数据，具有测量精度高，信息获取时间短的特点，常用的光学三维成像技术有时间飞行法(time of flight，ToF)、激光雷达三维测量、结构光三维成像、双目三维成像和偏振三维成像等。结构光三维成像根据目标对投射结构光产生的调制作用，从形变的调制图像中获取目标三维数据，该方法所需设备简单，三维成像精度高；双目三维成像从两个相同相机获取目标两侧图像，利用三角测量原理计算目标三维形状，该重建方法比较成熟且能够稳定地获取目标三维数据[1]。

偏振三维成像技术利用物体反射光的偏振信息对物体表面进行重建。光入射到物体表面发生反射时，光与物体表面产生相互作用，促使反射光的偏振态发生变化，通过偏振器件的帮助可以探测到这一变化，并经过逆向建模求解出偏振信息与物体表面形状之间的关系，从而利用偏振信息解析出物体表面的形状并进行三维重建[2]。该方法可以在单探测器和偏振片的简单光学成像系统的条件下实现细节丰富的三维成像，同时，偏振信息的三维重构方法不依赖物体的纹理特征，同时又能很好地抑制耀光，可实现对复杂场景中的目标进行三维重建。

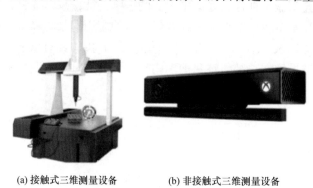

(a) 接触式三维测量设备　　　　　(b) 非接触式三维测量设备

图 6.1　三维成像测量设备

高精度、非接触三维数据实时测量是工业 3.0 时代智能制造等信息获取的重要手段。传统的光电成像技术缺失深度信息，难以满足先进制造、测绘、三维人脸识别等领域的应用需求，因此，三维成像技术得到越来越多研究者的关注。偏振三维成像技术作为一种新型的光学三维成像技术，具有成像设备简单、性价比高且重建细节丰富的优点，是当前三维成像领域研究的热点和前沿。

6.2　光滑目标反射光偏振特性与表面反射角

光波入射到一个目标表面上时，由于目标表面折射率、粗糙度等因素的影响，其反射光是由不同分量构成的。Wolff 提出光从物质表面反射时可以分为以下四种情况(图 6.2)[3-6]。

(1) 光波入射到远大于其波长的平面上经过一次反射形成的镜面反射(光线 1)。

(2) 光波在远大于其波长的目标表面多个微面元上经过多次反射(至少两次)形成的反射光(光线 2)。

(3) 光波透过目标表面，在其内部经过多次折射后，再折射回空气中(光线 3)。

(4) 光波在等于或者小于其波长的目标表面上发生衍射现象形成的衍射光(光线 4)。

以上四种情况如图所示。其中第一种情况也被称为反射光的镜面反射分量，这种反射具有极强的方向性，且由于在表面上仅发生一次反射，反射光的能量是四种情况中最大的，因此其颜色和光源颜色几乎一致。第二种反射光能量比第一种小，但与第一种反射光都是无吸收的反射情况，反射光的颜色与光源颜色一致。第三种和第四种情况被称为反射光的漫反射分量。对于非均匀介质，其表面反射光的漫反射分量主要是由第三种情况造成，第四种反射光占极少部分。对于粗糙的金属介质，漫反射分量是由第二种和第四种情况共同造成的。

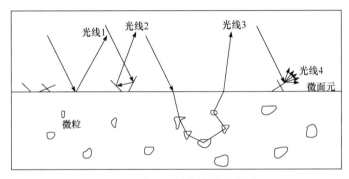

图 6.2　表面反射光分类示意图

　　光线 1 形成的光线称为镜面反射光，其余光线统称为漫反射光。相对于表面光滑的物体而言，反射光成分包含第一和第三部分，物体颜色特性由光线 3 经过物体内部多次反射、吸收、折射的作用而体现。将光线 1 与光线 2 进行比较，光线 2 的反射强度要小，但它与光线 1 一样都为无吸收的反射成分。对目标表面反射光类型的分析总结，可为建立光滑表面反射光偏振特性与目标三维形貌间的映射关系奠定基础。

　　对于材料表面，反射镜面分量的偏振由菲涅耳反射系数决定。菲涅耳反射系数 $F_\perp$ 和 $F_\parallel$ 在 0 和 1 之间变化，代表一次镜面反射的光线的垂直和平行分量的衰减比例。菲涅耳反射系数只与入射角 θ_i 和复折射率 $\eta = n - ki$ 有关，后者取决于材料的特性。电介质的消光系数 k 为 0，这种情况下 η 为实数。对于 ψ' 和 η，菲涅耳反射系数由以下公式给出：

$$F_\perp(\theta_i, \eta) = \frac{a^2 + b^2 - 2a\cos\theta_i + \cos^2\theta_i}{a^2 + b^2 + 2a\cos\theta_i + \cos^2\theta_i} \tag{6.1}$$

$$F_\parallel(\theta_i, \eta) = \frac{a^2 + b^2 - 2a\cos\theta_i\tan\theta_i + \cos^2\theta_i\tan^2\theta_i}{a^2 + b^2 + 2a\cos\theta_i\tan\theta_i + \cos^2\theta_i\tan^2\theta_i} F_\perp(\theta_i, \eta) \tag{6.2}$$

式中，

$$\begin{cases} 2a^2 = \left[\left(n^2 - k^2 - \sin^2 \theta_\mathrm{i} \right)^2 \right]^{1/2} + n^2 - k^2 - \sin^2 \theta_\mathrm{i} \\ 2b^2 = \left[\left(n^2 - k^2 - \sin^2 \theta_\mathrm{i} \right)^2 \right]^{1/2} - \left(n^2 - k^2 - \sin^2 \theta_\mathrm{i} \right) \end{cases} \tag{6.3}$$

对于 $0° \sim 90°$ 范围内的所有镜面入射角，$F_\perp$ 的值总是大于或等于 $F_\parallel$。因此，对于最初的非偏振光，反射镜面部分的偏振偏向入射镜面的法线方向。即镜面偏振分量的垂直分量大于平行分量。对于镜面反射，垂直偏振分量与平行分量的大小之比由 $F_\perp / F_\parallel$ 给出。从物体表面上的一点反射的总光也包括一个漫反射分量，由于漫反射分量是非偏振的，所以总的垂直分量和总的平行分量将变得更加相等。根据 Wolff 提出的理论，漫反射的总垂直分量 $k_\perp$ 和总平行分量 $k_\parallel$ 与菲涅耳反射系数 $F_\perp$ 和 $F_\parallel$ 之间的关系如下：

$$\frac{F_\perp}{F_\parallel} = \frac{k_\perp - (1/2) I_\mathrm{d}}{k_\parallel - (1/2) I_\mathrm{d}} \tag{6.4}$$

图 6.3 所示的分别是从空气入射到物体表面的情况和进入物体内部的光通过散射到达其与空气的分界面的情况，此时介质与空气的相对折射率为 $n_\mathrm{i} = 1, n_\mathrm{t} = n$。其中 θ_i 为入射角。

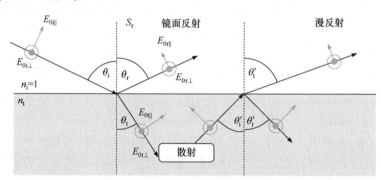

图 6.3　镜面反射和漫反射示意图

6.2.1　镜面反射光成分分析

菲涅耳反射模型包含了光线的强度与初始相位信息，这些信息定义了光线的初始偏振状态。在对部分线偏振光进行处理时，一般不需要对光波的全部偏振信息进行描述，如反射光在正交方向上相互垂直的两个偏振分量的具体大小。通过偏振模型可以仅利用光强的最大值与最小值 $I_{\max}$ 与 $I_{\min}$ 以及偏振角方向三个参数来对反射光的偏振状态进行描述。

在发生镜面反射时，由于光波在传输过程中的衰减，菲涅耳反射系数介于 $0 \sim$

1 之间。菲涅耳反射系数是偏振反射模型中的一个关键参数，它代表了初始的非偏振光在发生反射后变为部分偏振光的程度。非偏振光在各个方向都拥有均匀的偏振分量，而发生镜面反射后的光波在垂直于反射平面方向的偏振分量会大于平行于反射平面方向的偏振分量[7]。这是因为在发生镜面反射时，垂直于反射平面方向的菲涅耳反射系数 $F_\perp$ 要大于平行于反射平面方向的菲涅耳反射系数 $F_\parallel$。因此，在光线斜入射反射平面并发生镜面发射时，垂直偏振分量的电场幅值数衰减比平行偏振分量的电场幅值衰减小，垂直和平行偏振分量之间的这种衰减差异就是反射光由自然光变成部分偏振光的原因。

假设入射光为非偏振光，反射镜面分量的幅值为 I_s，则镜面反射光中垂直偏振分量的幅值和平行偏振分量的幅值的表达式可由以下两个物理原理进行推导得到。

(1) 根据线性叠加原理，垂直分量与平行分量之和为反射光总光强 I_s。

(2) 由于非偏振光在镜面反射时菲涅耳反射系数存在衰减，因此垂直偏振分量与平行偏振分量的幅值比为 $F_\perp / F_\parallel$。

镜面反射光的垂直偏振分量和平行偏振分量的大小可以表示为

$$\begin{cases} I_{\max} = \dfrac{F_\perp}{F_\perp + F_\parallel} I_s \\[2mm] I_{\min} = \dfrac{F_\parallel}{F_\perp + F_\parallel} I_s \end{cases} \tag{6.5}$$

镜面反射光强度的一般表达式依赖于偏振分量与反射平面的夹角，即偏振角 ψ，由式(6.5)中的偏振分量大小的线性组合给出。由于某一方向上偏振分量的大小与该方向上电场强度的平方成正比，因此镜面反射光偏振特性可以通过如下公式进行表示：

$$\frac{F_\perp}{F_\parallel + F_\perp} I_s \sin^2 \psi + \frac{F_\parallel}{F_\parallel + F_\perp} I_s \cos^2 \psi = \frac{F_\parallel \cos^2 \psi + F_\perp \sin^2 \psi}{F_\perp + F_\parallel} I_s \tag{6.6}$$

6.2.2　漫反射光成分分析

对于非均匀介质，当观察方向与法线正交时，在目标场景封闭轮廓附近的反射光中的漫反射分量不再是非偏振的。部分偏振光发生漫反射的现象很大程度上是由上述第三种反射光引起的，即光波穿透目标表面后，在内部发生折射，最后再折射回外部空气中。当入射的非偏振光穿透目标表面时，它在目标表面的空气与表面边界内部变成部分偏振光。然而，由于入射光在反射介质内部发生随机的多重折射，因此光线经过多重反射且尚未折射出介质的光线一般被认为是非偏振的[8-10]。与此同时，非偏振光从反射介质表面的内部发出，由于其中某一方向偏振光分量比另一方向偏振光分量传输得更大，因此在光线传输到空气中时会变成部分偏振光。平行和垂直偏振分量的漫反射分量方向分别由目标表面法线方向和光线反射面方向进行定义，对于光滑目标表面上的一点，反射光偏振特性与镜面反射光偏振特性相同。

根据菲涅耳公式有

$$\frac{\sin\theta_t'}{\sin\theta_r'} = n \tag{6.7}$$

对于观察者来说光线在目标表面的出射角与反射光的入射角相等，这是因为镜面反射光方向朝向相机传感器方向，此时反射光与目标表面夹角即为入射角。根据菲涅耳反射原理可知，光经过目标表面与空气的边界后反射回内部时将发生衰减。在光线发生折射时，光线平行方向分量与垂直方向分量的衰减分别为 $F_{\parallel}(1/n,\theta_r')$ 与 $F_{\perp}(1/n,\theta_r')$，因此传输到空气中的光线的垂直分量与平行分量衰减了 $(1/n)\left[1-F_{\parallel}(1/n,\theta_r')\right]$ 和 $(1/n)\left[1-F_{\perp}(1/n,\theta_r')\right]$。根据上述原理，在已知漫反射光总光强为 I_d 的情况下，漫反射光的平行分量与垂直分量分别可以表示为

$$I_{max} = \frac{1-F_{\parallel}(1/n,\theta_r')}{2-F_{\parallel}(1/n,\theta_r')-F_{\perp}(1/n,\theta_r')}I_d \tag{6.8}$$

$$I_{min} = \frac{1-F_{\perp}(1/n,\theta_r')}{2-F_{\parallel}(1/n,\theta_r')-F_{\perp}(1/n,\theta_r')}I_d \tag{6.9}$$

因此通过偏振角为 0° 的偏振器件对目标进行观察时，目标表面漫反射光光强可以表示为

$$
\begin{aligned}
I_{diffuser} &= \frac{1-F_{\parallel}(1/n,\theta_r')}{2-F_{\parallel}(1/n,\theta_r')-F_{\perp}(1/n,\theta_r')}I_d\cos^2\theta \\
&\quad + \frac{1-F_{\perp}(1/n,\theta_r')}{2-F_{\parallel}(1/n,\theta_r')-F_{\perp}(1/n,\theta_r')}I_d\sin^2\theta \\
&= \frac{1-F_{\parallel}(1/n,\theta_r')\cos^2\theta-F_{\perp}(1/n,\theta_r')\sin^2\theta}{2-F_{\parallel}(1/n,\theta_r')-F_{\perp}(1/n,\theta_r')}I_d
\end{aligned}
\tag{6.10}
$$

从式(6.8)与式(6.10)中可以看出，当光波在光滑表面进行反射时，反射光的镜面反射分量与漫反射分量存在 90° 的相位差。对于镜面反射分量来说，I_{max} 方向为垂直于反射平面方向，而对于漫反射分量来说，I_{max} 方向为平行于反射平面方向。之所以反射光的漫反射分量与镜面反射分量会产生相位差，是因为镜面分量

和漫反射分量的部分偏振是由互补过程(分别是反射和透射)引起的。而由于 $F_\perp \geqslant F_\parallel$，镜面反射光的最大透射辐亮度应垂直于反射平面。由于 $1-F_\perp \leqslant 1-F_\parallel$，因此漫反射光的最大透射辐亮度应平行于反射平面。最终相机得到的总反射光为漫反射光与镜面反射光的结合，其为一个介于漫反射和镜面反射分量之间的透射辐射正弦信号，正弦信号的具体参数取决于漫反射分量与镜面反射分量的相对大小。

6.2.3　目标反射光偏振特性

光的电磁理论不但给出了光波在两种不同介质界面上的反射定律和折射定律，还给出了入射光、反射光和折射光的振幅以及相位之间的关系。平面光波是一种横电磁波，其电矢量可在垂直于传播方向平面内的任意方向上振动，且可以被分解成在垂直入射平面上振动的 s 分量和在平行于入射平面上振动的 p 分量。s 分量和 p 分量的反射、折射特性一旦确定，光波在任意方向上的反射和折射特性也将确定。

假设入射光、反射光和折射光均为平面光波，其电场可以表示为

$$E_l = E_{0l}e^{-i(\omega_l t - k_l \cdot r)}, \quad l = i, r, t \tag{6.11}$$

式中，下角 i、r 和 t 分别表示入射光、反射光和折射光；r 表示介质界面上任意一点的矢量半径；ω 表示光波的角频率；k 表示介质中的传播矢量；E_{0l} 表示光波电场振幅。

由式(6.11)可得，电矢量的 s 分量和 p 分量可以表示为

$$E_{lm} = E_{0lm}e^{-i(\omega t - k_l \cdot r)}, \quad m = s, p \tag{6.12}$$

s 分量和 p 分量的反射系数 r_m 与透射系数 t_m 可分别定义为

$$r_m = \frac{E_{0rm}}{E_{0im}} \tag{6.13}$$

$$t_m = \frac{E_{0tm}}{E_{0im}} \tag{6.14}$$

假设介质界面上的入射光、反射光和折射光具有相同的相位，且入射介质和折射介质都是均匀、透明和各向同性的，根据电磁场的边界条件以及 s 分量、p 分量的规定，可以得到这三者之间电矢量振幅和磁矢量振幅的关系表达式：

$$E_{is} + E_{rs} = E_{ts} \tag{6.15}$$

$$H_{ip}\cos\theta_1 - H_{rp}\cos\theta_1 = H_{tp}\cos\theta_2 \tag{6.16}$$

式(6.16)中 H 表示磁场矢量振幅，利用 $\sqrt{\mu}H = \sqrt{\varepsilon}E$，其中 ε 表示介电常数，μ 表示磁导率，可将式(6.16)变为

$$(E_{is} - E_{rs})n_1 \cos\theta_1 = E_{ts}n_2 \cos\theta_2 \tag{6.17}$$

根据光波的折射定律，由式(6.15)和式(6.17)消去 E_{ts}，整理得

$$\frac{E_{rs}}{E_{is}} = \frac{\sin(\theta_2 - \theta_1)}{\sin(\theta_1 + \theta_2)} \tag{6.18}$$

将式(6.12)代入上式，可得

$$r_s = \frac{E_{rs}}{E_{is}} = -\frac{\sin(\theta_1 - \theta_2)}{\sin(\theta_1 + \theta_2)} \tag{6.19}$$

同理，可以得到其余关系式：

$$r_s = \frac{E_{0rs}}{E_{0is}} = -\frac{\sin(\theta_1 - \theta_2)}{\sin(\theta_1 + \theta_2)} = \frac{n_1 \cos\theta_1 - n_2 \cos\theta_2}{n_1 \cos\theta_1 + n_2 \cos\theta_2} \tag{6.20}$$

$$r_p = \frac{E_{0rp}}{E_{0ip}} = \frac{\tan(\theta_1 - \theta_2)}{\tan(\theta_1 + \theta_2)} = \frac{n_2 \cos\theta_1 - n_1 \cos\theta_2}{n_2 \cos\theta_1 + n_1 \cos\theta_2} \tag{6.21}$$

$$t_s = \frac{E_{0ts}}{E_{0is}} = \frac{2\cos\theta_1 \sin\theta_2}{\sin(\theta_1 + \theta_2)} = \frac{2n_1 \cos\theta_1}{n_1 \cos\theta_1 + n_2 \cos\theta_2} \tag{6.22}$$

$$t_p = \frac{E_{0tp}}{E_{0ip}} = \frac{2\cos\theta_1 \sin\theta_2}{\sin(\theta_1 + \theta_2)\cos(\theta_1 - \theta_2)} = \frac{2n_1 \cos\theta_1}{n_2 \cos\theta_1 + n_1 \cos\theta_2} \tag{6.23}$$

式(6.20)～式(6.23)分别是菲涅耳系数的表达式。利用菲涅耳系数可以得到反射光和折射光的强度及其相位随着入射角的变化情况。另外，在已知入射界面介质和折射界面介质的折射率 n_1、n_2 以及入射角 θ_1 情况下，可以计算出反射光波和折射光波的振幅比，图 6.4 为菲涅耳系数随着入射角变化的曲线，其中图(a)表示入射光线从光疏介质传播到光密介质的情况 $(n_1 = 1, n_2 = 1.5)$，图(b)则表示从光密介质到光疏介质的情况 $(n_1 = 1.5, n_2 = 1)$。

从图 6.4 中可以看出，随着入射界面介质折射率的变化，光波振幅的比值也将发生改变。当 $n_1 < n_2$ 时，光波振幅的比值随着入射角增大而减小，系数 r_p 在入射角为布儒斯特角时为零；当 $n_1 > n_2$ 时，光波振幅的比值随着入射角增大而增大，而且随着入射角的增大，r_s 和 r_p 都会在某个特定的角度达到 1。

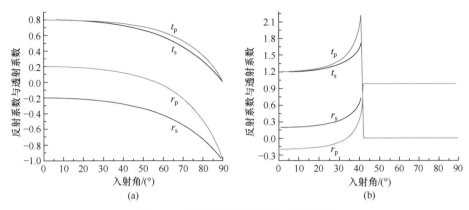

图 6.4　菲涅耳系数随入射角变化曲线

菲涅耳系数给出了入射光、反射光和折射光的振幅和相位的关系。假设在光的传播过程中不考虑由吸收、散射等因素影响而产生的能量损耗，入射光波的能量将在发生反射和折射现象时重新分配，但光波的总能量依旧等于入射光的总能量[11]。如图 6.5 所示，一束平面光波入射到介质 1 和介质 2 的分界面上，其中入射角为 θ_1。设平面光波的强度为 I_i，其在单位时间内入射到介质界面单位面积上的能量 W_i 可以表示为

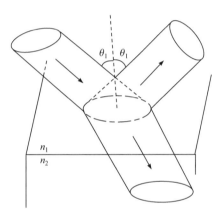

图 6.5　光束截面在反射和折射时变化情况

$$W_i = I_i \cos\theta_1 \tag{6.24}$$

根据光强的表达式，式(6.24)可以表示为

$$W_i = \frac{1}{2}\sqrt{\frac{\varepsilon_1}{\mu_0}}E_{0i}^2 \cos\theta_1 \tag{6.25}$$

式中，μ_0 表示真空中的磁导率。因此反射光 W_r 和折射光 W_t 的能量分别表示为

$$W_r = \frac{1}{2}\sqrt{\frac{\varepsilon_1}{\mu_0}}E_{0r}^2 \cos\theta_1 \tag{6.26}$$

$$W_t = \frac{1}{2}\sqrt{\frac{\varepsilon_2}{\mu_0}}E_{0t}^2 \cos\theta_2 \tag{6.27}$$

式中，ε_1 和 ε_2 分别表示介质 1 和介质 2 的介电常数。由此可以得到反射率 R 和折射率 T 的表达式为

$$R = \frac{W_r}{W_i} = r^2 \tag{6.28}$$

$$T = \frac{W_t}{W_i} = \frac{n_2 \cos\theta_2}{n_1 \cos\theta_1} t^2 \tag{6.29}$$

式中，θ_2 表示折射角。将菲涅耳系数代入式(6.28)和式(6.29)，可得到光波 s 分量和 p 分量的反射率和折射率的表达式：

$$R_s = r_s^2 = \frac{\sin^2(\theta_1 - \theta_2)}{\sin^2(\theta_1 + \theta_2)} \tag{6.30}$$

$$R_p = r_p^2 = \frac{\tan^2(\theta_1 - \theta_2)}{\tan^2(\theta_1 + \theta_2)} \tag{6.31}$$

由菲涅耳公式可知，对于表面光滑的目标，当入射光到达物体表面时，其出射光主要呈现反射特性，因此其出射光的偏振度[12]可以表示为

$$p(n, \theta_i) = \frac{2\sin\theta_i \tan\theta_i \sqrt{n^2 - \sin^2\theta_i}}{n^2 - 2\sin^2\theta_i + \tan^2\theta_i} \tag{6.32}$$

式中，n 为折射率；θ_i 为入射角，也是法线的天顶角。在同一偏振度下，分别利用漫反射跟镜面反射式计算的法线天顶角一般情况下是不相等的，如图 6.6 所示，只有在物体的边缘附近，法线天顶角接近 80°～90°时候有可能相等。另一方面，从该示意图也可以发现，镜面反射的天顶角与偏振度存在多对一的情况，如果利用镜面反射来进行偏振三维重建，则还需要对此进行区分处理，所以我们选择漫反射进行偏振三维重建。

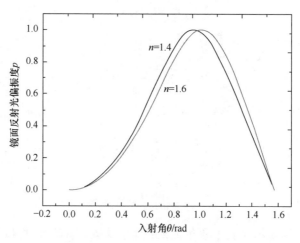

图 6.6　镜面反射光偏振度与入射角和折射率之间的关系

6.3 透明目标的偏振三维成像

6.3.1 透明目标的偏振三维成像基本原理

透明物体内部的材质属性并不相同,所以获取透明物体完整的表面信息是一个非常复杂的问题。目前,研究人员主要集中在研究一些简化的子问题,如不同介质之间有个明确分界面情况下的单一表面重建。目前,几乎所有透明目标的偏振三维成像方法都假设目标材料属性是一致的。

偏振恢复形状技术将透明物体对光线的偏振和三维重建联系起来把物理成像方法融入三维重建。其基本原理是光线经过透明物体表面反射后,非偏振光变成部分线性偏振光,通过测量光偏振态,恢复物体表面法向量[13-15]。下面将着重介绍基于偏振的透明物体三维重建方法。

一般来说,自然光是无偏振的。它在平面上向各个方向振荡,振动平面垂直于光的传播路径。然而,自然光一旦经过偏振材料或反射到表面上,就会发生偏振。为此,我们需要对物体表面微面元偏振度进行测量。日本东京大学的 Miyazaki 指出,透明物体的界面反射光主要由镜面反射分量构成,漫反射分量以及物体对光波的吸收非常少。在反射时,入射角与反射角相等。通过对物体表面反射角的精确获取[16],就可以实现目标表面微面元相对于观察者方向的信息获取,即实现物体表面法向量的求取。因此 Miyazaki 构建了如图 6.7 所示的透明物体偏振成像的测量模型。这里的入射平面是光源、表面法线和观察者所在的平面。将入射角和方位角分别表示为 θ 和 ϕ,利用反射光的偏振特性来确定这两个角度。

在进行实验时,光源照射到被测目标上一点,镜面反射光被偏振成像系统接收。定义照明光线、观测方向和曲面法向量所在的平面为入射面。对于透明物体,反射光主要为面反射光,体反射光可以忽略,因此入射角与反射角相等。建立成像系统坐标系后,曲面的法向量可以表示为入射角 θ 和入射面方位角 ϕ 的函数。曲面的法向量的球坐标表达式为

$$n = (\tan\theta\cos\phi, \tan\theta\sin\phi, 1) \tag{6.33}$$

如图 6.7 所示的偏振成像系统,在普通光电成像探测器前端加可旋转线偏振片实现偏振成像。在 0°~180° 范围,每隔 5° 旋转一次偏振片,并采集对应的偏振图像。定义反射光偏振方向与线偏振片透光方向的夹角为 θ_{pol},探测器接收的光强关于 $2\theta_{pol}$ 按正弦规律变化。对上述每隔 5° 采集的偏振图像进行数据拟合,得到 I_{min},此时对应的线偏振片方向与反射光线偏振方向垂直,由此可以获得反射光

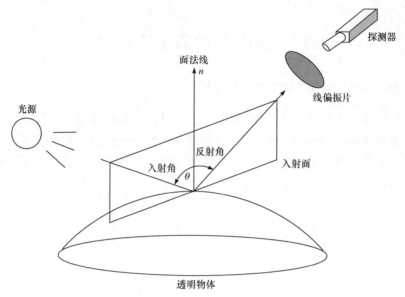

图 6.7　透明物体面形偏振成像测量示意图

线偏振方向。

对于镜面反射，反射光的偏振方向主要由 s 分量决定，因此反射光的偏振方向 φ 与入射面的方位角 ϕ 存在 90° 的夹角，即

$$\phi = \varphi \pm 90° \tag{6.34}$$

由式(6.34)可知，镜面反射光的偏振方向 φ、入射面的方位角 ϕ 存在两个可能的取值。

由菲涅耳定律，反射光的偏振度是关于入射角和介质折射率 n 的函数：

$$p_s = \frac{I_{\max} - I_{\min}}{I_{\max} + I_{\min}} = \frac{2\sin\theta\tan\theta\sqrt{n^2 - \sin^2\theta}}{n^2 - \sin^2\theta + \sin^2\theta\tan^2\theta} \tag{6.35}$$

由图 6.6 可知，除 $p_s = 1$ 外，每个 $p_s < 1$ 对应 2 个可能的入射角 θ_1 和 θ_2，即入射角也存在不确定性。因此需要消除入射角的不确定性，实现目标法向量信息的精确获取。

6.3.2　旋转测量法消除入射角不确定性

图 6.6 中所示的入射角的不确定性，会引起被测曲面法向量的不确定性，国内外已陆续提出了几种消除入射角不确定性的方法，本节对旋转测量法进行讲述。

对于每个 $p_s < 1$，由于 θ_1 和 θ_2 分别位于布儒斯特角 θ_B 的两侧，只要确定入射角 θ 相对于布儒斯特角 θ_B 的大小，即可获得唯一确定的入射角 θ。

Miyazaki 等使用了旋转测量法[17,18]，在目标表面光滑且封闭没有遮挡的假设下，以不同的偏振度数值为标准将目标表面分为布儒斯特角-赤道(B-E)区域、布儒斯特角-南极(B-N)区域和布儒斯特角-布儒斯特角(B-B)区域，如图 6.8 所示。

假设物体为一个封闭的光滑物体，只要对区域内的一个点进行消歧，就可以对整个目标表面区域内全部点的歧义性问题进行消除。

该方法首先假设 B-E 区域包含遮挡边界的区域，因此该区域中存在边界点入射角 $\theta = 90°$ 的点，通过约束该区域中各点的入射角范围 $\theta_B < \theta < 90°$，可以对入射角数值做唯一性的确定。对于 B-N 区域，其中应包含有入射角 $\theta = 0°$ 的像素点区域，则该区域入射角的约束条件为 $0° < \theta < \theta_B$，同样可以解决入射角的多值性问题。

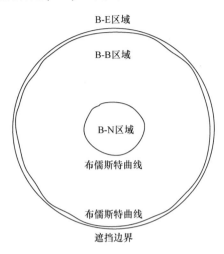

图 6.8　根据布儒斯特角划分的偏振度区域图

B-B 区域的多值性问题求解相较 B-E 区域和 B-N 区域来说要更困难一些。对于 B-B 区域的多值性问题求解，需要分别采集目标旋转前后的偏振图像，通过分析被测曲面反射光偏振度的一阶微分，来确定入射角 θ 相对于布儒斯特角 θ_B 的分布情况，是属于 $0° < \theta < \theta_B$ 还是 $\theta_B < \theta < 90°$。分别采集旋转前后被测物体的偏振图像，获得两组偏振度数据，计算这两组偏振度数据的差值。由图 6.9 所示的偏振度及其一阶微分的关系可知，当入射角小于布儒斯特角时，偏振度的一阶微分大于 0，当入射角大于布儒斯特角时，偏振度的一阶微分小于 0。因此，可以根据旋转前后两组偏振度数据的差值确定入射角相对于布儒斯特角的大小，进而获得唯一确定的入射角。

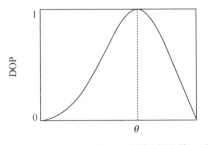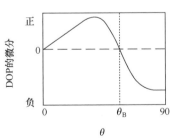

图 6.9　偏振度及其一阶微分示意图($n = 1.5$)

这是一种只使用符号来消除偏差的方法，而非使用具体的值，因此具有较强的鲁棒性。因此即使没有给出精确的旋转角度的值，该方法也能有较好的处理结果。

由图 6.10 可知，该方法成功实现了入射角的不确定性消除，并重建出真实的形状，且重建误差较小，仅为 0.4mm。

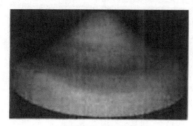

(a) 阴影图像的重建结果　　　　　　　　(b) 光线追踪图像重建图

图 6.10　重建结果

6.3.3　可见光、红外双波段测量方法

1995 年，英国的 Mike Partridge 通过研究反射光和透射光在求解偏振度过程中的区别，如图 6.11 所示，发现当目标表面出射光为漫反射光时，其偏振度与入射角一一对应。在此理论基础上，Mike 利用目标自身的红外辐射特性，使用远红外波段的探测器对目标进行探测，实现了入射角不确定性的求解。虽然其使用的

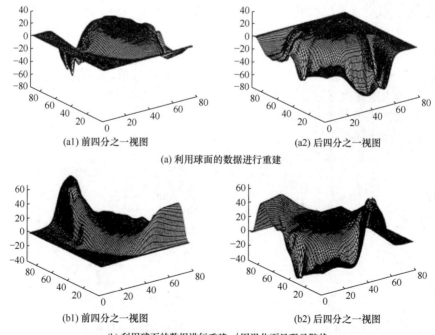

(a1) 前四分之一视图　　　　　　　　　(a2) 后四分之一视图

(a) 利用球面的数据进行重建

(b1) 前四分之一视图　　　　　　　　　(b2) 后四分之一视图

(b) 利用球面的数据进行重建，ϕ 因退化而呈现马鞍状

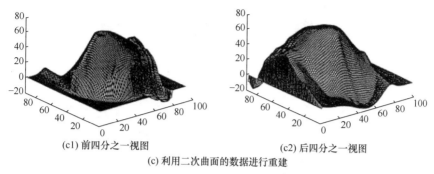

(c1) 前四分之一视图　　　　　　　　(c2) 后四分之一视图

(c) 利用二次曲面的数据进行重建

图 6.11　重建结果图

探测系统中的系统误差等因素对探测结果仍存在较大的影响，但这种思路为研究偏振三维成像中静止目标的入射角多值性问题提供了一个很好的解决思路。

尽管受到物体表面边界条件和物体表面方位角 180°的不确定性的影响，然而由实验结果可知，在受控条件下，该方法已经可以成功地从辐射偏振数据中重建简单形状的物体。

2002 年，Miyazaki 提出了可见光与远红外光双波段相结合的探测方式，在可见光波段和红外波段分别采集被测物体的偏振图像，解决了入射角不确定性的问题。

测量装置如图 6.12 所示。红外偏振探测通过在红外探测器前端加装可旋转红外金属线栅偏振片构成，用吹风机加热被测物体，以获得较强的红外辐射。在可见光的测量过程中，通过旋转偏振滤光片，可以得到物体的一系列图像。在这些图像的每一个像素上，观察记录强度的变化，并确定最大最小的强度；对于红外波段的测量，使用吹风机对物体在一定时间内加热，一旦热交换达到平衡，就用与可见光波段测量偏振特性类似的方法，旋转偏振滤光片获得一系列图像，此时对获得的光强最大值与最小值做适当的处理，得到偏振度。最后，对红外波段和可见光在每个像素偏振度的测量值进行校准和比较。对于每个像素，由于入射角多值性的存在，在可见光波段下偏振度的测量值会存在两种解。由红外波段测量的偏振度结果，可以获取该微面元的唯一解，而这取决于在布儒斯特角处的红外偏振度与红外偏振度的大小关系。

可见光波段偏振度和入射角的关系、红外波段偏振度和入射角的关系如图 6.13 所示。在红外波段，偏振度和入射角存在一一对应关系。因此，综合分析可见光波段的偏振数据和红外波段的偏振数据，可以获得唯一确定的入射角。

考虑到可见光与红外光不同的探测方式，不可避免地涉及复杂的系统设计、使用中不同波段图像间的匹配问题和系统成本等问题。

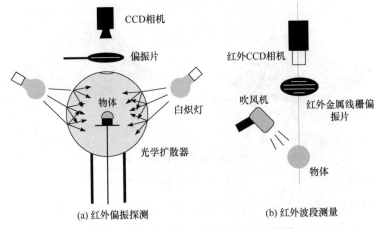

(a) 红外偏振探测　　　　　　　　(b) 红外波段测量

图 6.12　可见光与红外偏振测量示意图

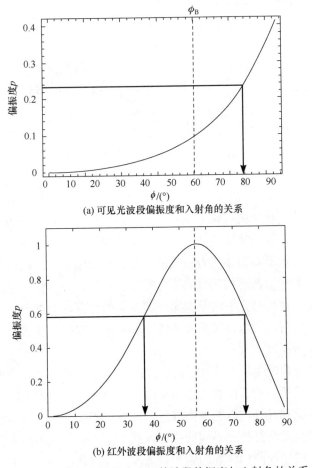

(a) 可见光波段偏振度和入射角的关系

(b) 红外波段偏振度和入射角的关系

图 6.13　可见光波段偏振度和红外波段偏振度与入射角的关系

由图 6.14 可知，利用该方法对贝壳形状物的重建结果与原物体大致一致。在入射角大于布儒斯特角的区域，该方法能够获得更好的恢复效果；在边界处偏振度较低，重建结果较差。

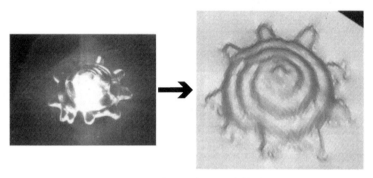

图 6.14　贝壳形状物的重建结果图

6.3.4　主动照明法消除入射面方位角不确定性

当镜面反射光的偏振角确定后，由于偏振相位求解过程中存在三角函数周期性变化，因此求解得到的方位角存在两个可能的值，且这两个可能的方位角相差 180°。法国科学家 Morel 提出采用主动照明的方法消除方位角的歧义。

Morel 构建了一个由 4 个相互对称的 1/8 球形子系统组成的半球形漫反射圆顶灯，作为主动照明光源，由环形光源和漫射半球穹顶构成，环形光源由 LED 阵列构成，可分别控制 4 个象限的亮暗(图 6.15)。照明光线四象限的分割和定义的探测器坐标系存在夹角 $\beta \in [0, \pi/2]$。将偏振角 φ 和方位角 ϕ 的关系式改为

$$\phi = \varphi - \frac{\pi}{2} + \begin{cases} 0 \\ \pi \end{cases} \qquad (6.36)$$

这里方位角 ϕ 的计算产生了歧义。为消除方位角的歧义，需要定义参量 I_{quad}，其获取方法如图 6.16 所示，二值图像 I_{bin1} 区分法向量的东、西指向，通过比较东侧光照明和西侧光照明获得的两组图像的差值得到；同理，二值图像 I_{bin2} 区分法向量的南、北指向，通过比较南侧光照明和北侧光照明获得的两组图像的差值得到。I_{quad} 区分法向量在西北、东北、西南、东南 4 个方向的指向，表达式为

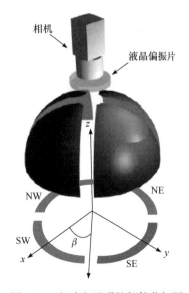

图 6.15　主动光照明的部件分解图

$$I_{\text{quad}} = 2I_{\text{bin1}} + I_{\text{bin2}} \tag{6.37}$$

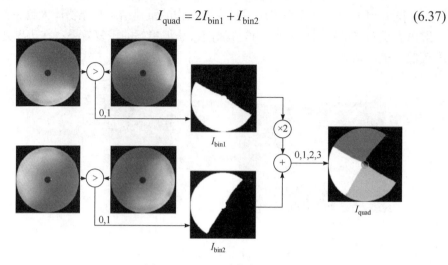

图 6.16　I_{quad} 可计算方法

方位角求解可以表示为

$$\phi=\begin{cases} \varphi-\dfrac{\pi}{2}, & \text{当法向量指向南侧} \\[2mm] \varphi-\dfrac{\pi}{2}+\pi, & \text{当法向量指向北侧} \end{cases} \tag{6.38}$$

通过式(6.38)可以消除方位角取值的歧义问题。消除歧义前后的方位角图像如图 6.17 所示。

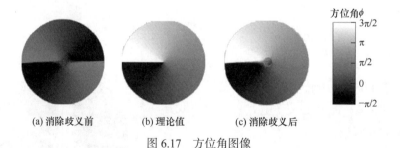

(a) 消除歧义前　　　(b) 理论值　　　(c) 消除歧义后

图 6.17　方位角图像

这是一种解决方位角不确定性的方法,其重建结果如图 6.18 所示。该方法的重建结果较精细,无误差,通过获取分割后的图像,直接找到正确的法线方向。但是在实际操作过程中,由于该方法需要多个 LED 光源组成阵列,并需要通过对不同方向的光源分别进行调控实现方位角的唯一性求解,因此,该技术实现过程复杂,无法对运动目标的方位角进行校正,且在室外场景不易实现。

(a) 物体的强度图像　　　　　　　　(b) 物体表面的三维重建结果

图 6.18　物体表面的三维重建结果

6.3.5　多视角观测方法消除入射面方位角不确定性

2017 年，Cui 提出了一种多视角偏振三维成像的方法，在实现对光滑目标表面三维重建的基础上，对目标局部反射率不同的问题也进行了研究，实现了复杂目标表面三维轮廓信息的重建。他通过在不同空间位置架设多台探测设备，采集最少三个视角的目标图像信息，并利用经典的运动结构和多视点立体方法，恢复相机位置以及高频信息丰富区域的初始三维形状，并将初始三维信息作为目标方位角的先验信息[19]。之后，将利用偏振信息求得的方位角结果与目标先验信息进行逼近，实现高频信息丰富区域的复杂物体表面的入射角信息校正，其方法流程如图 6.19 所示。

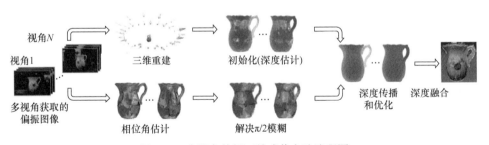

图 6.19　多视角偏振三维成像方法流程图

此外，Cui 借鉴光度立体视觉技术中等深度轮廓跟踪法的思想，将高频区域恢复得到的方位角信息向低频区域扩散，实现低频区域方位角多值性消除。该方法不仅能够解决方位角的多值性问题，而且对镜面反射与漫反射等不同情况下偏振方位角信息的差异性进行了深入的分析研究，实现对具有复杂表面(同时包含镜面反射、漫反射和微表面相互反射情况)的目标进行偏振三维成像。利用该方法进行三维成像的结果及其与其他三维成像方法的对比如图 6.20 所示。

原始图像　　偏振三维成像　　文献[20]方法　　文献[19]方法

图 6.20　三种三维成像方法的对比

从图 6.20 中能够直观地看到利用 Cui 提出的方法对目标三维轮廓重建准确，表面无明显畸变，能够实现对具有不同反射率表面的目标进行有效的三维成像。

但是该方法在跟踪过程中需要若干个具有可靠深度的标准点作为深度传播的"种子"，因此当目标表面的特征信息不足以提供多个可靠深度参考点时，该方法就无法有效消除方位角的多值性问题。此外，该算法目前对透明对象的三维重建不适用。

Miyazaki 也提出一种基于多视角观测的偏振三维成像技术，实现对黑色目标的三维成像。他把偏振成像与空间雕刻技术的优点相结合，将空间雕刻技术得到的不光滑三维形状作为目标的先验信息，利用该先验信息实现对偏振三维成像过程中的法向量参数多值性问题进行校正。

该方法的具体实验装置如图 6.21 所示。物体放置于旋转台上，并位于照明穹顶的中间位置处。在具体实施过程中，首先对相机进行标定，在相机标定系统中

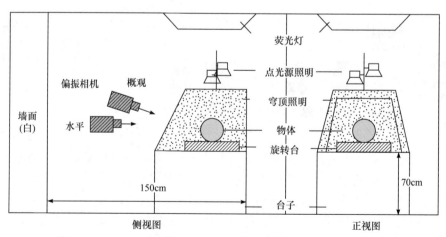

图 6.21　实验装置图

获取相机参数；再利用穹顶照明灯对目标物体进行照明，并从多个角度对目标物体进行拍摄，获取多视角偏振图像；之后通过背景减影法从图像中提取目标物体的轮廓，利用空间雕刻法从相机参数和轮廓图像中提取视觉外壳的三维形状；通过相机标定得到的相机姿态和空间雕刻得到的三维形状计算出每张图像对应的点，可以分析同一表面点处的相位角。由此，该方法完成了利用从多视点获得的相位角来获得整个物体表面的表面法线。

空间雕刻方法可以估计无纹理物体的三维形状，而偏振恢复形状技术能够估计物体表面的详细光滑结构。偏振信息的引入，能够较好地弥补空间雕刻技术在三维重建结果中细节纹理不足等缺点，其对黑色镜面高反光物体的三维成像结果如图 6.22 所示，图(a)和图(b)为利用空间雕刻技术得到的三维结果，图(c)和图(d)为利用 Miyazaki 方法得到的三维结果。

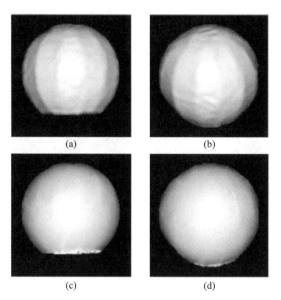

图 6.22 黑色高反光球体三维重建结果图

6.3.6 利用阴影恢复法消除入射面方位角不确定性

2013 年，Mahmoud 提出一种将偏振三维成像技术与阴影恢复法(shape from shading，SFS)相结合的三维成像方法。该方法首先利用阴影恢复法，实现对目标表面整体轮廓三维信息的重建，得到目标深度先验信息。之后，利用携带有真实法向量方向的先验信息，对偏振求解得到的方位角进行校正。

其具体实现过程如下：

$$\sum_{m=1}^{2} d(r, R_m) = \sum_{m=1}^{2} \min_{j=1,\cdots,n_m} |r - r_{mj}| \tag{6.39}$$

式中，R_m 为相位角，$m=1,2$；r_{mj} 为该过程利用阴影恢复法和偏振恢复形状法所获得的相位角 R_1、R_2 中的第 j 个像素点处相位角的值，$m=1,2$。将 r_{mj} 与任意给定的 r 值一一进行比较，选择使差距 $\sum\limits_{m=1}^{2} d(r,R_m)$ 最小的值作为真实的方位角值，实现对偏振方位角的多值性问题的校正。

　　Mahmoud 的方法仅依赖一个视图和一个光谱成像波段，因此该方法在实现偏振三维成像的过程中更简单，成像所需设备也更易搭建，其三维成像结果如图 6.23 所示。

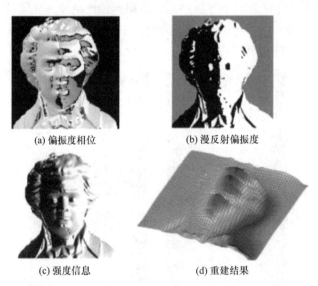

(a) 偏振度相位　　　　　　　　(b) 漫反射偏振度

(c) 强度信息　　　　　　　　(d) 重建结果

图 6.23　三维成像结果

　　该方法成本低、易操作，且在对方位角进行去歧义的过程中不涉及非线性优化问题，解译速度快，同时无须受给定初始值等条件的限制，适用性强[20]。但由于阴影恢复法的应用，该方法中需要利用目标表面的漫反射光分量特性进行求解，以便满足阴影恢复法的假设条件，因此该方法在实际目标的通用性方面存在一定局限，对漫反射分量较少的光滑目标无法有效适用，且易受环境中杂散光干扰。

6.4　小　　结

　　本章通过研究反射光偏振特性，对目标表面轮廓形状与反射光波之间的映射关系进行了详细的介绍与分析。分别对约束目标微面元法向量参数(天顶角和方位角)的求解过程进行了详细推导。并就偏振三维重建过程中，尤其是对光滑表面目标在重构三维轮廓时存在的法向量参数多值性问题进行了总结。为了消除光滑表面目标重建过程中的多值性问题，各国研究人员对该问题提出了不同的解决思路和方法。

为了解决光滑目标表面天顶角多值性问题，研究提出了旋转测量、可见光与红外双波段测量法等技术，实现对目标表面微面元上的法向量天顶角的唯一性求解，有效消除了由天顶角多值性带来的表面重建畸变的问题。

此外，本章介绍了主动照明法、多视角观测法，以及结合阴影恢复法等方位角多值性消除方法。方位角的多值性问题不仅存在于光滑目标的重建过程中，在其他类型，如漫反射目标表面重建过程中仍然存在。这些方法的研究为偏振三维重建技术在各类目标重建过程中的应用奠定了基础。

参 考 文 献

[1] Yang R Q, Cheng S, Chen Y L Z. Flexible and accurate implementation of a binocular structured light system[J]. Optics and Lasers in Engineering, 2008, 46(5): 373-379.

[2] 石顺祥,张海兴,刘劲松. 物理光学与应用光学[M].西安:西安电子科技大学出版社, 2000.

[3] Wolff L B. Shape from Polarization Images[M]. Sudbury:Jones and Bartlett Publishers,1992.

[4] Wolff L B. Surface orientation from polarization images[C]//Optics, Illumination, and Image Sensing for Machine Vision II,Cambridge,1988.

[5] Wolff L B, Boult T E. Constraining object features using a polarization reflectance model[J]. Physics-Based Vision: Principles and Practice Radiometry, 1993, 1: 167.

[6] Wolff L B. Polarization vision: A new sensory approach to image understanding [J]. Image and Vision Computing, 1997, 15(2): 81-93.

[7] Augenstein S. Monocular pose and shape estimation of moving targets, for autonomous rendezvous and docking[D].Palo Alto: Stanford University, 2011.

[8] Terui F. Model based visual relative motion estimation and control of a spacecraft utilizing computer graphics[C]//The 21st International Symposium on Space Flight Dynamics, Tolouse,2009.

[9] Koshikawa K. A polarimetric approach to shape understanding of glossy objects[J]. Advances in Robotics, 1979, 2(2): 190.

[10] Stolz C, Ferraton M, Meriaudeau F. Shape from polarization: A method for solving zenithal angle ambiguity [J].Optics Letters, 2012, 37(20): 4218-4220.

[11] Yuffa A J, Gurton K P, Videen G. Three-dimensional facial recognition using passive long-wavelength infrared polarimetric imaging [J]. Applied Optics, 2014, 53(36): 8514-8521.

[12] Kadambi A, Taamazyan V, Shi B X, et al. Depth sensing using geometrically constrained polarization normals [J]. International Journal of Computer Vision, 2017, 125(1-3): 34-51.

[13] Ba Y, Gilbert A, Wang F, et al. Deep shape from polarization[C]//European Conference on Computer Vision, Cham, 2020.

[14] 杨锦发,晏磊,赵红颖,等. 融合粗糙深度信息的低纹理物体偏振三维重建[J].红外与毫米波

学报,2019, 38(6): 819-827.

[15] Atkinson G A, Hancock E R. Shape estimation using polarization and shading from two views[J]. IEEE Transactions on Pattern Analysis and Machine Intelligence, 2007, 29(11): 2001-2017.

[16] Tippetts B, Lee D J, Lillywhite K, et al. Review of stereo vision algorithms and their suitability for resource-limited systems [J]. Journal of Real-Time Image Processing, 2016, 11(1): 5-25.

[17] Miyazaki D, Tan R T, Hara K, et al. Polarization-based inverse rendering from a single view[C]//IEEE International Conference on Computer Vision, Madison, 2003.

[18] Miyazaki D, Kagesawa M, Ikeuchi K. Polarization-based transparent surface modeling from two views[C]//IEEE International Conference on Computer Vision, Madison, 2003.

[19] Cui Z, Gu J, Shi B, et al. Polarimetric multi-view stereo[C]//Proceedings of the IEEE Conference on Computer Vision and Pattern Recognition,Honolulu, 2017.

[20] Smith W A P, Ramamoorthi R, Tozza S. Linear depth estimation from an uncalibrated, monocular polarisation image[C]//European Conference on Computer Vision,Cham, 2016.

第7章 基于漫反射的偏振三维成像

目标反射光中的漫反射分量是光进入物体微表面后经过多次体散射去偏后又被重新折射回空间中而起偏的一部分反射光,由于其偏振特性仅与折射回空气时的微表面息息相关,较之于透明物体的镜面反射分量来说,其天顶角与偏振度存在一一对应的关系,且探测更为方便,使偏振三维重建具备更加广泛的应用场景。本章主要针对基于漫反射的偏振三维成像技术进行介绍,从菲涅耳公式出发,分析漫反射光的偏振特性分布情况,在此基础上建立基于漫反射的偏振三维成像模型,并对三维重建中存在的问题进行讨论和分析,总结概述目前国内外主要的几种对朗伯体目标进行偏振三维重建的方法与理论依据。

7.1 朗伯体目标的偏振三维成像原理

7.1.1 朗伯体目标反射光偏振特性

当入射能量在所有方向均匀反射,即入射能量以入射点为中心,在整个半球空间内向四周各向同性地反射能量的现象,称为漫反射,也称各向同性反射,一个完全理想的漫射体称为朗伯体[1]。

通过分析物体表面入射光与反射光之间的变化特性,得到对于物体表面透射光波 s 分量和 p 分量的透射率的表达式:

$$T_s = \frac{n_2 \cos\theta_2}{n_1 \cos\theta_1} t_s^2 = \frac{\sin 2\theta_1 \sin 2\theta_2}{\sin^2(\theta_1 + \theta_2)} \tag{7.1}$$

$$T_p = \frac{n_2 \cos\theta_2}{n_1 \cos\theta_1} t_p^2 = \frac{\sin 2\theta_1 \sin 2\theta_2}{\sin^2(\theta_1 + \theta_2)\cos^2(\theta_1 - \theta_2)} \tag{7.2}$$

在光的反射成分中,有一部分是透过表面发生折射进入折射介质,通过折射介质中微粒之间发生散射后,再次折射进入入射介质成为反射光的一部分,这部分光是漫反射光的主要组成部分。这部分光在进入入射介质内部即发生折射,通过菲涅耳公式以及透射率计算可以看出,这部分光在介质内部是部分偏振的。然而由于介质内部微粒的无规则散射对这些折射光产生退偏作用,所以在其重新通过折射进入到空气之前,可以近似地看作自然光(非偏振光)。这部分光经过折射进入空气,又重新变为部分偏振光。这部分经过物体内部然后再散射回来的光就是漫反射光的重要组成部分，进一步利用漫反射光的偏振特性，可以实现物体表面法线信息的求解。

当进入物体内部的光通过散射到达其与空气的分界面时，与之前从空气入射到物体表面的情况类似，此时，介质与空气的相对折射率为$1/n(n_i=1, n_t=n)$。由反射定律可知，光在进入空气中有$n_i > n_t$，当θ_t'大于临界角时，就会发生全反射现象。而当θ_t'小于临界角时，就会有折射光进入到空气中。由菲涅耳公式可知漫反射光的偏振度表示为

$$p = \frac{R_s\left(\dfrac{1}{n}, \theta_i'\right) - R_p\left(\dfrac{1}{n}, \theta_i\right)}{2 - R_s\left(\dfrac{1}{n}, \theta_i'\right) - R_p\left(\dfrac{1}{n}, \theta_i'\right)} \tag{7.3}$$

7.1.2　朗伯体目标反射光相位的求解方法

表面法线的方位角也与菲涅耳方程密切相关。如图 7.1 所示，平行于表面法线和反射光平面内的散射光偏振分量可以最有效地反射出目标表面。因此，该出射光波在成像平面上的投影与水平方向的夹角称为相位角。但是，由于偏振角求解过程中存在三角函数的周期性变化，方位角存在$180°$的多值性问题。图 7.2 定义了本书中使用的角度和方向。将光的相位角表示为φ，而表面方位角的两种可能就是$\alpha = \varphi$和$\alpha = \varphi + 180°$。

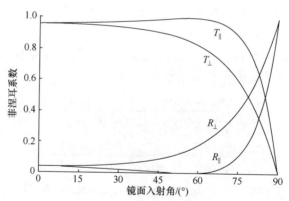

图 7.1　介质的反射和透射系数($n=1.5$)

由菲涅耳方程可知，当完全非偏振光通过目标表面反射或折射时，光波将发生起偏作用，变为部分偏振光或者完全偏振光，其中部分偏振光可以分为偏振光和完全非偏振光两部分。由马吕斯定律可知，当旋转置于探测器前面的偏振器时，在探测器上接收到的光强随之发生变化，其变化规律表示为

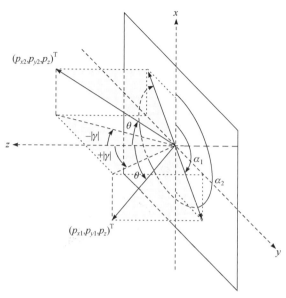

图 7.2 角度的定义与表面法线的两种形式

$$I = I_p \cos^2 \theta \tag{7.4}$$

式中，I 表示透射光的光强；I_p 表示反射光中的线偏振光光强，有 $I_p = I_{\max} - I_{\min}$，$I_{\max}$ 和 $I_{\min}$ 分别表示在旋转偏振过程中探测器能接收到的最大和最小光强；θ 表示线偏振光振动方向与偏振器透光轴的夹角。因此透射光强可以表示为

$$I = \frac{I_{\max} + I_{\min}}{2} + \frac{I_{\max} - I_{\min}}{2} \cos\left(2\theta_{\mathrm{pol}} - 2\varphi\right) \tag{7.5}$$

式中，θ_{pol} 为偏振器相对于参考方向旋转的角度；φ 为所接收到光强曲线的相位角。由式(7.5)可知，当 $\theta_{\mathrm{pol}} = \varphi$ 时，$I = I_{\max}$；当 $\theta_{\mathrm{pol}} = \varphi \pm 90°$ 时，$I = I_{\min}$。

根据光强随偏振片旋转角度变化的关系。由之前的分析可知，在朗伯体目标表面漫反射光分量中平行于入射平面的分量总是占优的，因此当偏振片的透光轴与入射平面平行时，通过偏振片的偏振光强度最大。为了得到目标表面法线的方位角，可以通过探测器获取随偏振片旋转角度变化的光强曲线，从而计算光强曲线最大值对应的相位角，该角度即为法线方位角。

在旋转偏振片的过程中，在 φ 和 $\varphi + 180°$ 时所得到的光强值都是最大的，因此真实的法线方位角与计算出的方位角可能存在 $180°$ 的不确定性，使求出的目标表面法线方向不准确，导致目标表面形状恢复出现严重的畸变问题。由式(7.5)可知，平行入射面的方向存在光强的最小值，只要测得光强最小值时对应的角度，就可以确定入射平面的方向。在获取强度图的过程中，通过在探测器前面添加线偏振片，然后转动偏振片获取三个以上的不同偏振方位角子图像，再进行曲线拟合就可以得到光线的相位信息。曲线拟合需要获取大量的偏振图像，实现起来比较复杂，且计算量大，因此 Wolff 提出了利用斯托克斯矢量来进行计算得出相应的相位值的方法，具体公式如下：

$$\varphi = \frac{1}{2} \begin{cases} \arctan\left(\dfrac{U}{Q}\right) + 90^\circ, & Q \leqslant 0 \\[2mm] \arctan\left(\dfrac{U}{Q}\right) + 180^\circ, & Q > 0, U < Q \\[2mm] \arctan\left(\dfrac{U}{Q}\right) + 0^\circ, & Q > 0, U \geqslant Q \end{cases} \tag{7.6}$$

7.1.3 朗伯体目标表面反射角求解方法

在物体表面反射光呈现漫反射特性时，一部分入射光穿透表面并在内部散射，一些光线随后被折射回空气中，再次进入空气中的光波呈现部分偏振。结合式(7.3)和菲涅耳透射系数，可得到偏振度方程如下：

$$p = \frac{\left(n - \dfrac{1}{n}\right)^2 \sin^2\theta}{2 + 2n^2 - \left(n + \dfrac{1}{n}\right)^2 \sin^2\theta + 4\cos\theta\sqrt{n^2 - \sin^2\theta}} \tag{7.7}$$

利用漫反射光偏振特性对入射角求解过程可以表示为

$$\cos\theta(u) = n(u) \cdot v(u) = f(\rho(u), \eta) =$$
$$\sqrt{\frac{\eta^4\left(1 - \rho_{\mathrm{d}}^2\right) + 2\eta^2\left(2\rho_{\mathrm{d}}^2 + \rho_{\mathrm{d}} - 1\right) + \rho_{\mathrm{d}}^2 + 2\rho_{\mathrm{d}} - 4\eta^3\rho_{\mathrm{d}}\sqrt{1 - \rho_{\mathrm{d}}^2} + 1}{\left(\rho_{\mathrm{d}} + 1\right)^2\left(\eta^4 + 1\right) + 2\eta^2\left(3\rho_{\mathrm{d}}^2 + 2\rho_{\mathrm{d}} - 1\right)}} \tag{7.8}$$

根据式(7.8)，能够计算出漫反射光的偏振度随着入射角和目标折射率的变化曲线，如图 7.3 所示。

从图 7.3 中可以看出，当目标折射率一定时，漫反射光的偏振度随着入射角的增加而单调递增，因此已知目标表面折射率以及偏振度情况时，便可以求出对应的入射角，即法线天顶角。另外随着目标折射率的增加，相同入射角的光波偏振度也随之增加，此时漫反射光的偏振度比较低，均处于 0.5 以下，说明漫反射光分量中 s 分量和 p 分量差距较小，且 s 分量和 p 分量的差距随着折射率的增加而增大。

为计算图像中偏振度 p 的大小，可以使用斯托克斯矢量进行计算，根据 3.6 节方法可以获取场景斯托克斯矢量，使用式(7.9)可以计算场景偏振度：

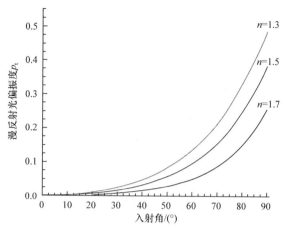

图 7.3　漫反射光偏振度与折射率和入射角关系

$$p = \frac{\sqrt{U^2 + V^2 + Q^2}}{I} \tag{7.9}$$

在获取场景偏振度之后，即可求取朗伯体目标的表面法线天顶角。

7.1.4　朗伯体目标表面重建算法

在针对朗伯体目标的三维重建过程中，可以利用物体表面法线来恢复物体的表面形状。为了求取物体表面法线，我们对光在入射到物体表面所产生的反射与折射以及其与物体表面法线之间的关系做一个简要的分析。图 7.4 即为光线在物体表面发生反射时，入射光线 S_r 与反射光线 S' 以及法线 n 所在的物坐标系与像平面坐标系之间的几何关系示意图。由反射定律可知，光线在物体表面发生反射，目标表面法线天顶角为 θ。入射光线、法线与反射光线所在的平面即为入射平面 POI，ϕ 为入射面在像坐标平面内的方位角，反射光传播方向为 z 轴正方向。

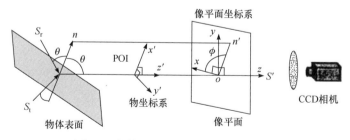

图 7.4　物体表面反射光几何关系示意图

在获取目标表面法线的天顶角 θ 和方位角 ϕ 之后可确定目标表面法线向量 n。假设目标表面连续可积，用函数 $Z(x, y)$ 表示目标表面高度，得到如下表达式：

$$\begin{cases} p = Z_x = n_x = \tan\theta\cos\phi \\ q = Z_y = n_y = \tan\theta\sin\phi \end{cases} \tag{7.10}$$

式中，p 和 q 分别表示目标表面法线在 x 方向和 y 方向上的梯度场。对于这种可积的法线梯度场，可以采用局部积分或者全局积分的方法对目标表面三维信息进行恢复。然而在实际情况中受探测器噪声及环境光的影响，由目标偏振信息获取的表面法线存在一定的误差，在局部区域表现出离散非可积性，因此不能够保证目标表面法线梯度处处可积。

Frankot 等将不可积的法线梯度投影到可积表面斜度子空间上，并定义法线梯度与可积表面的距离函数为

$$d\left\{(p,q),(z_x,z_y)\right\} = \iint \left|z_x - p\right|^2 + \left|z_y - q\right|^2 \mathrm{d}x\mathrm{d}y \tag{7.11}$$

当式(7.11)达到最小值时，法线梯度场与可积表面是正交投影的。$Z(x,y)$ 可以表示成基函数 $\phi(x,y,\omega)$ 的线性组合，其表达形式如下式所示：

$$Z(x,y) = \sum_{\omega} C(\omega)\phi(x,y,\omega) \tag{7.12}$$

式中，ω 表示一个二维的形式，可表示为 $\omega = (\omega_x,\omega_y) = (u,v)$；$C(\omega)$ 为函数 $Z(x,y)$ 的展开系数，如果基函数 $\phi(x,y,\omega)$ 是可积的，根据式(7.12)可知，表面函数 $Z(x,y)$ 也是可积的。假设存在一个最优的系数集合 $\hat{C}(\omega)$ 使式(7.11)距离函数达到最小值，此系数集合 $\hat{C}(\omega)$ 表达式如下：

$$\hat{C}(\omega) = \frac{P_x(\omega)\hat{C}_1(\omega) + P_y(\omega)\hat{C}_2(\omega)}{P_x(\omega) + P_y(\omega)} \tag{7.13}$$

式中，$P_x(\omega)$，$P_y(\omega)$ 分别定义为如下形式：

$$\begin{cases} P_x(\omega) = \iint \left|\phi_x(x,y,\omega)\right|^2 \mathrm{d}x\mathrm{d}y \\ P_y(\omega) = \iint \left|\phi_y(x,y,\omega)\right|^2 \mathrm{d}x\mathrm{d}y \end{cases} \tag{7.14}$$

将基函数 $\phi(x,y,\omega)$ 和系数集合 $\hat{C}(\omega)$ 进行傅里叶变换后代入式(7.12)，可得到目标表面函数 $Z(x,y)$ 关于梯度场 (p,q) 的表达式：

$$Z = F^{-1}\left\{-j\frac{uF(p)+vF(q)}{u^2+v^2}\right\} \tag{7.15}$$

式中，F 和 F^{-1} 分别代表离散傅里叶变换和傅里叶逆变换。经过傅里叶变换后，不可积的表面法线梯度场可以变为可积的函数集合，从而将离散化的积分问题转

换到频域中，实现对目标表面的恢复[2]。

7.1.5　融合粗糙深度信息的低纹理物体偏振三维重建方法

在三维重建的实际应用中，低纹理乃至无纹理、表面光滑且有高反光的物体出现频率十分之高，这给依赖于物体表面的纹理特征进行识别的三维重建工作带来了重重阻力。传统的三维重建算法在针对此类物体进行重构时会出现大面积的数据缺失，无法获得完整的表面，即便是基于结构光的重建算法在遇到大面积耀光时也无法得到精确的深度信息。

从物体表面反射光获得的偏振信息对重建物体的形状信息很有帮助。考虑到偏振光"弱光强化，强光弱化"的特性，利用偏振信息可以极大减小外界光源的影响，进一步重建目标表面。偏振信息不依赖于物体的纹理特征，同时对耀光也有很好的抑制，对上述提到的低纹理、表面光滑且有高反光的目标而言正是很好的三维重建方法[3-4]。

然而单纯利用偏振信息进行三维重建也存在一些问题，如方位角歧义问题、偏振图像无法避免的图像噪声问题，以及在未知初始边界的条件下产生的曲面初始偏差问题。

晏磊等于 2019 年提出了融合粗糙深度信息的低纹理物体偏振三维重建技术。针对偏振重建时存在的方位角歧义，晏磊等先利用边缘传播算法进行了粗校正，再通过比对粗糙深度图的方位角偏差，重新对偏振信息获取的方位角进行估计。最后采用融合深度图的表面三维重建算法，重建出高精度的物体表面。

针对偏振三维重建时存在的问题，晏磊等的工作可以用如图 7.5 所示的流程来表示。

首先利用偏振相机获得的偏振图像与深度相机获得的粗糙深度图匹配，得到目标物的粗糙法向量及深度图。晏磊等使用了深圳奥比中光科技有限公司开发的Astra 相机来获取粗糙深度先验信息。Astra 相机采用红外散斑结构光的方式来获取景深，由于深度相机视场较大且有拍摄距离的限制，因此无法获取近距离高密度的三维点云数据，只能得到粗糙的目标表面。偏振图像的获取方面，晏磊等采用了 Lucid Phoenix 系列偏振相机，该种相机采用覆盖防反射材料来抑制闪光和重影的气隙纳米线栅作为线偏振阵列层，偏振片以四个角度放置在单个像元上，每四个像元一组作为一个计算单元。为了将 Lucid 偏振相机获得的偏振图像与Astra 相机获得的粗糙深度图精确配准，还需要进行相机的标定，从而获取相机的内外参。

随后利用粗糙深度图求得的目标法向量来纠正偏振图像获得的偏振方位角，得到准确的目标物表面法向量的方位角。对于方位角歧义问题，作者采用边缘传播算法获得初步的纠正结果，边缘传播算法假定物体表面整体遵循圆周的周期变化，由此预估图像四周的方位角分布如图 7.6 所示。

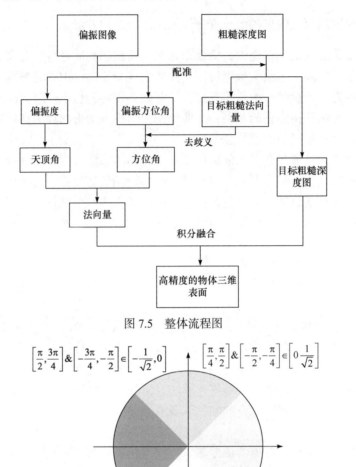

图 7.5　整体流程图

图 7.6　方位角的分布范围与数值大小

　　从外围选取种子点向里迭代，当所在点的方位角处于该区域给定的方位角范围内时，认定为准确值，否则利用邻近点插值代替。

　　最后利用已纠正的偏振法向量与粗糙深度图积分融合，获得更高精度的物体三维表面。针对偏振三维重建存在的方位角歧义问题、噪声对法向量积分的误差影响和获得曲面的初始偏差问题，晏磊等人利用粗糙的物体深度图融合了两种图像信息，使获得的物体三维表面既有粗糙深度图的大体轮廓，又有偏振获得的详细信息。

晏磊等针对低纹理乃至无纹理的目标物,选用了有合成树脂光滑表面的桌球,陶瓷磨砂表面的杯子，以及陶瓷光滑表面的两个不同形状的花瓶作为验证，同时将扫描仪扫描获得的结果作为真实值来评估实验结果的准确性。

对获得的偏振信息进行处理后可以得到物体表面法向量，而法向量的重建过程与积分算法息息相关，因此通常将法向量的结果图作为评定算法的依据。图 7.7 为法向量处理的结果。图中第一列为实物图，第二列为由扫描仪获得的结果作为真值，第三列为实验算法对偏振获得的方位角去奇异处理后的结果，第四、五、六列为基于其他算法得到的结果。结果与真值的误差用 MAE(mean absolute error) 表示，即真值法向量与求解法向量之间夹角绝对值的平均值，单位为度。从结果来看，在物体垂直观测视角的切面上，磨砂、光滑的表面均存在明显的噪声，这是由于这些区域的偏振度较小，相较而言，噪声的影响更明显。与其他算法的结果做对比，此种算法有着对真值较为接近的处理结果。

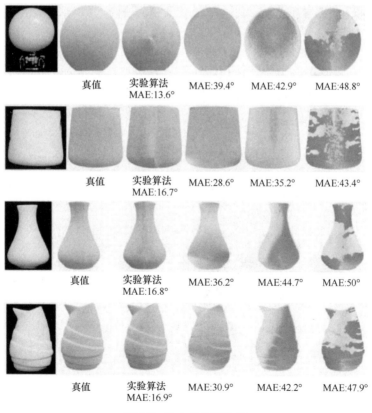

图 7.7　法向量处理结果

如图 7.8 所示为物体表面重建的结果图。图中第一列为将扫描仪获得的结果图作为真值；第二列为用 Astra 相机获得的粗糙深度图；第三列为多视角处理的结果，利用商业软件 Agisoft PhotoScan 处理同一物体多张影像，配准图像并生成密集点云；第四列为融合深度图的重建结果，即这种方法重建的最终结果；第五、六列为其他算法作为参考。结果误差用 MAE 表示重建点深度与真实点深度误差绝对值的平均值，单位为 mm。积分算法在未设定边界初始值时，重建结果会存在一定初始的偏差，可能影响 MAE 的评判结果，因此引入了相关系数 r 来辅助评判结果与真实值的相似程度。MAE 越高说明结果整体与真值相差较大，r 越高说明重建形状与真值越接近。可以看出，对于低纹理的物体，多视角三维重建无法生成准确且足够密集的目标点云。因为多视角三维重建依赖于目标的纹理特征，无法在低纹理目标上提取足够的特征点。而其他算法的重建结果对噪声较为敏感，且存在不同程度的畸变。

图 7.8　表面重建结果

以粗糙深度图作为先验信息可以有效解决偏振三维重建中的一些问题，对于方位角歧义问题、噪声问题和重建初始偏差等问题，都有较好的改善效果。晏磊等采用的融合深度图的方法依赖于偏振信息来获取物体立体纹理信息，可以较好地处理表面光滑, 纹理特征不明显的物体, 最终可以获得精度较高的物体三维表面。

7.1.6 结合"粗深度图"的物体偏振三维重建方法

麻省理工学院的 Kadambi 于 2017 年提出了基于 Kinect 深度信息获取的偏振三维重建技术。针对偏振三维重建中的偏振角不确定性问题, 使用 Kinect 来获取粗糙深度图像来对偏振三维成像的结果进行约束。通过对偏振信息所获取的法线图像与粗糙深度图像进行匹配, 其形成的几何约束可以减少物理阴影、方位角模糊、折射失真等问题对偏振三维重建结果的影响。

此方法所使用的实验器材非常简单, 只有一台带有偏振片的工业相机、一台 Kinect 以及一个球形朗伯体目标, 如图 7.9 所示, 其中图(a)是实验设备; 图(b)是目标球体图像及两个标记点位置; 图(c)是在标记点绘制不同偏振片角度下的光强值, 观察由几何形状引起的正弦曲线的变化。

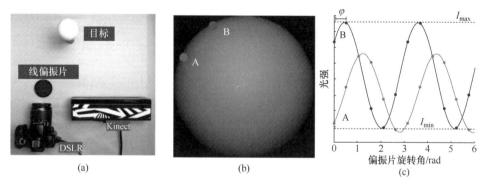

图 7.9　Kadambi 所使用的实验装置图及部分实验结果

此方法指出在用偏振片不同角度对目标进行拍照时, 在单个图像上, 其强度可表示为

$$I(\theta_{\text{pol}}) = \frac{I_{\max} + I_{\min}}{2} + \frac{I_{\max} - I_{\min}}{2} \cos(2\theta_{\text{pol}} - 2\phi) \tag{7.16}$$

式中, θ_{pol} 为偏振器相对于参考方向旋转的角度; $I_{\max}$ 和 $I_{\min}$ 分别表示在旋转偏振器过程中探测器能接收到的最大和最小光强; θ 表示线偏振光振动方向与偏振器透光轴的夹角。在正弦波上采样不同的值, 相当于拍摄偏振片角度旋转不同的照片。用标准的球面坐标和笛卡儿坐标来表示法向量。前者依赖天顶角和方位角来定义表面法线。为了解决目标表面法线歧义, 提出了可以利用 Kinect 所获取的深度图像梯度场先验信息对表面法线梯度场进行校正, 其表达式如下:

$$\hat{A} = \arg\min_A \left\| G^{\text{depth}} - A\left(G^{\text{polar}}\right) \right\|_2^2, \quad A \in \{-1, 1\} \tag{7.17}$$

式中，$\hat{A}$ 表示二元操作数集合；G^{depth} 表示目标表面法线梯度场的先验信息；G^{polar} 表示由偏振信息获取的法线梯度场；A 是一个二元操作符，即 $A=1$ 或 $A=-1$，对应的两个值分别表示方位角是否需要通过加上 180° 来进行校正。当 $A=1$ 时，由偏振信息求出的法线梯度场与梯度场的先验信息最接近，获取的方位角是目标真实的表面法线方位角，此时校正后的法线梯度场为偏振信息获取的目标表面梯度场；当 $A=-1$ 时，由偏振信息求出的法线与梯度场的先验信息相差较大，表示获取的方位角与目标真实表面法线方位角相差 180°，此时偏振信息获取的目标表面法线梯度场需要在转变方向后才是校正后的法线梯度场。在获取目标表面的二元操作数集合 $\hat{A}$ 后，校正后的目标表面法线梯度场 G^{cor} 可表示为

$$G^{\text{cor}} = \hat{A} G^{\text{polar}} \tag{7.18}$$

在得到经过校正的目标表面法线梯度场后，利用表面梯度场重建方法可以恢复目标表面形状。在具体处理方位角的模糊性问题时，对偏振信息获取的高频分量与深度图像所获取的低频分量分别进行处理以消除方位角模糊问题。针对低频分量中的方位角模糊问题，采用了深度图像与偏振法线图像匹配的方法进行方位角校正。由于 Kinect 只能获取粗糙的深度图像信息，无法解决高频信息中的方位角问题。因此针对高频分量中的方位角模糊问题，假设目标表面闭合，并利用偏振度较大的像素点偏振信息更加准确的特征，选取偏振度较大的梯度方向，对目标梯度图像进行拟合，降低高频分量中的方位角问题。

图 7.10 所示是 Kadambi 等利用偏振信息进行三维重建结果图。其中第一行图像是重建物体原图；第二行图像是利用微软 Kinect2 获取物体深度点云数据进行重建的结果，可以看出重建结果分辨率较低，不能重建物体的细节；第三行图像是利用明暗恢复形状方法进行重建的结果，该结果虽然能将物体部分细节重建出来，但是重建表面出现形变且不光滑；第四行图像是偏振三维重建的结果，可以看出，偏振三维重建精度比较高，能够更完整地恢复物体微小的细节，而且相对价格较贵的 Kinect2，偏振三维重建方法能有效地降低重建的成本。

同时，针对偏振信息中所存在的噪声对最终三维结果造成负面影响的问题，Kadambi 等提出了一种基于最小生成树约束的优化方法，降低偏振信息噪声对最终重建结果的影响。

对于偏振问题来说，表面法线存在系统误差，因此在进行表面积分时应尽量避免使用误差较大的表面法线。而根据偏振信息计算公式，但偏振度越小时，偏振信息的相对系统误差就会越大。因此在进行表面法线积分时，应尽量避免使用

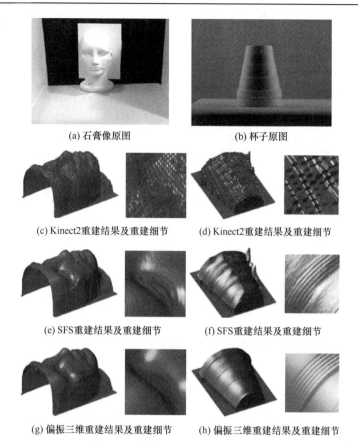

(a) 石膏像原图　　　　　　　　　　　(b) 杯子原图

(c) Kinect2重建结果及重建细节　　　　(d) Kinect2重建结果及重建细节

(e) SFS重建结果及重建细节　　　　　　(f) SFS重建结果及重建细节

(g) 偏振三维重建结果及重建细节　　　(h) 偏振三维重建结果及重建细节

图 7.10　物体偏振三维重建结果图

偏振度较小的法线方向进行积分。Kadambi 等通过使用最小生成树约束的优化方法，将图像像素点偏振度作为权值，选取偏振度最大的路径进行积分，成功对重建表面进行优化，降低重建表面的噪声。图 7.11 为 Kadambi 等利用最小生成树约束的实验原理与结果。其中第一行表示传统全局积分算法与最小生成树约束积分算法的积分差异，第二行表示利用最小生成树约束积分算法后的三维重建结果。结果显示，利用最小生成树约束算法进行表面法线场积分可以有效消除重建表面的噪声。

最后，Kadambi 等对偏振三维重建技术的反射光与照明光进行分析，得到了两个结论，一个是当目标表面的偏振反射光以漫反射光或镜面反射光为主时，方位角的随机模糊就可以被消除；另一个就是当目标表面的偏振反射光以漫反射光或镜面反射光为主时，利用旋转算符可以修正由混合反射引起的天顶角扰动。

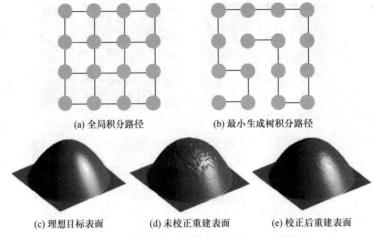

(a) 全局积分路径   (b) 最小生成树积分路径

(c) 理想目标表面   (d) 未校正重建表面   (e) 校正后重建表面

图 7.11　最小生成树三维重建结果对比图

7.2　非理想朗伯体目标的偏振三维成像

7.2.1　基于散射信息校正的单目偏振三维成像

如图 7.12 物体表面反射光几何关系所示。入射光线照射到物体表面后反射，反射光经偏振片被探测器探测。由反射定律可知，光线在物体表面发生反射，入射角与反射角相等，表示为 θ_t'。入射光线、物体表面法线与反射光线在同一平面上，ϕ 为相位角，反射光传播方向为 z 轴正方向。

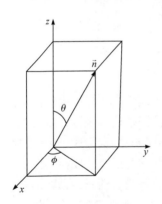

图 7.12　表面法线的
极坐标表示示意图

物体表面法线极坐标表示可以在图 7.12 中直观显示，其中，物体表面法线天顶角 θ 为入射光的入射角 θ_t'，物体表面法线方位角 ϕ 在数值上等于入射面在像坐标平面内的方位角。假设物体表面高度 $z = f(x, y)$，对于任意一个物体的表面，可以通过求出入射角和入射方位角，进而确定物体表面法线的唯一单位法向量。物体表面法线的单位向量可以表示为

$$\vec{n} = \begin{bmatrix} \dfrac{\partial f(x,y)}{\partial x} \\ \dfrac{\partial f(x,y)}{\partial y} \\ 1 \end{bmatrix} = \begin{bmatrix} p \\ q \\ 1 \end{bmatrix} = \begin{bmatrix} \cos\phi\tan\theta \\ \sin\phi\tan\theta \\ 1 \end{bmatrix} \tag{7.19}$$

利用偏振信息求出的入射角和入射方位角，便可以通过求积分的方法确定物体表面高度 $z = f(x, y)$ 。

图 7.13 是偏振三维重建流程图。首先获取四幅偏振片旋转角度间隔为 45°的偏振图像；接着计算待重建物体表面法线的方位角，利用斯托克斯矢量求出待重建物体的偏振度图，进而由偏振度与入射光入射角的关系公式计算待重建物体表面法线的天顶角；然后由待重建物体表面法线的天顶角与方位角求出表面法线，最后对表面法线进行积分，完成目标三维轮廓的重建。

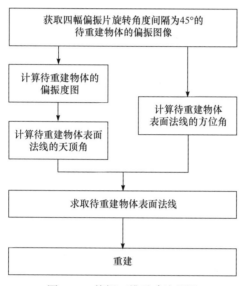

图 7.13　偏振三维重建流程图

图 7.14 和图 7.15 分别是纸杯重建过程中各个分量的值和纸杯的重建结果。从以下图像可以看出，从纸杯的偏振度图像中能够有效地获取纸杯上半部分的纹理信息，这些纹理信息在重建结果中也能被很明显地重建出来。从重建结果可以看出，纸杯的形状、轮廓和纹理信息都能被有效地恢复[5]。

图 7.14　纸杯重建过程各分量值

图 7.15　纸杯重建结果

7.2.2　镜面反射漫反射分离方法

目标表面的反射光主要包含镜面反射分量与漫反射分量两部分。而理想状态下的漫反射偏振三维重建通常假设目标的反射模型是朗伯体反射模型，即目标表面反射光是理想的漫反射。在实际应用中可能存在部分的镜面反射分量，会导致利用该方法获取的目标表面法线梯度场先验信息在镜面反射区域存在突变，造成校正后的法线梯度场出现误差，因此本节在获取目标表面法线梯度场先验信息前先获取表面反射光中的漫反射分量。

根据双色反射模型可知，不均匀物质的反射光可以看作镜面反射分量和漫反射分量的线性组合，即

$$\bar{I}\left(\lambda,\bar{x}\right)=w_{\mathrm{d}}\left(\bar{x}\right)S_{\mathrm{d}}\left(\lambda,\bar{x}\right)E\left(\lambda,\bar{x}\right)+w_{\mathrm{s}}\left(\bar{x}\right)S_{\mathrm{s}}\left(\lambda,\bar{x}\right)E\left(\lambda,\bar{x}\right) \tag{7.20}$$

式中，$\bar{x}=\{x,y,z\}$ 是目标表面的绝对坐标；$w_{\mathrm{d}}\left(\bar{x}\right)$ 和 $\bar{w}_{\mathrm{s}}\left(\bar{x}\right)$ 分别是漫反射函数和镜面反射函数的权重因子，该权重因子的值由目标表面上每个点的几何结构决定；$S_{\mathrm{d}}\left(\lambda,\bar{x}\right)$ 和 $S_{\mathrm{s}}\left(\lambda,\bar{x}\right)$ 分别是漫反射和镜面反射函数；$E\left(\lambda,\bar{x}\right)$ 是光谱能量分布函数，λ 表示光的波长。

由于反射光镜面反射分量的光谱能量分布与入射光镜面反射分量的光谱能量分布相似，因此可以假设两者相等。将镜面反射函数 $S_{\mathrm{s}}\left(\lambda,\bar{x}\right)$ 看作常数，式(7.20)可以表示为

$$\bar{I}\left(\lambda,\bar{x}\right)=w_{\mathrm{d}}\left(\bar{x}\right)S_{\mathrm{d}}\left(\lambda,\bar{x}\right)E\left(\lambda,\bar{x}\right)+\tilde{w}_{\mathrm{s}}\left(\bar{x}\right)E\left(\lambda,\bar{x}\right) \tag{7.21}$$

式中，$\tilde{w}_{\mathrm{s}}\left(\bar{x}\right)=w_{\mathrm{s}}\left(\bar{x}\right)k_{\mathrm{s}}\left(\bar{x}\right)$，$k_{\mathrm{s}}\left(\bar{x}\right)$ 表示常数因子。对于图像来说，如果忽略相机的噪声和增益，由相机获取的数字图像可以表示为

$$\bar{I}_{i}(x)=w_{\mathrm{d}}\left(x\right)\int_{\Omega}S_{\mathrm{d}}\left(\lambda,x\right)E\left(\lambda\right)q_{i}\left(\lambda\right)\mathrm{d}\lambda+\tilde{w}_{\mathrm{s}}\left(x\right)\int_{\Omega}E\left(\lambda\right)q_{i}\left(\lambda\right)\mathrm{d}\lambda \tag{7.22}$$

式中，$x=\{x,y\}$ 是图像像素坐标；q_{i} 表示探测器在三个通道的敏感度，i 表示 R，G，B 三个通道。在偏振三维成像实验中采用均匀照明的光源，因此光谱能量分布函数 $E\left(\lambda\right)$ 与像素坐标无关。式(7.22)可以简单表示为

$$\bar{I}_{i}\left(\bar{x}\right)=\bar{m}_{\mathrm{d}}\left(x\right)\bar{A}_{i}\left(x\right)+\bar{m}_{\mathrm{s}}\left(x\right)\bar{\Gamma}_{i} \tag{7.23}$$

式中，$\bar{m}_{\mathrm{d}}(x)=w_{\mathrm{d}}(x)L(x)k_{\mathrm{d}}(x)$，$L(x)$是垂直光源方向平面的表面光谱辐照度，$k_{\mathrm{d}}(x)$是场景辐射率；$\bar{m}_{\mathrm{s}}(x)=\bar{w}_{\mathrm{s}}(x)L(x)$；$\bar{\Lambda}_i(x)=\int_{\Omega}s_{\mathrm{d}}(\lambda,x)e(\lambda)q_i(\lambda)\mathrm{d}\lambda$；$\bar{\Gamma}_i=\int_{\Omega}e(\lambda)q_i(\lambda)\mathrm{d}\lambda$，$s_{\mathrm{d}}(\lambda,x)$是归一化的表面反射光谱函数，$e(\lambda)$是归一化的光谱照明能量分布。

由于探测器对不同波长光具有不同的敏感度，镜面反射分量的强度依赖相机的敏感度，因此每个颜色通道获得的镜面反射分量不同。为了使各颜色通道获得镜面反射分量不受相机敏感度影响，对探测器所捕获各颜色通道图像进行归一化。光照色度在数学上可以表示为$\psi_i=n'\int_{\Omega}e(\lambda)q_i(\lambda)\mathrm{d}\lambda$，其中，$n'$是一个正实数$(0<n'\leqslant1)$。归一化的图像可以写为

$$I_i(x)=m_{\mathrm{d}}(x)\Lambda_i(x)+m_{\mathrm{s}}(x)\Gamma_i \tag{7.24}$$

式中，$I_i(x)=\dfrac{\bar{I}_i(x)}{\psi_i}$；$\Lambda_i(x)=\dfrac{\bar{\Lambda}_i(x)}{\int_{\Omega}e(\lambda)q_i(\lambda)\mathrm{d}\lambda}$；$m_{\mathrm{d}}(x)=\dfrac{\bar{m}_{\mathrm{d}}(x)}{n'}$；$m_{\mathrm{s}}(x)=\dfrac{\bar{m}_{\mathrm{s}}(x)}{n'}$，

每一个通道的镜面反射分量相等。

色度被定义为$c(x)=\dfrac{I_i(x)}{\sum I_i(x)}$，最大色度可以写为

$$\tilde{c}(x)=\frac{\max\left(I_{\mathrm{R}}(x),I_{\mathrm{G}}(x),I_{\mathrm{B}}(x)\right)}{\sum I_i(x)} \tag{7.25}$$

式中，$\sum I_i(x)=I_{\mathrm{R}}(x)+I_{\mathrm{G}}(x)+I_{\mathrm{B}}(x)$，表示探测器接收到的总光强。根据式(7.24)以及色度的定义，色度又可以表示为

$$c(x)=\frac{m_{\mathrm{d}}(x)\Lambda_i(x)+m_{\mathrm{s}}(x)\Gamma_i(x)}{m_{\mathrm{d}}(x)\sum\left(\Lambda_i(x)\right)+m_{\mathrm{s}}(x)\sum\left(\Gamma_i(x)\right)} \tag{7.26}$$

由式(7.26)可以得到镜面反射分量$m_{\mathrm{s}}(x)$：

$$m_{\mathrm{s}}(x)=\frac{c(x)m_{\mathrm{d}}(x)\sum\left(\Lambda_i(x)\right)-m_{\mathrm{d}}(x)\Lambda_i(x)}{\Gamma_i(x)-c(x)\sum\left(\Gamma_i(x)\right)} \tag{7.27}$$

将式(7.27)代入式(7.24)中，可得相机获取图像的表达式为

$$I_i(x)=m_{\mathrm{d}}(x)\left[\Lambda_i(x)\sum\Gamma_i(x)-\Gamma_i(x)\sum\Lambda_i(x)\right]\frac{c(x)}{c(x)\sum\Gamma_i(x)-\Gamma_i(x)} \tag{7.28}$$

由于图像经过归一化处理，因此三通道光强的系数和为 1，即$\sum\Gamma_i(x)=\sum\Lambda_i(x)=1$；且目标表面反射光的镜面反射分量在各通道都相等，因此可以得到

$\Gamma_R = \Gamma_G = \Gamma_B = \dfrac{1}{3}$。式(7.28)可以表示为

$$\sum I_i^{\text{diff}}(x) = \frac{I_i(x)\big[3c(x)-1\big]}{c(x)\big[3\Lambda_i(x)-1\big]} \tag{7.29}$$

其中，$\sum I_i^{\text{diff}}(x) = m_{\text{d}}$，表示各通道漫反射光的总光强。在得到漫反射光总光强后，可以结合反射光强度获取各通道的镜面反射分量。各通道镜面反射分量 $I^{\text{spe}}(x)$ 可以表示为

$$I^{\text{spe}}(x) = \frac{\sum I_i(x) - I_i^{\text{diff}}(x)}{3} \tag{7.30}$$

　　在获取目标镜面反射分量后，可以计算彩色偏振图像中每一个通道的漫反射分量，从而得到漫反射的偏振图像。

　　利用基于双色反射模型的漫反射和镜面反射分量分离方法获取目标镜面反射分量和漫反射分离结果如图 7.16 所示，其中图(a)是目标光强图，图(b)是分离的漫反射图，图(c)是分离的镜面反射图。从图中可以看到，三个目标的表面都比较光滑，在光入射时目标表面极易产生镜面反射。镜面反射光是由入射光在目标表面发生较少次数的反射后形成，镜面反射光颜色与光源颜色一致。图 7.16 中三个目标均使用白色光源照明，因此目标表面在镜面反射较强区域内灰度较大。从目标的光强图中可以看到，目标 1 有两处镜面反射较强区域：最上方区域为光源垂直

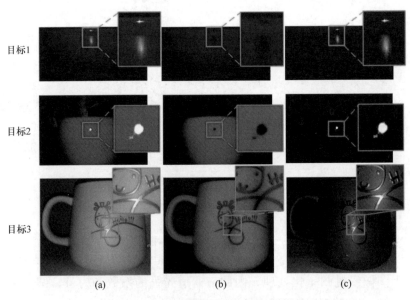

图 7.16　镜面反射和漫反射分离结果

入射造成的镜面反射，下方区域是实验平台反射光的镜面反射。目标 2 和目标 3 各存在一块较强的镜面反射区域[6]。

从分离结果可以明显观察到，目标表面反射光的镜面反射分量和漫反射分量能被准确分割但不能被准确分离。在镜面反射较强的区域(图 7.16 中矩形框)中漫反射分量较少，所以漫反射分量图在该区域的灰度大部分为零，镜面反射分量图在该区域的灰度较大；在镜面反射较弱区域漫反射分量所占比例较大，所以漫反射分量图在该区域的灰度与原图相差不大，目标表面颜色没有发生变化，而镜面反射图在该区域的灰度大部分较低。漫反射分量未能被准确恢复，导致该部分灰度与周围呈现明显亮暗差异，若将其用于进行漫反射三维重建，会导致重建结果产生畸变，因此在此分离基础上，引入反射光各分量偏振特性的不同来对其进行精确求取。但是该方法仅能对彩色目标实现镜面反射-漫反射光波的分离，而且在分离过程中没有考虑对不同类型的反射光偏振特性。

在光的传播过程中，在不考虑吸收、色散等其他能量的损耗的情况下，入射光经过介质表面的反射与折射，可以看成能量重新划分的过程，入射光能量按照一定的比例分别进入到反射光和折射光之中。由于任意偏振态的光均可以分解为两个相互垂直的分量，一般是把它分解成平行入射面的分量(p 分量)和垂直于入射面的分量(s 分量)。假设界面上的入射光、反射光和折射光同相位，则有菲涅耳系数：

$$
\begin{cases}
F_p = \dfrac{I_{rp}}{I_{ap}} = \dfrac{\tan^2(\theta_1 - \theta_2)}{\tan^2(\theta_1 + \theta_2)}, & F_s = \dfrac{I_{rs}}{I_{as}} = \dfrac{\sin^2(\theta_1 - \theta_2)}{\sin^2(\theta_1 + \theta_2)} \\[3mm]
T_p = \dfrac{I_{tp}}{I_{ap}} = \dfrac{\sin 2\theta_1 \sin 2\theta_2}{\sin^2(\theta_1 + \theta_2)\cos^2(\theta_1 - \theta_2)}, & T_s = \dfrac{I_{ts}}{I_{as}} = \dfrac{\sin 2\theta_1 \sin 2\theta_2}{\sin^2(\theta_1 + \theta_2)}
\end{cases}
\tag{7.31}
$$

式中，I_{ap}，I_{as} 分别是平行于和垂直于入射面的入射光强；I_{rp}，I_{rs} 分别是平行于和垂直于入射面的反射光强；I_{tp}，I_{ts} 分别是平行于和垂直于入射面的透射光强；θ_1 是入射角；θ_2 是折射角。当非偏振光照射到物体表面时，这四个菲涅耳系数一般是不同的，因此，镜面反射光和漫反射光都具有一定的偏振特性，都可以来进行三维成像。根据双色反射模型(dichromatic reflection model)，自然光场景下物体反射光的强度可以表示为镜面反射光与漫反射光之和。当利用偏振相机采集四幅标准偏振子图像时，能够得到的反射光光强，根据马吕斯定律可以表示为

$$
I_i = f_d(\phi_i)I_d + f_s(\phi_i)I_s + \frac{1}{2}I_{un}
\tag{7.32}
$$

式中，I_d 和 I_s 是分别指的是物体表面的偏振部分的漫反射光强分布与镜面反射光强分布。I_i 是第 i 幅偏振子图像的总光强值，I_d 和 I_s 前面的两系数只是偏振片旋

转角度的函数。

Wolff 提到，$I_{max} - I_{min}$ 的差值表示线性偏振反射光的大小。最小透射辐射 I_{min} 是反射光中的非偏振分量的一半，因此可以用 I_{min} 来消除式(7.29)中完全非偏振光的成分。去除完全非偏振光后，可以通过行扫描将矩阵矢量化为行向量 x_j。则新的观测矩阵 X 由以下行向量构成，同时考虑镜面反射与漫反射矩阵矢量化，则其矩阵形式为

$$X = \begin{bmatrix} x_1 \\ x_2 \\ x_3 \\ x_4 \end{bmatrix} = \underbrace{\begin{bmatrix} f_d(\phi_0) & f_s(\phi_0) \\ f_d(\phi_{45}) & f_s(\phi_{45}) \\ f_d(\phi_{90}) & f_s(\phi_{90}) \\ f_d(\phi_{135}) & f_s(\phi_{135}) \end{bmatrix}}_{M} \underbrace{\begin{bmatrix} I_d^{Vec} \\ I_s^{Vec} \end{bmatrix}}_{R} \tag{7.33}$$

可以看出，镜面反射与漫反射分离的问题，就是通过迭代将给定的观测矩阵 X 分解成两个矩阵 M 和 R 的乘积问题。在旋转偏振片采集不同光强度图像时，漫反射的完全偏振部分的透光轴方向被选为 ϕ_0 方向，考虑到镜面反射光与漫反射光的透光轴不在同一个位置，根据马吕斯定律，矩阵 M 第一列元素为 $(1,1/2,0,1/2)$。

矩阵 M 和 R 的秩为 2，因此 M 和 R 乘积的秩为 2。该方法用一个秩为 2 的矩阵来近似 X，并把它分解成两个矩阵的乘积。奇异值分解通常用于将一个秩较小的矩阵，实现原矩阵的逼近，并将其分解为两个矩阵的乘积。X 的奇异值分解可以表示为 $X = UDV^T$。则最终期望的分解结果如式(7.34)所示：

$$X = \underbrace{\hat{U}W}_{M}\underbrace{W^{-1}\hat{D}\hat{V}^T}_{R} \tag{7.34}$$

式中，$\hat{D} = \text{diag}(\sigma_1, \sigma_2)$；$X$ 的奇异值为 $\sigma_1 \geqslant \sigma_2 \geqslant \sigma_3 \geqslant \sigma_4$；$\hat{U}$ 和 $\hat{V}$ 是相对于 $\hat{D}$ 的 U 和 V 的子矩阵；W 是一个任意的 2×2 非奇异矩阵，可以表示为

$$W = \begin{bmatrix} a & c \\ b & d \end{bmatrix} = \begin{bmatrix} r_1 \cos\alpha & r_2 \cos\beta \\ r_1 \sin\alpha & r_2 \sin\beta \end{bmatrix} \tag{7.35}$$

式中，r_1 和 r_2 都是正实数，而且 r_1 和 α 的值可以通过 M 矩阵的第一列元素求得。同时考虑 W 的行列式为 $\Delta = ad - bc = r_1 r_2 \sin(\beta - \alpha)$，$\Delta$ 的绝对值对应于镜面反射图像的缩放。因此，可以令 $\Delta = 1$，考虑 $\beta, r_2 > 0$，逐步改变 β 并且利用 $N = W^{-1}DV^T$ 计算漫反射和镜面反射图像。为了保证对它们准确分离，采用互信息(mutual information，MI)来衡量漫反射光部分和镜面反射光部分之间的相关性：

$$\mathrm{MI}(I_{\mathrm{d}}, I_{\mathrm{s}}) = \sum_{m \in I_{\mathrm{d}}} \sum_{n \in I_{\mathrm{d}}} \mathrm{prob}(m,n) \log \left[\frac{\mathrm{prob}(m,n)}{\mathrm{prob}(m)\mathrm{prob}(n)} \right] \tag{7.36}$$

式中，m 和 n 分别为漫反射光图像 I_{d} 和镜面反射光图像 I_{s} 的灰度级；$\mathrm{prob}(m,n)$ 表示联合概率分布函数；$\mathrm{prob}(m)$ 和 $\mathrm{prob}(n)$ 为边缘分布函数。根据互信息的定义，当互信息取最小值时，漫反射和镜面反射光之间相关性最低，此时分离出的漫反射光 I_{d} 中将不再包含镜面反射光 I_{s}，达到二者的最佳分离效果。

考虑到实际生活中目标的多样性以及光场环境的复杂性，利用 Thorlab LPVISC100-MP2 线偏振片配合 EOS77D 佳能相机对一个非理想朗伯体陶瓷物体进行偏振子图像采集，利用基于光场偏振特性的目标表面漫反射成分获取算法对真实场景下的目标进行镜面反射与漫反射分量分离，结果如图 7.17 所示，图(a)、图(b)和图(c)分别为图(d)、图(e)和图(f)沿图示虚线处的光强梯度分布；图(d)是偏振片在 0°方向下获取的目标原始光强图片；图(e)和图(f)分别是算法处理后最优的漫反射和镜面反射光强分布；图(g)是算法处理过程中得到的互信息图；图(h)是图(d)、图(e)、图(f)沿图示实线位置的光强截面结果。

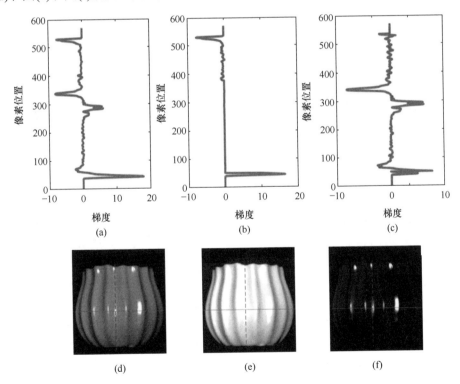

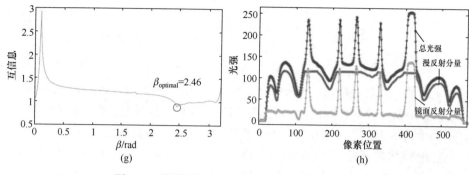

图 7.17　陶瓷目标表面反射光强分布及分离结果

图 7.17(a)、(c)中 300 像素位置附近存在尖峰，光强梯度值产生突变，这是由镜面反射光的存在所导致的，因此在去除镜面反射后的漫反射分量中，该位置不再存在梯度的突变。图 7.17(h)是图 7.17(d)、(e)、(f)沿图示实线位置获取的光强截面结果，横坐标对应像素位置，纵坐标表示光强值的大小，由此可见，总光强是镜面反射分量跟漫反射分量的线性叠加，去除镜面反射后的漫反射分量光强分布符合物体表面形状的变化趋势[7]。

7.3　非均匀反射表面的近红外单目偏振三维成像

针对彩色目标偏振三维成像过程中存在的畸变问题，本节介绍一种近红外单目偏振三维成像方法，能够直接重建反射率不均匀表面的形状。通过在权重约束中引入参考梯度场，对反射率不均匀目标的表面法向模糊进行全局校正。该方法的简单性和鲁棒性使其成为三维场景快速建模的有力工具[8]。

7.3.1　近红外波段三维偏振成像模型

从目标表面发射的漫反射光有助于偏振-反射模型重建目标表面的三维形状。然而，漫反射组件由颜色而产生的表面反射率是影响重建结果的关键因素。近红外波段的反射率呈现出稳定的变化趋势，这与可见光谱的变化趋势不同，如图 7.18 所示。换句话说，与其他波长范围相比，近红外波段的反射率变化更为缓慢。基于稳定的光谱辐射特性，近红外波段的漫反射分量对多色区域的形状信息反演具有较强的鲁棒性。以六种不同颜色的棋盘格为例，其变化趋势表明，反射强度在近红外波段基本保持在一个固定的百分比范围内。这为解决彩色表面三维重建中的失真问题提供了高鲁棒的信息。

基于近红外反射光的偏振信息，可以获取入射角和方位角两个参数，来约束法向矢量方向，然而，方位角的模糊影响了法向量的精度，因此需要校正方位角。

在没有先验信息的情况下，解决彩色目标的方位角问题具有挑战性。因此，从近红外强度图像中获得的梯度变化场作为参考梯度场，用来精确地确定表面法线。对强度信息求解梯度场能够校正偏振法向量参数的多值性问题。

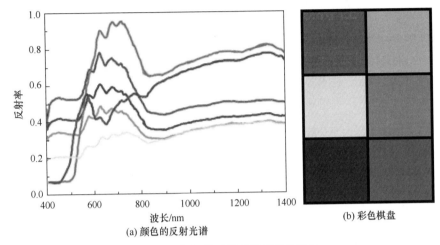

(a) 颜色的反射光谱　　(b) 彩色棋盘

图 7.18　颜色的反射光谱和彩色棋盘

由朗伯体反射模型可知，近红外图像中像素的强度越强意味着其与近红外相机之间的距离越近，该理论能够有效地将目标表面轮廓信息与图像强度联系起来，式(7.37)表示了将近红外探测器获取到的目标强度信息转换为高度数据的过程：

$$f\left(\text{depth}_{x,y}^{\text{NIF}}\right) = I(u) - R\left(\partial\text{depth}_{x,y}^{\text{NIF}}\big/\partial x, \partial\text{depth}_{x,y}^{\text{NIF}}\big/\partial y\right) = I(u) - R\left(G^{\text{NIF}}\right)$$
$$= I(u) - R\left(\text{depth}_{x,y}^{\text{NIF}} - \text{depth}_{x,y-1}^{\text{NIF}}, \text{depth}_{x,y}^{\text{NIF}} - \text{depth}_{x-1,y}^{\text{NIF}}\right) \tag{7.37}$$

式中，$R(\cdot)$ 表示反射率函数；$\text{depth}_{x,y}^{\text{NIF}}$ 表示该像素点位置处目标表面的高度，x 和 y 分别表示像素在 x 和 y 方向上的位置；$G^{\text{NIF}} = \{\text{grad}^{\text{NIF}}(x), \text{grad}^{\text{NIF}}(y)\}$ 是利用近红外图像强度信息得到的目标梯度场信息。当 $f(\text{depth}_{x,y}^{\text{NIF}}) = 0$ 时，通过取泰勒展开式的前两阶，(x,y) 处微面元的梯度场可以写成式(7.38)的形式：

$$\text{grad}_{x,y}^{\text{NIF}}(n) = \text{grad}_{x,y}^{\text{NIF}}(n-1)$$
$$- f\left[\text{grad}_{x,y}^{\text{NIF}}(n-1)\right]\bigg/\frac{\partial f}{\partial G_{x,y}^{\text{NIF}}}\left[\text{grad}_{x,y}^{\text{NIF}}(n-1)\right] \tag{7.38}$$

式中，$\text{grad}_{x,y}^{\text{NIF}}(n-1)$ 表示梯度场 $\text{grad}_{x,y}^{\text{NIF}}(n)$ 经过 $n-1$ 次迭代后的梯度信息。假设给定一个初始参数 $\text{depth}_{x,y}^{\text{NIF}}(0)$，则目标表面每个微面元的梯度场信息 G^{NIF} 就可以由式(7.38)求解得到。因此，利用 G^{NIF} 作为约束偏振梯度场信息 $G^{\text{polar}} = \{\tan\theta\cdot\cos\varphi, \tan\theta\cdot\sin\varphi\}$ 的参考信息。通过构建如式(7.39)所示的优化函数，实现利用近红外强度

信息对偏振梯度场信息的约束：

$$\hat{\Lambda} = \arg\min_{\Lambda} \left\| G^{\mathrm{NIF}} - \Lambda\left(G^{\mathrm{polar}}\right) \right\|_2^2, \quad \Lambda \in \{0,1\} \tag{7.39}$$

式中，$\hat{\Lambda}$ 是一组二元操作数集合；Λ 表示二元运算符。假设 $\hat{\Lambda}=1$，说明估计的方位角准确，即利用目标反射光偏振特性直接求解得到的微面元法向量信息准确；相反，如果 $\hat{\Lambda}=0$，则需要对利用偏振特性求解得到的方位角进行校正，实现方位角进行 180° 翻转。对于整个目标表面微面元的方位角信息校正可以通过式(7.40)所示：

$$\varphi^{\mathrm{cor}} = \varphi^{\mathrm{polar}} + \pi(1-\Lambda) \tag{7.40}$$

式中，φ^{cor} 表示经过校正后的目标微面元方位角信息。最终，目标表面微面元的法向量信息可以通过式(7.39)和式(7.40)唯一求解。

　　求解过程中考虑非均匀反射率的影响权重，需要求解修正因子：利用近红外波段不同反射率目标间的相对稳定性，通过选取标准区域，实现非均匀反射率表面信息的校正。能够为偏振法向量的校正提供准确的参考信息。参考梯度场数据与沿着目标表面的梯度变化具有更高水平的一致性，这表明可以从彩色形状获得准确的梯度场信息。该方法可以解决反射率不均匀的问题，从而保证梯度场的准确恢复。通过利用法向量，在使用上述方法校正具有不均匀反射率的表面参数之后，可以从单个偏振图像中恢复表面。利用精确的偏振参数，最终形状可以表示为

$$z(v) = F^{-1}\left\{ -\frac{\mathrm{j}}{2\pi} \frac{\dfrac{uD}{\alpha f} F\left\{\tan\theta(v)\cos\varphi^{\mathrm{cor}}(v)\right\} + \dfrac{vD}{\beta f} F\left\{\tan\theta(v)\sin\varphi^{\mathrm{cor}}(v)\right\}}{\left(\dfrac{uD}{\alpha f}\right)^2 + \left(\dfrac{vD}{\beta f}\right)^2} \right\}$$

$$\tag{7.41}$$

　　根据上式可以看出，当目标空间分辨率保持一定时，目标精度能够保持稳定，与探测距离的增加无关。并且校正后的数据在 y 方向上有更稳定的梯度趋势，与实际情况一致。这表明该方法能够解决 π 模糊问题，并保证恢复的三维形状具有较高的精度。

7.3.2　三维重建结果与分析

　　图 7.19(a)给出了由相机直接获得的偏振强度图像，其中具有不同强度的区域被构造为凹槽，如图 7.19(c)所示。这是由于均匀反射假设中的限制，即较高的强度对应于目标与相机之间的较近距离。相比之下，该方法能更准确地恢复彩色区

域。图 7.19(a)输入强度信息。图 7.19(b)和图 7.19(d)像一种颜色的反射光分布一样
对强度信息进行校正，并且重构表面没有任何意外的凹凸。图 7.19(g)显示了图中
第 350 列值的变化。图 7.19(c)和图 7.19(d)表明所提出的方法产生了显著改进的结
果。图 7.19(e)和图 7.19(f)进一步比较了颜色区域的形状重建。该方法在不进行均
匀校正的情况下，能更准确地恢复出形状光滑的区域。

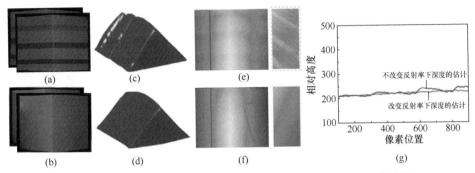

图 7.19　不改变反射率(顶部)和改变反射率(底部)的目标的三维结果

此外，为了进一步证明该方法的性能，对彩色卡通石膏进行成像。图 7.20(b)和
图 7.20(c)说明了在反射变化区域中的结构信息失真的情况下，在不校正反射的
情况下重建三维表面。图 7.20(d)和图 7.20(e)显示了用所提出的方法重建的三维
曲面，这些曲面倾向于显示正确的结构细节和形状。图 7.20(h)显示了图 7.20 所
示的目标臂区域中的相对高度变化。图 7.20(f)和图 7.20(g)，其中受非均匀反射
率影响的三维结果显示了给定反射率变化的凹凸。相比之下，图 7.20(h)清楚地
表明了一种改进，其与真实表面形状具有相似的趋势，并且没有意外的凸起。

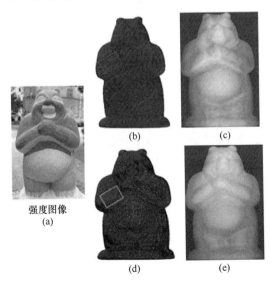

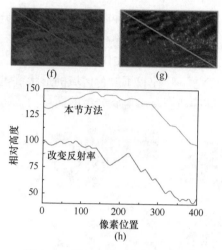

图 7.20　彩色卡通石膏的三维结果

　　为了验证不同物距条件下目标成像系统与重建精度之间的关系，图 7.21(a)和(h)给出了不同物体距离下纸杯和雕像面部的拍摄图像。图 7.21(b)～图 7.21(e)显示了在四种不同的物体距离下用所提出的方法重建的纸杯。在三维效果图中所显示的特征与原始外观非常吻合，并且可以很容易地识别出一些精细的特征。为了量化四个恢复结果高度的一致性，每个 3D 结果的水平线图如图 7.21 所示。图 7.21(b)～图 7.21(e)，通过绘制相对高度值与给定垂直位置处水平位置的关系来生成。对于垂直位置像素 320，水平线穿过杯的中间，如不同的线所示。图 7.21(f)说明了相对高度的误差变化。这四种情况下的误差曲线具有相同的值。图 7.21(b1)～7.21(e1)进一步比较了带凹槽区域的形状重建。该方法能有效地重建图像的细节。图 7.21(g)说明了在不同的物体距离下重建细节的能力得到了很好的保持。此外，对石膏雕像面的三维重建精度进行了测试。图 7.21(i)～7.21(l)显示了在四种不同距离下重建的三维形状；很明显，重建的形状与目标外观吻合良好，结构细节的分辨率是一致的。再次证明了当比例固定时，可以保持重构细节的能力。

　　综上所述，基于近红外偏振信息的高精度单目三维目标重建方法有效地避免了反射率变化的影响，保证了重建形状的一致性。在参考梯度场中引入权重约束，利用不同颜色区域间近红外波段的强度差异，将颜色区域的反射率精确地统一为标准反射率。利用统一的近红外参考梯度场提供一个全局正确的参考，解决了正常方位角的模糊问题，实现了彩色目标三维形状的恢复。

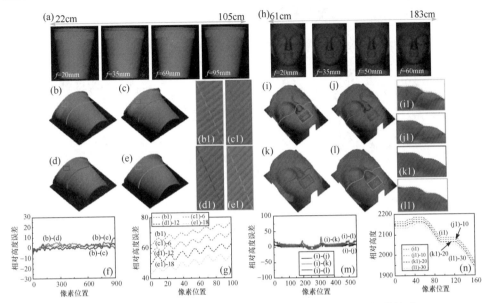

图 7.21　验证不同物距条件下目标成像系统与重建精度之间的关系

7.4　复杂非理想朗伯体目标表面的偏振三维成像

针对人脸等复杂目标表面的三维形状重建,利用目标表面的散射光偏振特性,并结合深度学习提供的先验信息来重建人脸三维形貌。该方法可以利用偏振相机从单视点获得高精度的三维人脸信息。首先利用实时采集偏振系统实现目标表面三维信息的同时获取,并通过引入深度学习技术,得到目标轮廓表面的"粗梯度"信息。利用"粗梯度"信息对偏振信息求解过程中的多值性问题进行有效校正,实现对复杂人脸等目标的高精度三维重建。

7.4.1　卷积神经网络

卷积神经网络近年来在多个研究领域均有着不俗的表现。卷积计算适于处理图像数据的特性,使得卷积神经网络在处理图像相关领域的问题时,取得了突出的成果。区别于普通神经网络的地方在于,卷积神经网络的特征提取器由一个卷积层和子采样层组成,并有着局部感知、权值共享和池化的特性如图 7.22 所示。对于二维图像来说,卷积操作实质就是卷积核与对应图像区域进行求积相加的过程。在每一卷积层中,一个神经元只与部分神经元相连接,即局部感知,这使得需要训练的参数大大减少[9]。

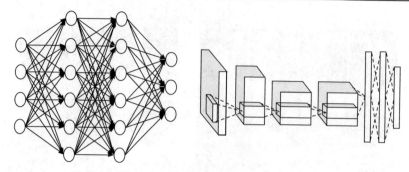

图 7.22　全连接和局部感知示意图

每一个卷积层包含了若干个特征平面(feature map)，每个特征平面都由成矩阵形式排列的神经元组成。而同一特征平面神经元的权值相互共享，即共享权值特征，这使得网络各层之间的连接减少，也在一定程度上降低了过拟合出现的概率。权值指的就是卷积核，其初始状态通常随机确定，并在训练过程中不断调整以学习到合理的数值。

对于转置卷积，在图像研究领域，可通过输入的特征构建输出图像，具体可通过 tensorflow.nn.conv2d_transpose 实现。在计算时，根据步长对输入数据进行不同形式的补 0 扩大数据维度(和上池化通过补 0 扩大维度的思想相似)，再通过与卷积核的计算产生对应输出。对比于卷积操作，转置卷积输入、输出维度的变化正好与之相反，即以输出维度作为输入，以输入维度作为输出，将转置卷积核想象成卷积核能够更好地进行理解。图 7.23 展示了当输入为 2×2、卷积核为 3×3、当卷积在有效区域时，步长为 1、输出为 4×4 和步长大于 1、输出为 5×5 的情况[10]。

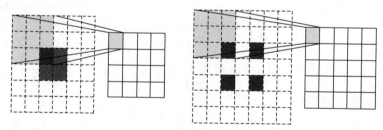

图 7.23　转置卷积示意图

子采样层又称为池化层，常用的有最大值池化(max pooling)和均值池化(mean pooling)两种形式，分别定义为

$$\begin{cases} \text{pool}_{\max}\left(R_k\right) = \max\left(a_i\right), \quad i \in R_k \\ \text{pool}_{\text{avg}}\left(R_k\right) = \dfrac{1}{|R_k|} \displaystyle\sum_{i \in R_k} a_i \end{cases} \tag{7.42}$$

通常使用最大值池化对卷积层的输出进行处理，如图 7.24 所示。经过池化，

可以减少参数数量，在保留主要特征参数的基础上提供平移不变性。

图 7.24 最大值池化示意图

由于线性模型表达力的限制，神经网络在解决非线性问题时就需要用到激活函数。通俗地讲，对于图像来说，当采用卷积进行处理时，对每个像素点赋予一个权值的操作近似看作线性的。但对于样本或实际中遇到的问题，通常却不是线性可分的，此时就需要引入非线性因素来增加模型的表达能力。常用的激活函数有Sigmod、tanh、ReLU 等，目前 ReLU 激活函数使用得最为广泛。经过卷积计算的特征平面在经过 ReLU 后会得到大多数元素为 0 的稀疏矩阵，不仅可以保留数据的特征，去除数据中的冗余，还能够使网络不断反复计算，即不断试探用大多数为 0 的特性来表达数据特征。正是这种稀疏性，使得运算效率高，输出结果优异[11]。

在多层神经网络中，每一层都称为全连接层。而在卷积神经网络中，通常在网络的末尾部分定义全连接层来提取图像的特征或紧跟损失函数达到预期的优化目标。卷积神经网络最初是为解决图像识别等问题而设计，至今为止在音频、文本等类型数据的处理上也展现了很大优势。

7.4.2 偏振三维成像结果多值性问题校正与重建

通过对目标表面反射光中的漫反射成分精确获取，对目标离散的表面法线进行计算。重建目标归一化的表面法线，表示为

$$n^{\text{depth}} = \left(n_x^{\text{depth}}, n_y^{\text{depth}}, 1 \right) = \left(\frac{\partial z}{\partial x}, \frac{\partial z}{\partial y}, 1 \right) \tag{7.43}$$

式中，n_x^{depth}，n_y^{depth} 分别表示表面法线 n^{depth} 在 x 轴和 y 轴上的分量。当方位角存在 ϕ 和 $\phi + 180°$ 不确定性问题时，仅能够确定利用偏振信息求出的表面法线 n^{polar} 在 x 轴和 y 轴分量的模，而无法获取分量的方向，即目标表面法线梯度 p 和 q 可能的值分别为 $\pm p$ 和 $\pm q$。由基于神经网络的人脸重建方法能够确定目标表面粗略的变化趋势。因此，将基于神经网络的人脸重建方法得到目标表面作为已知的先验信息，可以在梯度场维度上对由偏振信息求出的表面法线进行校正[12]，其表达

式如下：

$$\hat{A} = \arg\min_A \left\| n^{\text{depth}} - A\left(n^{\text{depth}}\right) \right\|_2^2, \quad A \in \{-1,1\} \tag{7.44}$$

式中，$\hat{A}$ 表示二元操作数集合；A 是一个二元操作符，即 $A=-1$ 或 $A=1$，对应的两个值分别表示方位角是否需要通过加上 180° 来进行校正。当 $A=1$ 时，由偏振信息求出的法线与"粗深度"图中的法线最接近，此时获取的方位角是目标正确的方位角；当 $A=-1$ 时，由偏振信息求出的法线与基于神经网络的人脸重建求出的法线相差较大，表示获取的方位角出现二义性，方位角加上 180° 后才与目标真实法线接近。

在获取目标表面的二元操作数集合 $\hat{A}$ 后，校正后的目标表面法线 n^{cor} 可表示为

$$n^{\text{cor}} = \hat{A} \cdot n^{\text{polar}} \tag{7.45}$$

在得到经过校正的目标表面法线后，利用表面法线重建方法可以恢复校正后的目标表面形状。基于神经网络方法重建得到的目标表面形状在校正的过程中仅提供目标表面的变化趋势，从而解决方位角不确定性造成的表面法线分量在方向上的不准确问题，而校正后的表面法线在各分量上的模值不会发生改变。因此，基于神经网络重建方法的法线校正方法能够保留偏振信息获取的目标细节区域的法线变化情况，在校正之后的重建结果可以恢复出目标丰富的细节信息[13,14]。

分别利用 CNN 和偏振信息对人脸反射光的偏振特性进行分析求解，得到约束目标表面法向量信息的两个参数，结果如图 7.25 所示。从两种方法求解得到的结果对比可以看出，利用 CNN 的方法求解得到的参数数值变化趋势与真实情况相一致，但是其表面细节信息丢失严重。仅利用偏振信息求解得到的结果能够保

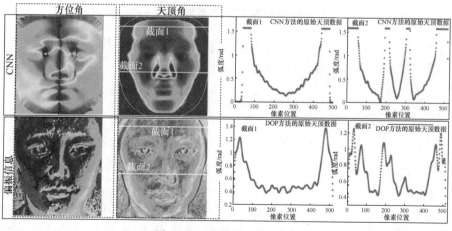

图 7.25　不同方法求解结果

留人脸面部的大部分细节纹理信息，但是其区域数值受多值性问题的影响变化剧烈，会导致重建结果畸形。因此，利用 CNN 的"粗深度"信息，实现对偏振信息的校正能够充分利用两种方法的优势，实现人脸的精确重建。

利用校正后的法向量信息，能够实现人脸三维信息的重建。其重建结果如图 7.26 所示。重建得到的结果与真实人脸信息相一致，得到的重建结果比单纯 CNN 估计得到的三维结果更加真实准确[15]。通过将重建结果与真实人脸目标的三维信息进行对比可知，整体三维重建结果的平均误差小于 2mm，全局三维精度大于 93%[16-17]。该技术可在人脸支付、安防监控，以及手机解锁等领域发挥重要作用。

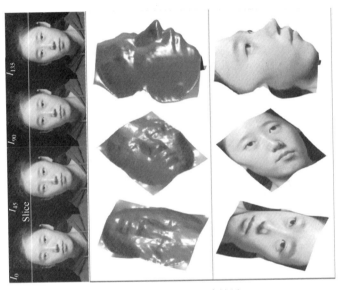

图 7.26　三维人脸重建结果

7.5　小　　结

目前偏振三维成像正处于高速发展的时期，与传统的三维成像技术相比，偏振三维成像具有独特的优势。激光雷达采用时间飞行法进行三维成像，时间飞行法根据光波脉冲在发射和接收期间的飞行时间确定探测器到目标的距离，由于获取的目标三维数据存在较多的误差点，重建的目标三维信息不准确，并且该方法成像分辨率较低，作用距离小，无法应用于远距离、高精度的三维成像场景中；结构光三维成像技术在近距离测量精度能达到 0.01mm，但是其编码形状随目标距离增加而迅速放大，导致测量精度大幅下降；双目三维成像虽然受环境影响较小，但重建精度较低，且需要多个探测设备。传统光学三维成像主要依赖于光强度信息,而包括光的相位、光谱和偏振特性在内的其他多维物理量信息未被利用,其中光偏振特性也可用于三维成像。偏振三维成像技术所获取目标三维图像细节信息丰富,成像设备性价比高,能够实现低成本高精度的三维成像需求,具有极大的发展前景。

针对偏振三维重建中存在的方位角模糊问题,目前已有采用 Kinect 获取深度图进行校正的方法、利用光强信息进行校正的方法、利用基于深度学习获取梯度图像进行校正的方法等。利用这些方法可以为方位角提供正确的法线方向,用来对偏振信息所获取的方位角进行校正。

针对目标表面反射光中同时含有漫反射光与镜面反射光的场景,本章提出一种镜面反射光与漫反射光分离算法,该方法可以有效分离目标表面反射光中的镜面反射分量与漫反射分量,将其分别进行处理,可以有效提升三维重建的效果。

目前基于深度学习方法进行校正的偏振三维重建已应用于人脸三维重建中,并取得了良好的效果,该方法为未来针对复杂目标表面的偏振三维成像提供一种研究思路。

参 考 文 献

[1] Zhang R , Tsai P S , Cryer J E , et al. Shape from shading: A survey[J]. IEEE Transactions on Pattern Analysis and Machine Intelligence, 1999, 21(8):690-706.

[2] Jiang L, Zhang J, Deng B, et al. 3D face reconstruction with geometry details from a single image[J]. IEEE Transactions on Image Processing, 2018, 27(10): 4756-4770.

[3] Klinker G J, Shafer S A, Kanade T. The measurement of highlights in color images[J]. International Journal of Computer Vision, 1988, 2(1): 7-32.

[4] Tan P , Quan L , Lin S . Separation of highlight reflections on textured surfaces[C]//IEEE Computer Society Conference on Computer Vision and Pattern Recognition,New York,2006.

[5] Wolff L B, Boult T E. Constraining object features using a polarization reflectance model[J]. IEEE Transactions on Pattern Analysis and Machine Intelligence, 1991, 13(7): 635-657.

[6] Nayar S K , Fang X S , Boult T . Separation of reflection components using color and polarization[J]. International Journal of Computer Vision, 1997, 21(3):163-186.

[7] Atkinson G A , Hancock E R . Shape estimation using polarization and shading from two views[J]. IEEE Transactions on Pattern Analysis and Machine Intelligence, 2007, 29(11):2001-2017.

[8] Comon P. Independent component analysis: A new concept[J]. Signal Processing, 1994, 36(3):287-314.

[9] Deng Y ,Yang J, Xu S , et al. Accurate 3D face reconstruction with weakly-supervised learning: From single image to image set[C]//IEEE CVF Conference on Computer Vision and Pattern Recognition Workshops, Long Beach, 2019.

[10] Blanz V, Vetter T. A morphable model for the synthesis of 3D faces[C]//Proceedings of the 26th Annual Conference on Computer Graphics and Interactive Techniques,Los Angeles,1999.

[11] Paysan P, Knothe R, Amberg B, et al. A 3D face model for pose and illumination invariant face

recognition[C]//The 6th IEEE International Conference on Advanced Video and Signal Based Surveillance,Genova,2009.

[12] Parke F I, Waters K, Peters A K. Appendix 1:Three-dimensional muscle model facial animation[J].Computer Facial Animation, 1996,(5):337-339.

[13] Beumier C, Acheroy M. 3D facial surface acquisition by structured light[C]//International Workshop on Synthetic-Natural Hybrid Coding and Three Dimensional Imaging, Santorini,1999.

[14] Macedo M C F, Apolinário Jr A L, Souza A C S. Kinect fusion for faces: Real-time 3D face tracking and modeling using a kinect camera for a markerless AR system[J]. SBC Journal on 3D Interactive Systems, 2014, 4(2):2-7.

[15] Romdhani S,Vetter T. Estimating 3D shape and texture using pixel intensity, edges, specular highlights, texture constraints and a prior[C]//IEEE Computer Society Conference on Computer Vision and Pattern Recognition, San Diego, 2005.

[16] Amberg B, Blake A, Fitzgibbon A, et al. Reconstructing high quality face-surfaces using model based stereo[C]//IEEE the 11th International Conference on Computer Vision,2007,Rio de Janeiro.

[17] Computational polarization 3D: New solution for monocular shape recovery in natural conditions[J].Optics and Lasers in Engineering, 2022, 151: 106925.